U0260272

纳米多孔材料内的
吸附与扩散

Adsorption and Diffusion in Nanoporous Materials

[美] Rolando M. A. Roque-Malherbe　著

史喜成　白书培　译

国防工业出版社
National Defense Industry Press

著作权合同登记　图字：军 –2012 –145 号

图书在版编目（CIP）数据

纳米多孔材料内的吸附与扩散/（美）罗兰多 M. A. 罗克–马勒布（Rolando M. A. Roque-Malherbe）著; 史喜成, 白书培译. — 北京: 国防工业出版社, 2018. 1
（国防科技著作精品译丛）
书名原文: Adsorption and Diffusion in Nanoporous Materials
ISBN 978-7-118-11404-1

Ⅰ. ①纳… Ⅱ. ①罗… ②史… ③白… Ⅲ. ①纳米材料—吸附②纳米材料—扩散
Ⅳ. ①TB383

中国版本图书馆 CIP 数据核字（2017）第 287279 号

纳米多孔材料内的吸附与扩散

[美] Rolando M. A. Roque-Malherbe　著
史喜成　白书培　译

出版发行	国防工业出版社
地址邮编	北京市海淀区紫竹院南路 23 号　100048
经　　售	新华书店
印　　刷	天津嘉恒印务有限公司
开　　本	710×1000　1/16
印　　张	16¼
字　　数	274 千字
版 印 次	2018 年 1 月第 1 版第 1 次印刷
印　　数	1—2000 册
定　　价	98.00 元

(本书如有印装错误，我社负责调换)

国防书店: (010) 88540777　发行邮购: (010) 88540776
发行传真: (010) 88540755　发行业务: (010) 88540717

译者序

根据国际纯粹与应用化学联合会（IUPAC）的定义，吸附是指一种组分或多种组分在相界面处的富集（正吸附，一般意义上的吸附）或贫化（负吸附）。被界面分开的两相可以分别为气相/固相，气相/液相，液相/固相。吸附现象的发生是由于在相界面处异相分子之间的作用力与同相分子间的作用力不同，从而存在剩余的自由力场。经典的吸附理论，例如Langmuir 单分子层理论、BET 多分子层理论、Dubinin 学派的微孔填充理论，截至 20 世纪 50 年代已经基本确立。吸附技术目前已经广泛应用于石油化工、环境保护、军事化学等诸多领域。

译者长期从事核生化防护技术的研究以及相关装备的研制工作，以活性炭材料为基础的吸附技术迄今依然是气态有毒化学物质防护的主流技术。近年来，核化事故及次生灾害、核化恐怖袭击等多重威胁对防护技术提出了新的挑战：不仅需要有效应对传统的核生化威胁，还应该对工业有毒化学品具备高效广谱的防护能力。材料是防护技术的基础，对原有的碳基材料进行改进以及采用非碳基材料（如分子筛、介孔材料、活性氧化铝等多孔纳米材料）是国内外应对上述挑战的两种途径。在防护材料制备、防护性能研究以及防护装备设计过程中，遇到了许多科学问题和工程技术问题，归纳起来主要涉及两类问题：一是热力学方面的问题，气态污染物分子在多孔纳米材料内的吸附容量、吸附选择性；二是动力学方面的问题，气态污染物分子在材料内外表面的扩散传质能力和速率。

Rolando M. A. Roque-Malherbe 教授是吸附方面国际著名的专家，科研经历非常丰富，曾在苏联、西欧、古巴及美国等地的多个研究机构工作，在分子筛、活性炭等材料的制备及吸附性能研究方面有很深的学术造诣。20 世纪 90 年代，译者曾阅读过他在西班牙工作期间发表的有关吸附法表征活性炭材料的系列论文，深受启发。《纳米多孔材料内的吸附与扩散》是他近年来发表的吸附理论专著，该书主要从材料科学的角度来研究吸附及扩散现象，即使用单组分气体的吸附和扩散作为工具来表征吸附剂的比表面、孔体积及孔分布，以及研究描述单组分气体在多孔介质内传递过程的参数。该书既可以作为化学、化工、环境工程、军事化学等专业研究生的教材，也可以作为相关领域科研人员一本很好的参考书。

本书尽可能按照原书直译，但为遵循汉语的表达习惯，部分段落在语序上进行了调整，以便读者阅读。同时，对于专业词汇尽量避免音译，有些还标注英文以便于读者更好理解。为了保持图表及其数据的准确性，图表仍然沿用原版的计量单位。

本书第 1 章统计力学基础，理论性很强，在翻译过程中，有幸得到了天津大学理学院李松林教授的悉心指导，李教授对原著中涉及的许多统计力学及吸附热力学的基本概念进行了深入浅出的解析，并推荐了相关专著，提高了译者对原著的理解和翻译水平。天津大学化工学院唐忠利教授对本书的翻译也给予了无私的指导。

本书是课题组同志集体智慧和辛勤劳动的成果。翻译的过程对于每一位同志而言，都是一次系统学习和重新思考的过程，感到受益匪浅。其中：宋华同志参加了第 4 章的翻译工作；王磊、吕丽、张家毅三位同志参加了第 5 章的翻译工作；韩浩同志参加了第 6 章的翻译工作；张忠良同志参加了第 7 章的翻译工作；周术元同志对第 8 章的翻译初稿进行了修改，提出了许多专业性建议；王磊同志还参加了第 8 章、第 9 章的翻译工作。王磊同志对全书近百张图片及全部参考文献进行了整理和编辑，投入了大量精力。在此，一并向上述同志表示感谢。

感谢国防工业出版社及防化研究院机关对本书出版的鼎力支持。由于译者水平有限，疏漏之处在所难免，恳请读者批评指正。

译者
2017 年 6 月

作者简介

    Rolando M. A. Roque-Malherbe 教授 1948 年出生于古巴哈瓦那的 Güines。1970 年在哈瓦那大学获得物理学学士学位,1972 年在德国德累斯顿理工大学国家科学研究中心取得硕士学位,研究方向为表面物理,1978 年在俄罗斯莫斯科钢铁与合金研究院获得物理学博士学位。1978 年至 1984 年,先后在德累斯顿理工大学、莫斯科州立大学、布达佩斯理工大学、俄罗斯科学院物理化学研究所、化学研究中心及匈牙利科研机构从事博士后研究工作。1980 年至 1992 年 Roque-Malherbe 教授在古巴哈瓦那的瓦罗纳高等师范学院国家科学研究中心领导一个课题组开展研究工作,该机构在天然沸石的研究与应用领域处于国际领先地位。1993 年,经古巴政府批准,他和家人以政治避难的方式离开古巴。1993 年至 1999 年,先后在西班牙瓦伦西亚化学技术研究所、佐治亚州亚特兰大克拉克大学、佛罗里达州迈阿密的贝瑞大学等机构工作。从 1999 年至 2004 年,在波多黎各 Gurabo 的图拉波大学科学学院担任院长和教授,目前为图拉波大学物理化学应用研究所所长。Roque-Malherbe 教授先后发表 112 篇论文、29 篇摘要,申请 15 项专利,出版 3 部著作及 5 个章节,在学术会议中提交 200 多篇报告,现在为美国公民。

前言

　　气体分子在相邻固体表面的富集现象于 1771 年被 Fontana 和 Scheele 发现，1881 年，Kayser 将此现象命名为吸附。扩散是物质世界普遍存在的一种现象，它描述了一种趋势：任何体系都无时无刻地试图占据所有其可能进入的空间。1850—1855 年，Adolf Fick 及 Thomas Graham 的研究工作开启了对扩散现象的定量研究。

　　研究材料科学的根本目标是研发新材料，工业领域技术水平的不断进步，激发了人们对新材料研制的浓厚兴趣。例如，随着电子工业的发展，元器件的尺寸越来越小，很多部件已经达到了纳米尺度，即其长度在 $1 \sim 100$ nm 的范围，科学家们发现，材料的性能在纳米尺度与宏观尺度截然不同。在纳米尺度范围内，吸附和扩散是表征材料性能的重要方法，也是研究材料在工业应用中基本规律的重要手段。

　　根据国际纯粹与应用化学联合会（IUPAC）的定义，多孔材料可分为以下三类：孔径在 $0.3 \sim 2$ nm 为微孔材料；孔径在 $2 \sim 50$ nm 为中孔材料；孔径大于 50 nm 为大孔材料。在多孔材料的范围内，纳米多孔材料，如沸石及相关材料、中孔分子筛、大部分的二氧化硅及活性炭，是研究和应用最为广泛的。将晶体材料及有序中孔材料，如沸石及相关材料、中孔分子筛，划归为纳米多孔材料是毋庸置疑的；对于无定形的多孔材料，如活性炭，虽然它们含有一些尺寸大于 100 nm 的孔，然而在大部分情况下，小于 100 nm 的孔是其孔隙结构中最重要的部分，因此，该类材料也应被划为多孔纳米材料的范围。

　　吸附和扩散具有多重价值，它们不但是表征多孔纳米材料强有力的手段，也是重要的工业单元操作。气体吸附能够揭示微孔的体积，中孔表面积，各种孔结构的体积和尺寸以及吸附热。扩散过程控制着气体在多孔介质内部的分子传递：对于无定形多孔材料，分子扩散能够表征材料内部的形貌信息；对于晶体及有序材料，分子扩散能够描述材料的结构参数。

晶体的、结构有序的以及无定形的微孔和中孔材料，例如，微孔、中孔分子筛、无定形二氧化硅、氧化铝、活性炭等，由于它们具有独特的性质和功能，在光学、电子学、离子传导、离子交换、气体分离、膜过程、涂覆、催化剂、催化剂载体、传感器、污染消除、洗涤、生物学等诸多领域得到了广泛应用。

本书的内容主要来源于作者曾经发表的研究论文以及出版的专著。本书主要试图对气体在微孔晶体、有序中孔材料以及中孔/微孔无定形材料内的吸附和扩散现象的理论和实际应用给出一个最新的描述。

除最后一章有关液相吸附的内容外，本书不讨论多组分系统的吸附过程。由于本书最主要的目的是从材料科学的角度来研究吸附及扩散现象，因此，主要集中在使用单组分的吸附和扩散作为工具来表征吸附剂的比表面、孔体积及孔分布，以及研究描述单一组分在多孔介质内传递过程的参数。本书研究了吸附能、吸附热力学和活塞流吸附床的吸附动力学。本书还研究了二氧化硅、活性炭、沸石及相关材料、中孔分子筛等纳米多孔材料的结构形貌以及合成和改性方法。某些吸附材料，如氧化铝、二氧化钛、氧化镁、黏土、柱状黏土等在本书中没有讨论。

本书从吸附动力学应用的角度，使用活塞流吸附反应器（PFAR）分析了吸附剂对气体及液体中低浓度杂质的净化，PFAR 操作的输出信息为穿透曲线。

最后，本书献给我的家人，也献给我研究生学习阶段以及博士后研究阶段的指导老师。其中，特别要提到的是我的硕士指导老师，Jürgen Büttner 教授，从他那里，我第一次了解到表面物理和表面化学在材料科学研究中的重要性。我要感谢我的博士导师 Alekzander A. Zhujovistskii 教授，1934 年，他首次发现了毛细凝聚和吸附场在多孔材料吸附过程中的复合作用，随后他成为了色谱的发明者之一，他指导我如何使用普遍的原理来分析隐藏在实验数据背后的科学规律。我也要感谢我博士阶段的指导老师，传递现象研究领域的学术权威，Boris S. Bokstein 教授，是他鼓励我从事扩散现象的研究工作。我还要感谢博士后研究阶段的指导老师们，其中：Fritz Storbeck 教授，他使我有机会接触到表面科学研究中最先进的方法；物理化学力学的创始人之一 Evgenii D. Shchukin 教授，他向我传授了表面现象在材料科学研究中的重要价值；以及后来接触到的 Mijail M. Dubinin 院士和 A. V. Kiseliov 教授，20 世纪吸附科学与技术领域最重要的两位科学家，他们引领我深入理解吸附科学中的哲学问题。

Rolando M. A. Roque-Malherbe 博士教授

Las Piedras，Puerto Rico，USA

目录

第 1 章

统计力学基础

1.1　概述

　　统计力学，又称为统计物理或平衡系统的统计热力学。该学科起源于早期 Maxwell 和玻耳兹曼在气体运动学理论中的研究工作（1860—1900）[1-11]。随后，通过著作《统计物理学的基本原理》，Gibbs（1902）在统计力学的理论和计算方法上取得了重要的进展。20 世纪，爱因斯坦、费米、Bose、Tolman、Langmuir、Landau、Fowler、Guggenheim、Kubo、Hill、Bogoliubov 以及其他科学家在统计力学随后的发展及成功应用等方面也做出了贡献[1-11]。

　　统计力学处理的是宏观系统，该系统由具有特定组成、结构及功能的粒子构成，粒子包括光子、电子、原子及分子。在统计力学中，状态一词有两种含义：第一，微观状态或者是量子态；第二，宏观状态或者是热力学状态。

1.1.1　热力学函数及其相互关系

　　统计物理，如本章中将要介绍的，是一种使用非常广泛的方法，该方法可以用来计算宏观系统的热力学函数。对于一个由均相多组分构成的混合物，基本的热力学方程可以表示为[1,2]

$$\mathrm{d}U = T\mathrm{d}S - P\mathrm{d}V + \sum_i \mu_i \mathrm{d}n_i$$

式中：$U(S, V, n_i)$ 是系统内能；S 是熵；V 是体积；T 是温度；μ_i 是化学势；n_i 是由 N 个组分构成的系统中的某一个组分的分子数。

使用 Legendre 变换（见附录 1.1），减去两个替代变量 TS 的乘积，可得

$$F = U - TS$$

从而得到一个新的热力学函数，亥姆霍兹自由能。基于此，另一个热力学函数 —— 焓可定义为[1,2]

$$H = U + PV$$

通过 Legendre 变换，Gibbs 函数，或者自由焓可以定义为[1,2]

$$G = H - TS$$

巨势能，或者称为 Massieu 函数定义为[10]

$$\Omega = F - \sum_i \mu_i n_i$$

相应地，混合物热力学函数的微分方程组如下[1,2,10]：

$$\mathrm{d}F = -S\mathrm{d}T - P\mathrm{d}V + \sum_i \mu_i \mathrm{d}n_i$$

$$\mathrm{d}\Omega = -S\mathrm{d}T - P\mathrm{d}V - \sum_i n_i \mathrm{d}u_i$$

$$\mathrm{d}H = -T\mathrm{d}S - V\mathrm{d}P + \sum_i \mu_i \mathrm{d}n_i$$

$$\mathrm{d}G = -S\mathrm{d}T + V\mathrm{d}P + \sum_i \mu_i \mathrm{d}n_i$$

一般情况下，巨势能在热力学教科书中不会出现，然而该热力学量在统计热力学中有特殊的含义，它是具有固定体积 V、化学势 μ_i、温度 T 的一个系统的热力学势能，在后面将会提到。巨势能与巨正则配分函数有关，该函数是利用统计热力学方法计算出来的。表 1.1 列出了一些常用的热力学关系式[10]。

表 1.1 热力学关系式

$T = \left(\dfrac{\partial U}{\partial S}\right)_{V,n_i}$	$-P = \left(\dfrac{\partial U}{\partial V}\right)_{S,n_i}$	$\mu_i = \left(\dfrac{\partial U}{\partial n_i}\right)_{S,V,n_{j(j \neq i)}}$
$-S = \left(\dfrac{\partial F}{\partial T}\right)_{V,n_i}$	$-P = \left(\dfrac{\partial F}{\partial V}\right)_{T,n_i}$	$\mu_i = \left(\dfrac{\partial F}{\partial n_i}\right)_{T,V,n_{j(j \neq i)}}$
$T = \left(\dfrac{\partial H}{\partial T}\right)_{P,n_i}$	$V = \left(\dfrac{\partial H}{\partial P}\right)_{S,n_i}$	$\mu_i = \left(\dfrac{\partial H}{\partial n_i}\right)_{S,P,n_{j(j \neq i)}}$
$-S = \left(\dfrac{\partial G}{\partial T}\right)_{P,n_i}$	$V = \left(\dfrac{\partial G}{\partial P}\right)_{T,n_i}$	$\mu_i = \left(\dfrac{\partial G}{\partial n_i}\right)_{T,P,n_{j(j \neq i)}}$
$-S = \left(\dfrac{\partial \Omega}{\partial T}\right)_{V,\mu_i}$	$-P \left(\dfrac{\partial \Omega}{\partial P}\right)_{T,\mu_i}$	$-n_i = \left(\dfrac{\partial \Omega}{\partial \mu_i}\right)_{T,V,n_{i(j \neq i)}}$

1.2 微观状态和宏观状态的定义

微观状态的定义：系统的一种状态，该状态中，组成系统的粒子的所有参数都被精确指定[7]。在量子力学中，对于一个稳定状态的系统，用粒子的能级和量子数来确定微观状态参数。在任意给定时刻，系统总是处于一个确定的量子状态 j，该状态可以用某一波函数 φ_j 来表征，φ_j 是大量空间及旋转坐标、能量 E_j 以及一组量子数的函数[7]。

宏观状态的定义：系统的一种状态，该状态中，组成系统的粒子在不同能级的分布被精确指定[7]。宏观状态包括不同的能级，以及拥有特定能量的粒子。也就是说，宏观状态包含很多微观状态。从热力学的基本原理可知[1,2]，对于一个单组分系统，为了确定该系统的热力学平衡状态，我们仅仅需要指定三组宏观参数，即 (P,V,T)、(P,V,N) 或 (T,V,N) 中的任一组，其中 P 是压力，V 是体积，T 是温度，N 是粒子数。因此，该系统的状态方程将上述任意三个参数与第四个参数关联起来。例如，对于理想气体状态方程：

$$PV = nRT = NkT$$

式中：$R = 8.41351 \, \text{JK}^{-1} \, \text{mol}^{-1}$ 是理想气体常数。$R = N_A k$，其中，$N_A = 6.02214 \times 10^{23} \, \text{mol}^{-1}$ 是 Avogadro 常数，$k = 1.38066 \, \text{JK}^{-1}$ 是玻耳兹曼常数。

理想气体，假设分子之间没有相互作用，也就是说，分子之间不会相互影响各自的能级，当 $T > 0$，每一个粒子具有一定的能量，整个系统拥

有总能量 E。被限制在一个体积 $V = abc$（见图 1.1）的立方箱体内的粒子的能量为[8]

$$E(n_1, n_2, n_3) = \frac{h^2}{8m} \left(\frac{n_1^2}{a^2} + \frac{n_2^2}{b^2} + \frac{n_3^2}{c^2} \right)$$

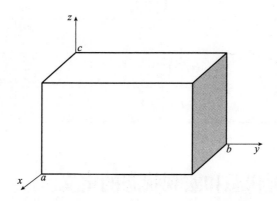

图 1.1　体积 $V = abc$ 的立方箱体（理想气体分子被限制在其内部）

对于一个立方体，$a = b = c = L$，则有

$$E(n_1, n_2, n_3) = \frac{h^2}{8L^2m}(n_1^2 + n_2^2 + n_3^2) = \frac{h^2 N^2}{8L^2m}$$

式中：$N^2 = (n_1^2 + n_2^2 + n_3^2)$，$n_1, n_2, n_3$ 是量子数，均为除零外的整数。因此，具有分子总数为 N 的宏观状态理性气体，其总能量为

$$E = \sum_{n_1} \sum_{n_2} \sum_{n_3} E(n_1, n_2, n_3)$$

该宏观状态由具有不同量子数 (n_1, n_2, n_3)，且数目巨大的微观状态组成，或者说该宏观状态与上述数量巨大的微观状态相容共存[7,8]。

最后，需要指出的是，宏观状态可以实验观测，而微观状态通常无法实验观测。

1.3　系综的定义

系综是具有相同的宏观状态，数目巨大的样本系统的假想集合。上述每一个系统中都包含了大量的微观状态，且每个微观状态与宏观状态相容共存。可以认为，系综是相关系统组成的一个假想的集合体，系综内样本

系统的数量为 N，N 是一个非常大的数字 $(N \to \infty)^{[7,8]}$。在系综内部，处于能量为 E_i 的系统的数量设定为 n_i，则系综中系统的总数为

$$N = \sum_{i=1}^{\Omega} n_i$$

上述求和过程是在被研究的具体样本系统可能存在 Ω 个能量状态 E_i 范围内进行的。

为了数学处理的方便，针对系综这一概念做以下三个假设：

假设 1：被研究样本系统中测量得到的以时间平均的宏观性质，与系综中该宏观性质的平均值相等[2,7]，即

$$\bar{E} = \sum_{i=1}^{\Omega} p_i E_i \tag{1.1}$$

式中：p_i 是选定的宏观热力学状态下，样本系统在 Ω 种可能的微观状态中出现的概率。上述求和过程是在被研究的具体系统能够存在的所有能量状态范围中开展的。

假设 2：熵被定义为[9]

$$S = -k \sum_{i=1}^{\Omega} p_i \ln p_i \tag{1.2}$$

式中：p_i 是选定的宏观热力学状态下，样本系统在 Ω 种可能的微观状态中出现的概率；k 是玻耳兹曼常数[2]。

假设 3：对于一个固定体积、组成和温度的热力学系统，所有能量相同的量子态出现的概率相同。

最后，有必要强调一个观点：在统计力学中，对于一个封闭系统，平衡状态是熵最大的状态，该观点也是热力学第二定律的一种表述形式[6]。

1.4 正则系综

正则系综中的样本系统浸没在一个热源中，系统的温度、体积固定，且内部粒子数量 N 不变[7,8]。也就是说，系统与热源处于热平衡。由于能量可以在系统与热源之间来回传递，因此，系统温度与热源温度 T 相同，且保持不变，而能量 E 则是变量[7,8]。上述系统及相关统计方法称为正则系综。

我们将正则系综看作是 N 个样本系统的集合，所有的系统相互接触，并且与外界隔绝[8]（见图 1.2），因此，正则系综中的每一个样本系统都浸没在一个大热源中，是系综中的其他样本系统的复制品，并且与外界隔绝[7,8]。

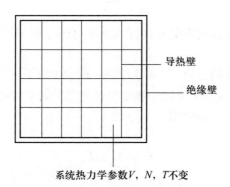

系统热力学参数 V, N, T 不变

图 1.2   正则系综示意图

系综中，系统可能的能量状态表示为 $E_j = E_j(V, N)$。由于系综中的系统体积 V 相同，分子数量 N 相同，则系综中各个系统能量状态的数量相同[8]，能量为 E_i 的系统数量为 i。根据假设 3，系综中选择能量为 E_i 的系统的概率为[7]

$$p_i = \frac{n_i}{N} \tag{1.3}$$

式中：N 为正则系综中系统的数量。另有

$$\sum_{i=1}^{\Omega} p_i = 1$$

系综中系统的平均能量为

$$\bar{E} = \sum_{i=1}^{\Omega} p_i E_i$$

只需要找到图 1.2 中描述的整个系综中熵值最大的条件，即可计算正则系综中的概率分布。正则系综可表示为一个封闭的热力学系统，该系统由大量复制的样本系统构成，系统被绝缘壁包围，从而无法与外界进行物质和能量的交换[7,8]。因此，基于前面提出的假设 2，以及熵函数的加和性质，熵的计算式如下[9]：

$$S = -kN \sum_{i=1}^{\Omega} p_i \ln p_i$$

上述求和过程是在被研究系统所有可能存在的状态范围内展开的，计算熵的最大值需满足以下两个条件[8]：

$$\sum_{i=1}^{\Omega} n_i = N, \quad \sum_{i=1}^{\Omega} E_i n_i = E$$

式中：N 是系综中样本系统的数量；E 是系综的总能量。熵的计算式除以 N 可得

$$S = -k \sum_{i=1}^{\Omega} p_i \ln p_i$$

且满足

$$\sum_{i=1}^{\Omega} p_i = 1 \quad 及 \quad \sum_{i=1}^{\Omega} p_i E_i = \bar{E}$$

式中：$\bar{E}$ 是系综的平均能量。运用拉格朗日乘子[12,13]（见附录 1.2），必须定义以下的辅助函数[9]：

$$f = -k \sum_{i=1}^{\Omega} p_i \ln p_i + \alpha \sum_{i=1}^{\Omega} p_i + \beta \sum_{i=1}^{\Omega} p_i E_i \tag{1.4}$$

因此，熵值最大的条件为

$$\frac{\partial f}{\partial p_i} = -k \ln p_i + 1 - \alpha + \beta E_i p_i = 0$$

则有

$$p_i = \frac{\exp[-\beta E_i]}{Z} \tag{1.5}$$

$$Z = \sum_{i=1}^{\Omega} \exp[-\beta E_i] \tag{1.6}$$

被称为正则配分函数。

最后需要确定一点，配分函数的求和是在所研究系统所有可能的能量状态范围内开展的。

1.5　正则系综配分函数中 α 和 β 的计算

一个具体系统中的亥姆霍兹自由能被定义为[8]

$$F = U - TS \tag{1.7}$$

在统计热力学的框架中（可以认为是一种假设）[6-8]，系统的内能是

$$\sum_{i=1}^{\Omega} p_i E_i = \bar{E} = U \tag{1.8}$$

系统的熵是

$$S = -k \sum_{i=1}^{\Omega} p_i \ln p_i \tag{1.9}$$

T 是系统的温度。相应地在正则系综的框架中，将式 (1.5) 代入式 (1.8) 和式 (1.9)，将结果再代入到式 (1.7)，使用式 (1.6)，很容易能够得到

$$S = k\beta U + k \ln Z \tag{1.10a}$$

$$k\beta U - S = k \ln Z \tag{1.10b}$$

如果取

$$\beta = \frac{1}{kT} \tag{1.11}$$

$$F = -kT \ln Z \tag{1.12}$$

则有式 (1.10) 与式 (1.7) 相同。因此，将亥姆霍兹自由能 F 作为起点，可以通过配分函数计算出所用的热力学函数[8-10]（见表 1.2）。

表 1.2 正则配分函数表示的热力学参数

$U = kT^2 \left(\dfrac{\partial \ln Z}{\partial T} \right)$	$P = kT \left(\dfrac{\partial \ln Z}{\partial V} \right)$	$S = k \left[\ln Z + T \left(\dfrac{\partial \ln Z}{\partial T} \right) \right]$
$G = kT \left[-\ln Z + T \dfrac{\partial \ln Z}{\partial V} \right]$	$H = kT \left[T \left(\dfrac{\partial \ln Z}{\partial T} \right) + V \dfrac{\partial \ln Z}{\partial V} \right]$	$\mu_i = -kT \left(\dfrac{\partial \ln Z}{\partial n_i} \right)$

1.6 巨正则系综

巨正则系综（GCE）代表一个大系统，该系统浸没在一个热池中，每一个样本系统的温度及体积固定，但是样本系统中的粒子数量 N 可变。也就是说，每一个样本系统与热池达到热平衡，同时能够与热池之间交换粒子。由于能量和粒子能够在系统和热池之间来回传递，系统与热池具有相同的温度 T 和化学势 u[8]。上述系统以及相关的统计方法称为巨正则系综。

与前面描述的正则系综相似，为了计算巨正则系综的概率分布，需要计算整个巨正则系综的最大熵。如图 1.3 所示，GCE 可表示为一个热力学封闭的系统，该系统由大量复制的样本系统构成，系统被绝缘壁包围从而无法与外界进行物质和能量的交换。因此，基于前面提出的假设 2 以及熵函数的加和性质，熵的计算式如下[9]：

$$S = -k \sum_{i=1}^{\Omega} \sum_{n=1}^{N} p_{i,n} \ln p_{i,n} \tag{1.13}$$

需要指出：上述求和过程是在所研究系统所有可能存在的能量状态 $(1 \sim \Omega)$ 以及所有可能的粒子数 $(1 \sim N)$ 的范围内展开的。

熵最大值的计算在以下三个条件下进行（计算过程中，式 (1.14a) 和式 (1.14b)、式 (1.14c) 的表达式均除以系综中总的系统数 N）[8]：

$$\sum_{i=1}^{\Omega} \sum_{j=1}^{N} p_{i,j} = 1 \tag{1.14a}$$

$$\sum_{i=1}^{\Omega} \sum_{j=1}^{N} E_i(V,j) p_{i,j} = \bar{E} \tag{1.14b}$$

$$\sum_{i=1}^{\Omega} \sum_{n=1}^{N} j p_{i,j} = \bar{N} \tag{1.14c}$$

式中：$\bar{E}$、$\bar{N}$ 分别是系综内样本系统的平均能量和平均粒子数。

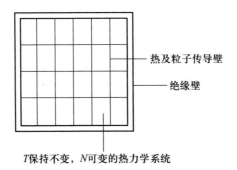

图 1.3 巨正则系综的示意图

为了利用拉格朗日乘子[12,13]（见附录 1.2）计算熵的最大值，必须定义以下的辅助函数[9]：

$$F = -k \sum_{i=1}^{\Omega} \sum_{j=1}^{N} p_{i,j} \ln p_{i,j} + \alpha \sum_{i=1}^{\Omega} \sum_{j=1}^{N} p_{i,j}$$

$$+ \beta \sum_{i=1}^{\Omega} \sum_{n=1}^{N} E_i(V,j) p_{i,j} + \gamma \sum_{i=1}^{\Omega} \sum_{j=1}^{N} j p_{i,j} \tag{1.15}$$

因此，熵最大的条件为

$$\frac{\partial f}{\partial p_{i,j}} = -k \ln p_{i,j} + 1 - \alpha + \beta E_i(V,j) + \gamma j = 0 \tag{1.16}$$

相应地

$$p_{i,j} = \frac{\exp[-\beta E_i(V,j)] \exp[-\gamma j]}{\Theta} \tag{1.17}$$

其中巨正则配分函数为

$$\Theta = \sum_{i=1}^{\Omega} \sum_{j=1}^{N} \exp[-\beta E_i] \exp[-\gamma j] = \sum_{j=1}^{N} Z(j) \exp[-\gamma j] \tag{1.18}$$

式中：$Z(j)$ 是粒子数为 j 的系统的正则配分函数。

1.7　巨正则系综配分函数中 α、β 和 γ 的计算

在热力学的框架中，对于一个单一组分组成的具体系统而言，熵还可以表示为[9]

$$S = \frac{U - \mu n + PV}{T} \tag{1.19}$$

从式 (1.19) 可以推导出[1,2]

$$T dS = dU + P dV - \mu dn \tag{1.20}$$

式中：$U = \bar{E}$ 是系统的内能或平均能量；T 是温度；S 是熵；P 是压力；V 是体积；μ 是化学势；并且平均摩尔数为

$$n = \frac{\bar{N}}{N_A}$$

在巨正则系综的框架中，微分方程 (1.14b) 为 [8]

$$d\bar{E} = dU = \sum_{i=1}^{\Omega} \sum_{j=1}^{N} E_i(V,j) dp_{i,j} + \sum_{i=1}^{\Omega} \sum_{j=1}^{N} p_{i,j} dE(V,j) \tag{1.21}$$

如果将式（1.17）代入式（1.21）可得

$$\mathrm{d}\bar{E} = -\frac{1}{\beta}\left\{\sum_{jN}[\gamma N + \ln p_{jN} + \ln\Theta]\mathrm{d}p_{jN}\right\} + \sum_{jN}p_{jN}\frac{\partial E(V,N)_j}{\partial V}\mathrm{d}V \quad (1.22)$$

通过式（1.14c），能够很容易得到[8]

$$\mathrm{d}\bar{N} = \sum_{i,j}j\mathrm{d}p_{jn} \quad (1.23)$$

式（1.22）能够被简化为[8]

$$\mathrm{d}\bar{E} + P\mathrm{d}V + \frac{\gamma}{\beta}\mathrm{d}\bar{N} = -\frac{1}{\beta}\mathrm{d}\left\{\sum_{ij}P_{i,j}\ln p_{i,j}\right\} \quad (1.24)$$

比较式（1.20）和式（1.24），可以得出

$$\mu = \frac{\gamma}{\beta} \quad (1.25)$$

以及

$$T\mathrm{d}S = -\frac{1}{\beta}\mathrm{d}\left\{\sum_{ij}P_{i,j}\ln p_{i,j}\right\} \quad (1.26)$$

相应地，如果

$$\beta = \frac{1}{kT} \quad (1.27\mathrm{a})$$

以及

$$\gamma = -\frac{1}{kT} \quad (1.27\mathrm{b})$$

将式（1.27a）及式（1.27b）代入到式（1.13），应用式（1.19），可以得到[8,9]

$$S = \frac{\bar{E}}{T} - \frac{N\mu}{T} + k\ln\Theta = \frac{U}{T} - \frac{N\mu}{T} + \frac{PV}{T} \quad (1.28)$$

其中

$$P = kT\left(\frac{\partial\ln\Theta(V,T,\mu)}{\partial V}\right)_{u,T} \quad (1.29\mathrm{a})$$

$$\bar{N} = kT\left(\frac{\partial\ln\Theta(V,T,\mu)}{\partial\mu}\right)_{V,T} \quad (1.29\mathrm{b})$$

1.8 粒子间不存在相互作用系统的正则配分函数

通过在系统可能存在的 Ω 个量子状态的范围内，对表达式 $\exp[-E_i/kT]$ 求和，可以得到系统的正则配分函数 Z，一旦 Z 得到以后，系统的所有热力学性质便很容易求出。然而，由于组成系统的分子之间存在相互作用力，Z 很难确切计算。对于分子间不存在相互作用的系统，Z 相对容易计算。

对于分子间不存在相互作用的系统，将系统的汉密尔顿算子 $\bar{H}$ 表示为无相互作用的各个分子的汉密尔顿算子 $\bar{H}$ 之和[1,2]，即

$$\bar{H} = \sum_{j=1}^{N} \bar{H}_j \tag{1.30}$$

式中：$j = 1 \sim N$，N 是系统中分子的个数。则整个系统的能量为

$$E_j = \varepsilon_{1,r} + \varepsilon_{2,s} + \cdots + \varepsilon_{N,w} \tag{1.31}$$

并有

$$Z = \sum_j \exp \frac{-(\varepsilon_{1,r} + \varepsilon_{2,s} + \cdots + \varepsilon_{N,w})}{kT} \tag{1.32}$$

单个分子的允许能量为[1,2]

$$\bar{H}_j \varphi_{j,r} = \varepsilon_{j,r} \varphi_{j,r} \tag{1.33}$$

如果分子之间是可识别的，例如晶体内的分子或者是定位吸附体系中的分子，则系统中所有可能的量子状态的和可表示为

$$Z = \sum_r \sum_s \sum_l \cdots \sum_w \exp \frac{-(\varepsilon_{1,r})}{kT} \exp \frac{-(\varepsilon_{2,s})}{kT} \exp \frac{-(\varepsilon_{3,l})}{kT} \exp \frac{-(\varepsilon_{N,w})}{kT}$$

则有

$$Z = \sum_r \exp \frac{-(\varepsilon_{1,r})}{kT} \cdot \sum_r \exp \frac{-(\varepsilon_{2,s})}{kT} \cdot \sum_l \exp \frac{-(\varepsilon_{3,l})}{kT} \cdots \sum_w \exp \frac{-(\varepsilon_{N,w})}{kT}$$

现在，能够定义分子的配分函数为[1,2,8]

$$Z_i = \sum_r \exp \frac{-(\varepsilon_{i,r})}{kT} \tag{1.34}$$

相应地，对于分子之间可识别的系统，有[1,2,8]

$$Z = \prod_i Z_i \qquad (1.35)$$

如果系统中所有的分子都是同一种分子，则有 $Z_1 = Z_2 = \cdots = Z_N = q$[1,2,8]，则有

$$Z = q^N \qquad (1.36)$$

如果系统中分子都是同一种分子，并且分子被限制在一个特定的区域内，例如，理想气体或者是可移动吸附体系，分子是非定位的，因而无法区别任意两个分子。因此，当分子 1 处于状态 r 及分子 2 处于状态 s 的情形与分子 1 处于状态 s 及分子 2 处于状态 r 的情形是相同的，上述情形可以用量子力学的形式表示为[1,2,8]

$$\varphi_r(1)\varphi_s(2)\varphi_l(3)\cdots\varphi_w(N) = \varphi_s(1)\varphi_r(2)\varphi_r(3)\cdots\varphi_r(N) \qquad (1.37)$$

进一步，如果在分子可能的状态 $r, s, \cdots, w$ 的范围内重新排列分子 $1, 2, 3, \cdots, N$，将得到相同的波函数。正如附录 1.3 中描述的，N 个分子的排列组合的数量为 $N!$，相应地，由 N 个不相互作用的分子组成的系统，且分子之间无法识别，该系统的配分函数 Z 可以表示为[1,2,8]：

$$Z = \frac{q^N}{N!} \qquad (1.38)$$

1.9 分子配分函数的解析

分子的能量是该分子以不同自由度运动所贡献的能量之和，如平动 T，转动 R，振动 V，电子运动 E，因此[1,2]

$$\varepsilon_i = \varepsilon_i^T + \varepsilon_i^R + \varepsilon_i^V + \varepsilon_i^E \qquad (1.39)$$

假设分子的能量是各种独立运动贡献之和，则分子或者粒子的配分函数可以被因式分解为各个独立运动贡献的乘积，即[1,2,8]

$$q = \sum_i \exp\frac{-(\varepsilon_i)}{kT} = \sum_i \frac{-[\varepsilon_i^T + \varepsilon_i^R + \varepsilon_i^V + \varepsilon_i^E]}{kT}$$

也就是[1,2,8]

$$q = \sum_i \exp\frac{-(\varepsilon_i^T)}{kT} \cdot \sum_i \exp\frac{-(\varepsilon_i^R)}{kT} \cdot \sum_i \exp\frac{-(\varepsilon_i^V)}{kT} \cdot \sum_i \exp\frac{-(\varepsilon_i^E)}{kT} = q^T q^R q^V q^E$$

其中，平动配分函数是[1,2,7,8]

$$q^T = \sum_i \exp \frac{-(\varepsilon_i^T)}{kT} = \frac{V(2\pi mkT)^{3/2}}{h^3} \tag{1.40}$$

式中：h 是普朗克（Planck）常数；m 是分子的质量；k 是玻耳兹曼常数；T 是绝对温度。同时[1,2,7,8] 双原子同核转动分子的转动配分函数为

$$q^R = \sum_i \exp \frac{-(\varepsilon_i^R)}{kT} = \frac{IkT}{h^2} \tag{1.41a}$$

式中：I 是转动惯量。一个双粒子转子是由两个质量为 m 且两者之间的距离保持不变的粒子组成的[1,2]。对于 N 原子分子，且沿三个轴转动，转动配分函数为[10]

$$q^R = \frac{\pi^{1/2}}{\sigma_\sigma} \prod_i^{3N-6} \left(\frac{8\pi^2 I_i kT}{h^2} \right)^{1/2} \tag{1.41b}$$

该方程当 $T \gg \theta_i$ 时成立，其中 r 是对称数，I_i 为转动惯量，以及

$$\theta_i = \frac{8\pi^2 I_i k}{h^2}$$

进一步分析可得分子的振动配分函数为[1,2,8,10]

$$q^V = \sum_i \exp \frac{-(\varepsilon_i^V)}{kT} = \frac{1}{1 - \exp(-\theta_V/kT)} \tag{1.42}$$

在一个多原子分子中，每一种振动模式都有各自的配分函数，总的配分函数为[1,2,8]

$$q^V = q^V(1)q^V(2)q^V(3) \cdots q^V(r)$$

式中：$q^V(r)$ 是第 r 种振动模式。有必要指出特征振动温度为

$$\Theta_V = \frac{hf}{k}$$

式中：h 是普朗克常数；k 是玻耳兹曼常数；f 是具体振动模式的特征振动频率。

最后，有

$$q^E = \sum_i \exp \frac{-(\varepsilon_i^E)}{kT} = 1 \tag{1.43}$$

是电子运动配分函数，该函数值通常为 1。

分子运动的各种配分函数如表 1.3 所列。

表 **1.3** 分子运动的各种配分函数

$q^T = \dfrac{V(2\pi mkT)^{3/2}}{h^3}$	$q^R = \dfrac{IkT}{h^2}$
$q^V = \dfrac{1}{1 - \exp(-\theta_V/kT)}$	$q^E = \displaystyle\sum_i \exp\dfrac{-(\varepsilon_i^E)}{kT} = 1$

1.10　密度函数理论

密度函数理论（DFT）的发展主要基于 Hohemberg、Kohn 以及 Sham 等人的创新性工作[14,15]，他们提出了一种计算量子体系，如分子和原子，基态电子概率密度 $\rho(\bar{r})$ 的方法。Hohemberg 和 Kohn 证明了一个定理[14]：基态分子的能量及基态分子的其他所有性质能够由基态电子概率密度唯一确定。因此，E_{gs} 是 ρ 的函数[2]，即 $E_{gs} = E_{gs}[\rho(\bar{r})]$，其中括号表示函数关系[12,13]（见附录 1.4）。

应用于 N 个粒子的经典系统时，密度函数理论的基本变量是单一粒子密度 $\rho(\bar{r})$，该密度是为 N 个粒子组成的系统定义的：通过在 $N-1$ 个变量的范围内积分 N 个粒子的分布函数求得[16] $\rho(\bar{r}_1) = N \displaystyle\int \cdots \int \mathrm{d}\bar{r}_2 \cdot \mathrm{d}\bar{r}_3 \cdots \mathrm{d}\bar{r}_N P(\bar{r}_1, \bar{r}_2, \cdots, \bar{r}_N)$。该密度代表了系统中局部单位体积内的粒子数。因此积分该密度可以得到总的粒子数 N[16]：$\displaystyle\int_V \rho(\bar{r})\mathrm{d}\bar{r} = N$。

单一粒子密度的概念同时适用于量子系统，如原子和分子，及经典的多粒子系统，如本书感兴趣的流体浸没在外来的势场中。对于经典的 N 原子系统，汉密尔顿算子为

$$H_N = \sum_{i=1}^{N} \frac{p_i^2}{2m} + \Phi(\bar{r}_1, \bar{r}_2, \cdots, \bar{r}_N) + \sum_{i=1}^{N} U_{\text{ext}}^i(\bar{r}_i)$$

$$H_N = K.E. + \Phi + U_{\text{ext}}$$

式中：p_i 是粒子 i 的动量；$\Phi(\bar{r}_1, \bar{r}_2, \cdots, \bar{r}_N)$ 是所有原子内部的势能；U_{ext}^i 是单体的外部势能。在上面第二个等式中：$K.E.$ 是动能；Φ 是 N 个粒子构成的系统中所有原子内部的势能；并且[17]

$$U_{\text{ext}} = \sum_{i=1}^{N} U_{\text{ext}}^i(\bar{r}_i)$$

在巨正则系综中，发现一个系统处于某一种经典系统中可能存在状态

的概率 $P_N(H_N)$，可以表示为[17]

$$P_N(H_N) = \frac{\exp(-\beta H_N)\exp(-\gamma N)}{\Theta}$$

式中：$\beta = 1/kT$；$\gamma = -\mu/kT$；Θ 是巨正则配分函数。

在密度函数理论的框架中，$P_N(H_N)$ 必须被唯一指定为 $\bar{\rho}(\bar{r})$（单一粒子平衡态密度）的函数，即 $P_N(H_N) = P_N(\bar{\rho}(\bar{r}))$。既然 $P_N(H_N)$ 是单一粒子平衡态密度的函数，那么在密度函数理论的框架中，所有描述巨正则系综的函数都能够表示为 $\bar{\rho}(\bar{r})$ 的函数。系统中所有的热力学函数能够通过 $P_N(H_N)$ 求得，因此系统中所有的热力学函数都必然由单一粒子平衡态密度来确定[17]。通过这种方法，我们能够定义内在亥姆霍兹自由能，该自由能排除了外场的作用，是本书感兴趣的经典系统的亥姆霍兹自由能[17]：

$$F[\bar{\rho}(\bar{r})] = \overline{K.E. + \Phi + kT\ln P_N}$$

式中：$\overline{K.E. + \Phi + kT\ln P_N}$ 是巨正则系综平均。这一定义与巨正则系综中其他热力学函数密切相关，因为我们知道 $\overline{kT\ln P_N(P_N)} = -TS = n\mu - \bar{E} - kT\ln\Theta$。参见 1.7 节中的式 (1.28) 以及巨正则系综中熵的定义：$S = -k\overline{\ln P_N(H_N)}$。

相应地，对于多粒子的经典系统浸没在一个外来势场 U_{ext} 中，例如一种流体被限制在具有吸附势场的孔道内，当 $\rho(\bar{r}) = \bar{\rho}(\bar{r})$（单一粒子密度等于单一粒子平衡态密度），函数 $\Omega[\rho(\bar{r})]$ 可以简化为巨势能函数 $\Omega = \Omega[\bar{\rho}(\bar{r})]$，并由下列唯一的密度函数表示[16-18]：

$$\Omega[\rho(\bar{r})] = F[\rho(\bar{r})] - \int d\bar{r}\rho(\bar{r})[\mu - U_{ext}(\bar{r})] \tag{1.44a}$$

式 (1.44a) 是通过 $F[\rho(\bar{r})]$ 的 Legendre 变换[12]（见附录 1.1）求得的，$F[\rho(\bar{r})]$ 为内在亥姆霍兹自由能[17]，μ 为所研究系统的化学势。为了简化式 (1.44a)，定义

$$u(\bar{r}) = \mu - U_{ext}(\bar{r}) \tag{1.44b}$$

则有

$$\Omega[\rho(\bar{r})] = F[\rho(\bar{r})] - \int d\bar{r}\rho(\bar{r})u(\bar{r}) \tag{1.45}$$

对于一个经典的 N 个粒子组成的热力学体系，真实的平衡密度 $\bar{\rho}(\bar{r})$ 是通过欧拉-拉格朗日方程确定的[13,19]（见附录 1.4）。也就是说，我们必

须确定函数 $\Omega(\rho(\bar{r}))$ 的最小值,因为在平衡密度状态下,函数 $\Omega[\rho(\bar{r})]$ 的值最小,由此可得

$$\frac{\delta\Omega[\rho(\bar{r})]}{\delta\rho(\bar{r})} = 0 \tag{1.46}$$

$\bar{\rho}(\bar{r})$ 是式 (1.46) 的解,其中 $\delta/\delta\rho(\bar{r})$ 是函数的微商(见附录 1.4)。现在,将式 (1.44b) 与式 (1.46) 联立可得[17]

$$u(\bar{r}) = \mu - U_{\text{ext}}(\bar{r}) = \frac{\delta F[\rho(\bar{r})]}{\delta\rho(\bar{r})} \tag{1.47}$$

式 (1.47) 可以得到确定平衡密度的最小值条件,因此,式 (1.47) 的解 $\bar{\rho}(\bar{r})$ 是平衡密度分布。

对于一个非均相密度分布的经典流体,函数 $F[\rho(\bar{r})]$ 表示内在的亥姆霍兹自由能,能够表示为[16,18]

$$F[\rho(\bar{r})] = F_{id}[\rho(\bar{r})] + F_{\text{ex}}[\rho(\bar{r})] \tag{1.48}$$

其中理性气体自由能函数为

$$F_{id}[\rho(\bar{r})] = \left[\int \mathrm{d}\bar{r}\rho(\bar{r})\{\ln(\rho(\bar{r})\Lambda^3) - 1\}\right]kT \tag{1.49}$$

来自于粒子间不存在相互作用的系统,其中热波波长为[1]

$$\Lambda = \left(\frac{h^2}{2\pi mkT}\right)^{1/2}$$

$F_{\text{ex}}[\rho]$ 表示经典系统的过剩自由能,与电子量子系统中相互作用能函数相似[2,16]。现在定义[16,17]

$$c^1(\bar{r}) = \frac{\delta[\beta F_{\text{ex}}[\rho(\bar{r})]]}{\delta\rho(\bar{r})} \tag{1.50}$$

根据变分原理,对于 N 个粒子组成的经典系统,从式 (1.46) 可以得出平衡密度满足[16,17]

$$\rho(\bar{r}) = \Lambda^{-3}[\exp(\beta u)][\exp -(\beta U_{\text{ext}} + c^1(\bar{r}, \rho(\bar{r})))] \tag{1.51}$$

式中:$c^1(\bar{r})$ 是 $\rho(\bar{r})$ 的函数。对于理想气体,$c(\bar{r}) = 0$,方程将被简化为有外场存在条件下密度分布的大气压定律[7]。

进一步推演,系统的过剩内在亥姆霍兹自由能将被分解为长距离相互吸引和短距离相互排斥两种贡献的总和[18],即 $F_{\text{ex}}[\rho(\bar{r})] = F_{\text{rep}}[\rho(\bar{r})] + F_{\text{att}}[\rho(\bar{r})]$,其详细过程将在第 4 章中讨论。

1.11 不可逆过程的热力学

下面将对不可逆过程的热力学和统计力学进行简要的概述[20−25]，为了表述的明确和简洁，仅考虑不可逆过程中的线性项。

根据热力学第二定律，决定一个隔绝热力学系统的性质随时间变化的量是熵 S[6]。在隔绝系统中，只有导致熵增的过程是可能发生的，因此，对于一个隔绝系统，熵值达到最大是系统处于稳定状态的必要且充分条件[6]，熵值最大也是该系统最可能处于的状态[6,7]。不可逆过程是由普遍化作用力 X 驱动的，并用传递系数 L（或 Onsager 表观系数）来表征[20−25]。通过普遍化通量密度 J_{iR}（状态变量随时间的变化率）与相应的普遍化作用力 X_i 之间的线性关系式可以定义传递系数 L_{ij}：

$$J_k = -\sum_{i=1}^{N} L_{ki}X_i \qquad (1.52)$$

根据力学中的时间反转对称原理，Onsager 相互性关系为 $L_{ij} = L_{ji}$，在式（1.52）中成立。由内部过程引起的单位体积熵增可以表示为

$$\frac{\mathrm{d}s}{\mathrm{d}t} = -\sum_{i=1}^{N} J_i X_i \qquad (1.53)$$

式中；s 表示单位体积内的熵。

众所周知的有关普遍化作用力与通量密度之间关系的例子包括菲克（Fick）第一扩散定律、傅里叶（Fourier）热传导定律、欧姆（Ohm）定律以及牛顿黏性流体动量传递定律等。

扩散意味着分子，更广泛地认为是粒子，在浓度梯度（确切地应该是化学势梯度）作用下的传递，因此菲克第一扩散定律可以表示为[26−28]

$$\bar{J} = -D\bar{\nabla}C \qquad (1.54a)$$

式中：$\bar{J}$ 是物质通量；∇C 是浓度梯度；D 是菲克扩散系数，或称为传递扩散系数，为比例常数。上面描述的参数的单位为 D [(长度)^2/时间]，C [分子数/体积]，J [分子数/面积·时间]。在国际单位制（SI）中，D[m^2/s]，C[mol/m^3]，J[mol/m$^2 \cdot$ s]。

这里必须强调一点，通量及扩散系数必须相对于一个参考系来确定，因为扩散系数 J 描述的是单位时间，通过单位面积（相对于固定的局部质量中心）的分子数[28]。

菲克第二定律：

$$\frac{\partial C}{\partial t} = -D\bar{\nabla}^2 C \tag{1.54b}$$

是物质守恒定律的体现，即

$$\frac{\partial C}{\partial t} = -D\bar{\nabla} \cdot \bar{J}$$

正如前面提到的，质量传递的真实推动力是化学势能梯度，因此，在不存在外界牛顿力，如电场对带电粒子的作用力情况下，粒子 i 传递的普遍化作用力可以表示为

$$X_i = \bar{\nabla}\left(\frac{\mu_i}{T}\right) \tag{1.55}$$

另外，热传导意味着由于温度梯度引起的能量传递，傅里叶热传导定律可以表示为

$$\bar{Q} = k\bar{\nabla}T \tag{1.56}$$

式中：$\bar{Q}$ 为能量通量；∇T 为温度梯度；k 是热传导系数，为比例常数。对于不可逆热力学过程，能量通量的普遍化作用力为

$$X_q = -\bar{\nabla}\frac{1}{T} = \frac{\bar{\nabla}T}{T^2} \tag{1.57}$$

对于本书感兴趣的，温度不均一情况下，吸附剂内部的单组分扩散而言，有[27]

$$J = -L_p\bar{\nabla}\left(\frac{\mu}{T}\right) - L_c\left(\frac{1}{T^2}\right)\nabla T$$

$$Q = -L_c\bar{\nabla}\left(\frac{\mu}{T}\right) - L_e\left(\frac{1}{T^2}\right)\nabla T$$

式中：L_p 和 L_e 分别是粒子运动以及能量传递的传递系数；L_c 是交叉系数，由于相互性关系，该系数只有一个。在通常的吸附体系，能量传递的速率快于物质扩散，因此在吸附剂表面的物质传递过程可以认为是等温过程，对于单一组分，等温条件下在多孔吸附剂内的扩散过程可以表示为[27]

$$J = -L\bar{\nabla}(u) \tag{1.58}$$

其中 $L = L_p/T$，式（1.58）可以简化为

$$J = -L\frac{\partial \mu}{\partial x} = -D_0\left(\frac{\partial \ln P}{\partial \ln C}\right)\left(\frac{\partial C}{\partial x}\right) \tag{1.59}$$

如果能够替换,对于线性扩散,化学势可以表示为 $\mu = \mu_0 + RT \ln P$[1,2]。

本书感兴趣的另外一组普遍化作用力与通量之间的关系是黏性流体牛顿动量传递定律。如图 1.4 所示,可以通过黏性流体中的速度梯度来表示动量传递,即[7]

$$p_{zx} = -\eta \frac{\partial \mu_x}{\partial z} \tag{1.60}$$

式中:p_{zx} 是单位面积切线方向作用力,即黏性流体两个平行流层之间的作用力,其中下标 z 表示平面流层与 z 轴垂直,下标 x 表示作用力施加在流层的截面;$\partial u_x / \partial z$ 是速度梯度;η 是运动黏度,单位为 $\mathrm{Pa \cdot s}$。

图 1.4 显示,紧邻壁面的流体层,$z = 0$,层面垂直于 z 轴,速度 $u_x = 0$。当流体层位于 $z = l$ 位置时,速度 $u_x = u_0$,这就意味着沿 z 轴方向存在速度梯度 $\partial u_x / \partial z$。

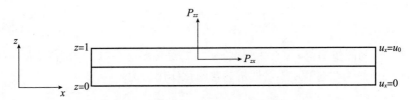

图 1.4　黏性流体在 x 方向流动示意图

1.12　不可逆过程的统计力学

20 世纪中期以前,系统对于外界扰动产生反应的典型计算方法始终是试图求解完整的运动方程,例如,Liouvile 方程或者玻耳兹曼方程,并将扰动项引入汉密尔顿函数或者求解矩阵中。大约 50 年前,Kubo[29,30] 以及其他人[29,31-34] 提出了一种简化的计算方法,该方法使用系统自身的关联函数来描述外界干扰的影响效应[25]。

正如前面所指出的,计算宏观系统热力学性质所需要的信息全部包含在配分函数或者概率分布函数中[6-8]。然而,概率分布函数包含有非热力学信息。宏观的数值,例如热力学性质的波动,以及表征系统对外界扰动线性反应的动力学系数,如温度梯度、化学势梯度、电场强度等,都可以通过关联函数计算出来。

一个外部的扰动破坏了热力学系统的平衡。这一现象通常表现为能量的流动,物质的传递,以及电子运动或者动量传递,或者是系统的内部参数如极化率、磁化率等随着时间的变化。如果外界的扰动足够小，系统偏离平衡状态的程度比较小，因而系统对外界干扰的反应是线性的，也就是说，系统的反应与外界干扰线性相关。

系统的反应与外界干扰的线性相关能够通过一系列的动力学系数如扩散系数、电导率、热导率、磁化系数以及其他系数来表征。上述的系数通常受系统温度、外界参数以及扰动变化的频率等因素的影响。Kubo 以及其他人[30−34] 提出的理论的核心是：上述动力学参数能够通过关联函数计算出来。

1.12.1　关联函数和普遍化敏感度

在此，考虑由相空间坐标 $q(t)$ 和 $p(t)$ 描述的在 Γ 空间内的经典系统[6]，$q(t) = \{q_1, q_2, \cdots, q_f\}$，$p(t) = \{p_1, p_2, \cdots, p_f\}$，其中，$f$ 是自由度数，也是描述系统所需要的普遍化坐标数和动量数[35]。如果定义相空间坐标的两个函数分别为[10]

$$A\{q(t), p(t)\} = A\{q, p, t\} = A(t)$$
$$B\{q(t), p(t)\} = B\{q, p, t\} = B(t)$$

就能够定义时间关联函数 $K_{AB}(t)$ 为[5−7,10,24,25]

$$K_A B(t) = \langle A(t)B(0)\rangle_\Gamma = \int \cdots \int A\{q, p, t\}B\{q, p, 0\}\rho\{q, p\}\mathrm{d}q\mathrm{d}p \quad (1.61)$$

通过 Γ 空间内的系综平均，使用平衡相密度 $\rho\{q, p\}$，该函数是相空间内的经典平衡分布函数[6]。上面得到的关联函数仅与时间 t 相关[7]，因为系综平均是在平衡状态下进行的，系综中样本系统的分布与绝对时间无关[7−10,24,25]。

假设 $A = B$，可以定义自关联函数[5−7,10,25]：

$$K_{AA}(t) = \langle A(t)A(0)\rangle_\Gamma = \int \cdots \int A\{q, p, t\}A\{q, p, 0\}\rho\{q, p\}\mathrm{d}q\mathrm{d}p \quad (1.62)$$

自关联函数的所有性质中都包括了对称性，可以表示为

$$K_{AA}(t) = K_{AA}(-t) \quad (1.63)$$

本书中感兴趣的一个自关联函数是 $A(t) = v(t)$，$v(t)$ 是速度[10]：

$$K_{vv}(t) = \langle v(t)v(0)\rangle = \int \cdots \int v\{q, p, t\}v\{q, p, 0\}\rho\{q, p\}\mathrm{d}q\mathrm{d}p \quad (1.64)$$

正如后面将要阐述的,使用普遍化敏感度有助于计算自扩散系数和爱因斯坦方程,普遍化敏感度能够表示为关联函数的傅里叶变换,即[6,7,10,23−25]

$$\sigma(\omega) = \int_0^\infty \exp(-i\omega t)\langle \dot{A}(t)\dot{B}(0)\rangle \mathrm{d}t \tag{1.65}$$

对于 $\dot{A}(t) = \dot{B}(t)$,将得到自关联函数的傅里叶变换,即[10,24]

$$\sigma(\omega) = \int_0^\infty \exp(-i\omega t)\langle \dot{A}(t)\dot{A}(0)\rangle \mathrm{d}t \tag{1.66}$$

对于 $\omega = 0$,有

$$\sigma(0) = \int_0^\infty \langle \dot{A}(t)\dot{B}(0)\rangle \mathrm{d}t \tag{1.67}$$

如果时间足够长,$t \to \infty$,自关联函数[10,24]:

$$2t\sigma(0) = \langle [A(t) - A(0)]^2 \rangle \tag{1.68}$$

1.12.2　均方位移和自扩散系数的计算

1.12.2.1　利用速度自关联函数计算均方位移

作为使用关联函数的一个范例,现在计算某一粒子一定时刻的均方位移 $\langle x^2(t)\rangle$,系统处于平衡状态,且无外力存在[7],当 $t = 0$ 时,$x(0) = 0$,因为 $\dot{x} = v$,可得

$$x(\tau) = \int_0^t v(\tau)\mathrm{d}\tau \tag{1.69}$$

因而

$$\langle x^2(t)\rangle = \left\langle \int_0^t v(\tau)\mathrm{d}\tau \int_0^t v(\tau')\mathrm{d}\tau' \right\rangle = \int_0^t \mathrm{d}\tau \int_0^t \mathrm{d}(\tau')\langle v(\tau)v(\tau')\rangle \tag{1.70}$$

由于速度自关联函数 $\langle v(\tau)v(\tau')\rangle$ 随时间不同而改变,$s = \tau' - \tau$,因此

$$\langle v(\tau)v(\tau')\rangle = \langle v(0)v(s)\rangle = K_v(s) \tag{1.71}$$

改变积分范围:

$$\langle x^2(t)\rangle = \int_0^t \mathrm{d}s \int_0^{t-s} \mathrm{d}\tau K_v(s) + \int_{-t}^0 \mathrm{d}s \int_{-s}^t \mathrm{d}\tau K_v(s)$$
$$= \int_0^t \mathrm{d}s K_v(s)(t-s) + \int_{-t}^0 \mathrm{d}s K_v(s)(t+s)$$

如果在第二个积分中将 $s \to -s$，并使用自关联函数的对称性质，$K_v(s) = K_v(-s)$，可以推出[7]

$$\langle x^2(t) \rangle = 2 \int_0^t \mathrm{d}s(t-s) \langle v(0)v(s) \rangle \tag{1.72}$$

当时间足够长，$t \to \infty$，则 $t \gg s$，相应可得

$$\lim_{t \to \infty} \langle x^2(t) \rangle = 2t \int_0^t \mathrm{d}s \langle v(0)v(s) \rangle \tag{1.73}$$

1.12.2.2　朗之万布朗运动模型

当足够小的粒子浸没在液体中，粒子将在任意方向上运动，这种运动模式称为布朗运动。一般来讲，我们认为粒子由于热扰动而引起的运动属于布朗运动，粒子包括小的宏观颗粒、分子和原子等[36,37]。事实上有大量的物理现象可以和布朗运动相类比，因此对于布朗运动的研究能够为其他重要现象研究提供有益的参考[5,7,38]。解释布朗运动的第一个理论是 1905年爱因斯坦提出的[36]，随后朗之万（Langevin）创造了另外一个模型来解释布朗运动[37]。

为了简化处理，在此只考虑一维的运动，粒子的质量为 m，时间为 t 时，粒子质量中心的坐标为 $x(t)$，其速度为 $v = \dot{x} = \mathrm{d}x/\mathrm{d}t$，加速度为 $a = \dot{v} = \mathrm{d}v/\mathrm{d}t$，粒子浸没在温度为 T 的液体中。朗之万模型基于牛顿第二运动定律[5,7]：

$$m\dot{v} = \Gamma(t) + F_{\text{ext}} - \alpha v = F(t) - \alpha v \tag{1.74}$$

式中：F_{ext} 是作用在运动粒子上的外力；αv 是曳力；$\Gamma(t)$ 是温度 T 时，由于粒子与液体分子自由碰撞带来的随机噪声，设 $F(t) = \Gamma(t) + F_{\text{ext}}$。$\Gamma(t)$事实上是一个空白噪声，因此

$$\langle \Gamma(t) \rangle = 0 \tag{1.75a}$$

$$\langle \Gamma(t)\Gamma(\tau + s) \rangle = q\delta(s) \tag{1.75b}$$

当系统处于平衡状态时，$\langle x \rangle = 0$，因为在空间的任何方向没有优先权[7]。现在计算均方位移 $\langle x^2 \rangle$，由于 $v = \dot{x} = \mathrm{d}x/\mathrm{d}t$，$a = \dot{v} = \mathrm{d}v/\mathrm{d}t$，式（1.74）乘以 x，可得[5,7]

$$mx\frac{\mathrm{d}\dot{x}}{\mathrm{d}t} = m\left[\frac{\mathrm{d}}{\mathrm{d}t}(x\dot{x}) - (\dot{x})^2\right] = -\alpha x\dot{x} + xF(t) \tag{1.76}$$

计算式 (1.76) 两边的系综平均, 可得

$$m\left\langle\left[\frac{\mathrm{d}}{\mathrm{d}t}(x\dot{x}) - (\dot{x})^2\right]\right\rangle = -\alpha\langle x\dot{x}\rangle + \langle xF(t)\rangle \tag{1.77}$$

式 (1.77) 可以转变为

$$m\left\langle\left[\frac{\mathrm{d}}{\mathrm{d}t}(x\dot{x})\right]\right\rangle = m\frac{\mathrm{d}}{\mathrm{d}t}\langle x\dot{x}\rangle = kT - \alpha\langle x\dot{x}\rangle \tag{1.78}$$

由于 $\langle xF(t)\rangle = \langle x\rangle\langle F(t)\rangle = 0$, $\langle x\rangle = 0$, $\langle F(t)\rangle = 0$, 以及 $\frac{1}{2}m\langle(\dot{x})^2\rangle = \frac{1}{2}kT$, 根据统计热力学中的能量均分定理[6-8], 求解微分式 (1.78) 可得

$$\langle x\dot{x}\rangle = C\exp\left(-\frac{\alpha T}{m}\right) + \frac{kT}{\alpha} \tag{1.79a}$$

当 $t = 0$ 时, $x(0) = 0$; 相应地, $0 = C + kT/\alpha$。式 (1.79a) 变为

$$\langle x\dot{x}\rangle = \frac{1}{2}\frac{\mathrm{d}\langle x^2\rangle}{\mathrm{d}t} = \frac{kT}{\alpha}\left[1 - \exp\left(-\frac{\alpha T}{m}\right)\right] \tag{1.79b}$$

积分式 (1.79b) 得

$$\langle x^2\rangle = 2\frac{kT}{\alpha}\left[t - \frac{m}{\alpha}\left[1 - \exp\left(-\frac{\alpha T}{m}\right)\right]\right] \tag{1.80}$$

当 $t \to \infty$ 计算式 (1.80), 可得

$$\langle x^2\rangle = \frac{2kT}{\alpha}t \tag{1.81}$$

1.12.2.3 扩散方程

考虑行人在一维方向上的随机运动, 向右边运动的概率为 R, 向左边运动的概率为 L。在 $t = 0$ 时, 行人位于 $x = 0$, 如图 1.5 所示。行人按照上述的概率向左或者向右运动, 每一步的长度 $\Delta x = l$, 每一步可以向左也可以向右。假设行人向左和向右运动的概率相同, 即 $L = R = 1/2$, 经过 N 次移动后的平均位移是

$$\langle x(N)\rangle = \left\langle\sum_{i=1}^{N}\Delta x_i\right\rangle = \sum_{i=1}^{N}\langle\Delta x_i\rangle = 0, \quad \Delta x_i = \pm l$$

图 1.5   左右两个方向一维随机运动的示意图

由于向左右两个方向运动的概率相同，$\langle x(N)^2 \rangle$ 为

$$\langle x(N)^2 \rangle = \left\langle \left[\sum_{i=1}^{N} \Delta x_i \right]^2 \right\rangle = \left\langle \sum_{i=1}^{N} \Delta x_i \sum_{j=1}^{N} \Delta x_j \right\rangle$$

$$= \sum_{i=1}^{N} \langle x_i^2 \rangle + \sum_{i \neq j} \langle \Delta x_i \Delta x_j \rangle = l^2 N$$

由于任何一步都是非关联的，因此 $\langle \Delta x_i \Delta x_j \rangle$，并且

如果每一步的时间间隔为 τ，则行走的频率 $\Gamma = 1/\tau$。如果 Γ 为常数，对于第 N 步，$N = t/\tau$，则均方位移为[7]

$$\langle x(N)^2 \rangle = Nl^2 = \left(\frac{l^2}{\tau} \right) t \tag{1.82}$$

马尔可夫（Markov）过程描述的是一个随机过程，其中，与时间相关的概率为 $P(x,t)\mathrm{d}x$，粒子在时间 t 时的位置处于 x 和 $x + \mathrm{d}x$ 之间，该位置仅仅与初始状态 $(x = x_0, t = t_0)$ 有关，与粒子的整个运动过程无关。马尔可夫过程的重要应用之一是随机行走过程，Fokker-Planck 方程表示为[5,38]

$$\frac{\partial P(x,t)}{\partial t} = -\frac{\partial}{\partial x}[f(x)P(x,t)] + k\frac{\partial^2}{\partial x^2}[g(x)P(x,t)]$$

考虑到马尔可夫过程随时间的演变，对于随机行走，$f(x) = 0$，$g(x) = 1$，一维随机行走的扩散方程为

$$\frac{\partial P(x,t)}{\partial t} = D\frac{\partial^2 P(x,t)}{\partial x^2} \tag{1.83}$$

式中：D 是自扩散系数。对于 $P(x,t)$，有

$$\int_{-\infty}^{+\infty} P(x,t)\mathrm{d}x = 1$$

上式是在时间 t 的范围内，在位置 x 找到一个扩散粒子的概率密度，在 $t = 0$ 时，$x = 0$。上述方程的求解满足以下的起始和边界条件：

$$\frac{\partial P}{\partial x} = 0, \quad \frac{\partial P}{\partial t} = \infty, \quad t = 0$$

并且，$P(x, 0) = \delta(x)$，有 [39]

$$P(x,t) = \left[\frac{1}{(4\pi Dt)}\right]^{1/2} \exp\left[-\frac{x^2}{4Dt}\right] \tag{1.84}$$

因此，很容易得到一维均方位移（MSD）为

$$\langle x^2 \rangle = \int x^2 P(x,t)\mathrm{d}x = 2Dt \tag{1.85}$$

由式（1.72）和式（1.73）可得

$$\lim_{t\to\infty} \langle x^2(t) \rangle = 2tD = 2t\int_0^t \mathrm{d}s\langle v(0)v(s)\rangle \tag{1.86}$$

相应地，有

$$D = \int_0^t \mathrm{d}s\langle v(0)v(s)\rangle \tag{1.87}$$

进一步，从式（1.81）可得

$$\langle x^2 \rangle = \frac{2kT}{\alpha}t = 2Dt \tag{1.88}$$

$$D = \frac{kT}{\alpha} \tag{1.89}$$

从式（1.82）可得

$$D = \frac{l^2}{2\tau}$$

从更普遍的形式上来看，自扩散系数以及爱因斯坦关系式中的三维自扩散系数可以表示为[10,24]

$$D = \frac{1}{3}\int_0^\infty \langle \bar{v}(t)\bar{v}(0)\rangle\mathrm{d}t \tag{1.90}$$

$$2tD = \frac{1}{3}\langle [\bar{r}(t) - \bar{r}(0)]^2 \rangle \tag{1.91}$$

参考文献

[1] Atkins, P.W., *Physical Chemistry*, 6th ed., W.H. Freeman and Co., New York, 1998.

[2] Levine, I., Physical Chemistry, Mc Graw Hill, New York, 2001.

[3] Fowler, R.H. and E.A. Guggenheim, Statistical Thermodynamics (revised edition), Cambridge University Press, Cambridge, 1949.

[4] Fowler, R.H., Statistical Mechanics (second edition), Cambridge University Press, Cambridge, 1955.

[5] Kittel, C, An Introduction to Statistical Physics, J. Wiley & Sons, New York, 1949.

[6] Landau, L. and Lifshits, E.M., Statistical Physics, Addison & Wesley, Reading, MA, 1959.

[7] Reif, R., Fundamentals of Statistical and Thermal Physics, McGraw-Hill, Boston, MA, 1965.

[8] Hill, T.L., An Introduction to Statistical Thermodynamics, Dover Publications, New York, 1986.

[9] Lansberg, P.T., in Problems in Thermodynamics and Statistical Physics, Lansberg, P.T., Ed., London, 1974, chap. 2.

[10] Haberlandt, R., Fritzche, S., and Vortler, H.-L., in Handbook of Surfaces and Interfaces of Materials, Vol. 5, Nalwa, H.S., Ed., Academic Press, New York, 2001, p. 357.

[11] Davison, N., Statistical Mechanics, Dover Publications, New York, 2003.

[12] Boas, M.L., Mathematical Methods in the Physical Sciences, J. Wiley & Sons, New York, 1966.

[13] Arfken, G.B. and Weber, H.J., Mathematical Methods for Physicists, 5th ed., Academic Press, New York, 2001.

[14] Hohemberg, P. and Kohn, W., Phys. Rev., 136, B864, 1964.

[15] Kohn, W. and Sham, L.J., Phys. Rev., 140, A1441, 1965.

[16] Ghosh, S.K., Int. J. Mol. Sci., 3, 260, 2002.

[17] Evans, R., in Fundamentals of Inhomogeneous Fluids, Henderson, D., Ed., Marcel Dekker, New York, 1992, p. 85.

[18] Tang, Y. and Wu, J. Chem. Phys., 119, 7388, 2003.

[19] Forsyth, A.R., Calculus of Variations, Dover, New York, 1960.

[20] Onsager, J., Phys. Rev., 37, 405, 1931, and 38, 2265, 1931.

[21] De Groot, S.R. and Mazur, P., Nonequilibrium Thermodynamics, Elsevier, Amsterdam, 1962.

[22] Prigogine, I., Thermodynamics of Irreversible Process, J. Wiley & Sons, New York, 1967.

[23] McQuarrie, D.A., Statistical Mechanics, University Science Books, Sausalito, CA, 2000.

[24] Kreuzer, H., Nonequilibrium Thermodynamics, and Its Statistical Founda-

tions, Clarendon Press, Oxford, 1981.

[25] Kubo, R., Toda, M., and Hashitsume, N., Statistical Physics II. Nonequilibrium Statistical Mechanics, Springer-Verlag, Berlin, 1991.

[26] Manning, J.R., Diffusion Kinetics for Atoms in Crystals, Van Nostrand, Princeton. 1968.

[27] Karger, J. and Ruthven, D.M., Diffusion in Zeolites and Other Microporous Solids, J. Wiley, and Sons, New York, 1992.

[28] Kizilyalli, M., Corish, J., and Metselaar, R., Pure Appl. Chem., 71, 1307, 1999.

[29] Parris, P.E., Kus, M., Dunlap, D.H., and Kenkre, V.M., Phys. Rev. E. 56, 5295, 1997.

[30] Kubo, R.S., J. Phys. Soc. Japan., 12, 570, 1957.

[31] Lax, M., Phys. Rev., 109, 1921, 1958.

[32] Peterson, R., Rev. Mod. Phys., 39, 69, 1967.

[33] Kenkre, V.M. and Dresden, M., Phys. Rev. Lett, 6A, 769, 1971.

[34] Kenkre, V.M., Phys. Rev. A, 7, 772, 1973.

[35] Landau, L. and Lifshits, E.M., Mecanique, Mir, Moscou, 1966.

[36] Einstein, A., Investigations on the Theory of Brownian Movement, Dower Publications, New York, 1956.

[37] Langevin, P., Comptes Rendus de l'Academie de Sciences (Paris), 146, 530, 1908.

[38] Risken, H., The Fokker-Planck Equation, 2nd ed., Springer-Verlag, New York, 1996.

[39] Crank, J., The Mathematics of Diffusion, 2nd ed., Oxford University Press, Oxford. 1975.

附录 1.1　Legendre 转换

Legendre 转换[12] 能使我们通过不同组变量来描述一个函数。对于函数 $f(x,y)$，其全微分的形式为

$$\mathrm{d}f = \frac{\partial f}{\partial x}\mathrm{d}x + \frac{\partial f}{\partial y}\mathrm{d}y$$

偏微分系数定义为

$$u = \frac{\partial f}{\partial x}, \quad v = \frac{\partial f}{\partial y}$$

为了采用一种新的表达形式，定义函数 $g(u,x) = f(x,y) - ux$，这就意味着：

$$\mathrm{d}g = \mathrm{d}f - x\mathrm{d}u - u\mathrm{d}x$$

利用 $f(x,y)$ 全微分可得

$$\mathrm{d}g = -x\mathrm{d}u + v\mathrm{d}y$$

其中

$$x = -\frac{\partial g}{\partial u}, \quad v = \frac{\partial g}{\partial y}$$

因此，通过 Legendre 转换，由函数 $f(x,y)$ 构建出函数 $g(u,y)$，该函数拥有 u 和 y 两个变量。

附录 1.2　拉格朗日乘子

对于函数 $F = F(x,y,z)$，如果我们想确定其最大或者最小值，需要以下的条件[12]：

$$\mathrm{d}F(x,y,z) = \left(\frac{\partial F}{\partial x}\mathrm{d}x + \frac{\partial F}{\partial y}\mathrm{d}y + \frac{\partial F}{\partial z}\mathrm{d}z\right) = 0 \tag{A1.2-1}$$

由于 x,y,z 都是独立变量，因此 $\mathrm{d}x,\mathrm{d}y,\mathrm{d}z$ 都是线性独立的，可以得到

$$\frac{\partial F}{\partial x} = \frac{\partial F}{\partial y} = \frac{\partial F}{\partial z} = 0 \tag{A1.2-2}$$

现在假设要在函数 $F(x,y,z)$ 中寻找最大或者最小值对应的点，但不是在所有的 x,y,z 中，而是在满足 $G(x,y,z) = C$ 条件的点中寻找。在此，$\mathrm{d}x,\mathrm{d}y,\mathrm{d}z$ 并非都是线性独立的，只有其中的两个是线性独立的，考虑到[12]

$$\mathrm{d}G(x,y,z) = \left(\frac{\partial G}{\partial x}\mathrm{d}x + \frac{\partial G}{\partial y}\mathrm{d}y + \frac{\partial G}{\partial z}\mathrm{d}z\right) = 0 \tag{A1.2-3}$$

拉格朗日提出了解决上述问题的一个方法，定义以下的辅助函数：

$$H = F + \alpha G \tag{A1.2-4}$$

式中：α 是拉格朗日乘子。在最大或最小值情况下，$\mathrm{d}F = 0$ 且 $\mathrm{d}G = 0$，则有 $\mathrm{d}H = 0$，即

$$\mathrm{d}F(x,y,z) = \mathrm{d}F + \alpha\mathrm{d}G = 0 \tag{A1.2-5}$$

相应地，在 (x_0, y_0, z_0) 有

$$\left(\frac{\partial F}{\partial x} - \alpha\frac{\partial G}{\partial x}\right)dx + \left(\frac{\partial F}{\partial y} - \alpha\frac{\partial G}{\partial y}\right)dy + \left(\frac{\partial F}{\partial z} - \alpha\frac{\partial G}{\partial y}dz\right) = 0 \quad \text{(A1.2–6)}$$

α 是一个辅助参数，计算 (x_0, y_0, z_0) 处 α 的值，通过

$$\frac{\partial F}{\partial z} - \alpha\frac{\partial G}{\partial y}dz = 0 \quad \text{(A1.2–7)}$$

因此方程中其他两项是线性独立的，相应有

$$\left(\frac{\partial F}{\partial x} - \alpha\frac{\partial G}{\partial x}\right)dx + \left(\frac{\partial F}{\partial y} - \alpha\frac{\partial G}{\partial y}\right)dy = 0 \quad \text{(A1.2–8)}$$

其中

$$\frac{\partial F}{\partial x} - \alpha\frac{\partial G}{\partial x} = 0 \quad \text{(A1.2–9)}$$

$$\frac{\partial F}{\partial y} - \alpha\frac{\partial G}{\partial y} = 0 \quad \text{(A1.2–10)}$$

现在，通过式（A1.2-7）、式（A1.2-9）、式（A1.2-10），可以求解最大值和最小值。

最后，有必要强调一点，拉格朗日乘子能够很方便推广至多个条件下求解最大值或最小值。

附录 1.3 计数的方法

如果做第一件事的方式有 N_1 种，做第二件事的方式有 N_2 种，那么两件事依次做的方式有 $N_1 \times N_2$ 种，上述原理称为计数原理，该原理能够拓展到做任何数量的事情。

按照该原理，如果将 n 个东西排成一排，或者将 n 件物品放在 n 个盒子里，或者将 n 个人依次安排到 n 个座位上，试问有多少种方式安排上述事件从而形成不同的排列组合，答案是[12]

$$P(n, n) = n \cdot (n-1)(n-2)(n-3)\cdots 1 = n! \quad \text{(A1.3–1)}$$

另外，如果将 n 个物品放在 r 个盒子里，或者将 n 个人依次安排到 r 个座位上，可以得到

$$P(n, r) = n \cdot (n-1)(n-2)\cdots(n-r+1) = \frac{n!}{(n-r)!} \quad \text{(A1.3–2)}$$

种方式来将 n 个物品依次放在 $r < n$ 个盒子里，因为有 n 种方式将物品放在第一个盒子里，$n-1$ 种方式将物品放在第二个盒子里，最后，有 $(n-r+1)$ 种方式将物品放在第 r 个盒子里。

如果上述物品彼此无法区分，即所有物体完全相同，则将上述 n 个物品放在 r 个盒子里的排列方式数量为

$$C(n,r) = \frac{P(n,r)}{P(r,r)} = \frac{n!}{(n-r)!r!} \tag{A1.3--3}$$

从所有 n 个物品中选择 r 个物品的选择方式为 $C(n,r)$ 种，然后将 r 个物品安排在 r 个盒子里的方式有 $P(r,r)$ 种，根据计数原理，选择 n 个物品放置于 r 个盒子里的方式有 $P(n,r) = C(n,r)P(r,r)$。

类似地，将 N 个球放在 N 个盒子里，其中 N_1 在 1 号盒子里，N_2 在 2 号盒子里，依此类推的方式数量为

$$W = \frac{N!}{N_1!N_2!N_3!\cdots N_n!} \tag{A1.3--4}$$

通过上述方程，我们能够找到 $\{N_i\}$ 的平衡分布，即 N 个不同的粒子在 Ω 种能级上的宏观最可及分布，将 N_1 粒子置于第一能级排列方式的数量为

$$C(N,N_1) = \frac{N!}{(N-N_1)!N_1!}$$

将 N_2 粒子置于第二能级排列方式的数量为

$$C(N-N_1,N_2) = \frac{(N-N_1)!}{(N-N_1-N_2)!N_2!}$$

相应地，有

$$W = C(N,N_1)C(N-N_1,N_2)\cdots = \frac{N!}{N_1!N_2!N_3!\cdots N_n!}$$

附录 1.4　变量微积分

如果在区间 $[a,b]$ 定义函数 $y(x)$，同时也就在 (x,y) 平面定义了一条曲线，假设[12,13]

$$F[y(x)] = \int_a^b f(y(x), y_x(x), x)\mathrm{d}x \tag{A1.4--1}$$

式中：$y_x(x) = \dfrac{\mathrm{d}y}{\mathrm{d}x}$。将 $F[y(x)]$ 这类函数定义为泛函，以区别于包含普通变量的实值函数。泛函 $F[y(x)]$ 的值取决于函数 $y(x)$ 的选择。变量微积分的基本问题就是寻找一个合适的函数，从而使得式（A1.4–1）的积分值达到最大或最小，通常是最小。

为了得到极值条件，需要式（A1.4–1）中的积分函数 $f(y(x), y_x(x), x)$ 在 x, y, y_x 上有连续的偏微商以及连续的微商，因为我们需要应用 chain 规则以及 Leibniz 规则进行微分计算。

如果 $y(x)$ 是在区间 $[a, b]$ 上的函数，并且使得泛函值最小：

$$F[y(x)] = \int_a^b f(y(x), y_x(x), x)\mathrm{d}x \tag{A1.4–2}$$

则有[13,19]

$$\delta F[y(x)] = \delta \int_a^b f(y(x), y_x(x), x)\mathrm{d}x = \int \left(\frac{\partial f}{\partial y}\delta y + \frac{\partial f}{\partial y_x}\delta y_x \right) = 0$$

由此可知[13,19]

$$\delta F[y(x)] = \int \left(\frac{\partial f}{\partial y} - \frac{\mathrm{d}}{\mathrm{d}x}\frac{\partial f}{\partial y_x} \right) \delta y_x \mathrm{d}x = 0$$

或者以所谓泛函微商表示：

$$\frac{\delta F[y(x)]}{\delta y_x} = \int \left(\frac{\alpha f}{\alpha y} - \frac{\mathrm{d}}{\mathrm{d}x}\frac{\partial f}{\partial y_x} \right) \mathrm{d}x = 0$$

因此，函数 $y = y(x)$ 使得泛函 $F[y(x)]$ 值最小，必须满足以下微分方程：

$$\frac{\alpha f}{\alpha y} - \frac{\mathrm{d}}{\mathrm{d}x}\left(\frac{\partial f}{\partial y_x} \right) = 0 \tag{A1.4–3}$$

这一方程称为欧拉–拉格朗日方程[13,19]。

泛函微商是普通函数微商在计算变量微积分中的普遍化[13,19]。在泛函微商中微分的对象不是一个变量而是一个函数，单变量泛函微商的正规定义为

$$\frac{\delta F[y(x)]}{\delta y(x)} = \lim_{\varepsilon \to 0} \frac{F[y(x) + \varepsilon \delta y(x)] - F[y(x)]}{\varepsilon} \tag{A1.4–4}$$

第 2 章

固体表面吸附

2.1 定义和术语

2.1.1 吸附的含义

1881 年，Kayser 提出"吸附"（adsorption）这一概念，用来描述气体分子在相邻固体表面的富集现象，该现象在 1771 年已经被 Fontana 和 Scheele 发现。

任何未被污染的固体表面具有以下特性：表面原子的某些化学键处于不饱和状态，这一特征造成了固体表面存在吸附场，在吸附场的作用下，分子在固体表面聚集[1-11]。吸附过程是一种普遍存在的现象，随着这一过程的发生，固体的表面张力随之下降[1-11]。通常用吸附这一术语来描述上述过程，用脱附来描述上述过程的逆过程[1]。

在本书中，对于气固表面，吸附被定义为：气体分子在固体表面浓度的增加。对于液固表面，吸附被定义为：可溶性物质在液固界面浓度的增加。上述两种现象都是由表面力的作用引发的。

2.1.2 吸附过程中的相态和组分

当气体或者液体与固体接触时，吸附现象随之发生，被吸附的气体分子及溶解在液体中的分子称为吸附质（adsorbate 或者 adsorptive），表面发生吸附现象的固体称为吸附剂[1,4,8]。

对于气固表面的物理吸附，吸附质是被吸附在吸附剂表面的气体[1]。在气体的物理吸附过程中，气相和吸附相处于热力学平衡，即 $\mu_a = \mu_g$，其

中 μ_a 和 μ_g 分别为吸附相和气相的化学势。可以应用吉布斯相律来研究吸附系统[5]

$$P + F = C + 2 + I$$

式中：F 为热力学平衡系统的自由度；I 为两维相或约束相的数目；P 为相态的数目；C 是组分的数目。对于单一气体组成的气固吸附系统，$C = 2$（即气体和固体），约束相的数目 $I = 1$（吸附相），总的相态数 $P = 3$（气相、固相、吸附相），由此[5]

$$F = C + 2 + I - P = 2 + 2 + 1 - 3 = 2$$

因此，吸附数据可以表示为以下的关系式[1]：

$$n_a = F(P, T)$$

式中：n_a 为吸附量（在 2.2 节中将准确定义）；P 为吸附平衡压力；T 为温度。

在实际应用时，通常测量温度恒定情况下，不同平衡压力下的吸附量，即吸附等温线，可表示为[1]

$$n_a = F(P)_T \tag{2.1}$$

导致吸附发生的分子间作用力主要是范德华力，因此气体吸附通常以物理吸附为主[3-5,8-12]。气体或蒸气在固体表面的物理吸附可以分为定位（mobile）吸附和非定位（immobile）吸附两大类。对于非定位吸附，被吸附分子在吸附空间内的运动状态与气体相似；对于定位吸附，被吸附分子仅能在吸附位附近振动[5,13]。

在开放的表面，吸附过程以层式覆盖的形式进行。当 $\theta = n_a/N_m = 1$，其中 θ 为表面覆盖率，N_m 为单分子层容量，则吸附剂表面第一层被完全覆盖；当 $\theta = n_a/N_m < 1$，通常认为吸附过程为单分子层吸附；当 $\theta = n_a/N_m > 1$，通常认为吸附过程为多分子层吸附。

在吸附过程中，当固体表面原子与气体分子之间没有发生电子转移，从而没有形成新的化学键，没有发生化学反应时，气固表面发生的吸附是物理吸附[1,4,8]；当固体表面原子与气体分子之间发生了电子转移，从而发生了化学反应，气固表面发生的吸附是化学吸附[1,4,8]。

2.1.3 多孔材料

实用的吸附剂一般情况下都是多孔材料。根据国际纯粹与应用化学联合会的规定，对于多孔吸附材料，孔径在 $0.3 \sim 2\,\mathrm{nm}$ 为微孔，孔径在 $2 \sim 50\,\mathrm{nm}$ 为中孔，孔径大于 $50\,\mathrm{nm}$ 为大孔[1]。对于圆柱状孔，孔宽度 D_p 是圆柱直径；对于狭缝状孔，孔宽度是相邻两个壁面之间的距离。

表征多孔吸附剂的参数主要有：比表面积，表示为 $S(\mathrm{m^2/g})$；微孔体积，表示为 $W^{MP}(\mathrm{cm^3/g})$；孔体积，即吸附剂微孔和中孔的总体积，表示为 $W(\mathrm{cm^3/g})$；以及孔分布（PSD）[1,8]。PSD 通过 $\Delta V_P/\Delta D_P$ 对 D_P 标绘的方式表示，其中，V_P 为孔宽度到 D_P 的累积孔体积，单位为 $(\mathrm{mL\text{-}STP/g \cdot \mathring{A}}$①$)$ [1,8,14]，其中 cc-STP 的含义为在标准温度和压力，即 $273.15\,\mathrm{K}$、$760\,\mathrm{Torr}$②$(1.01325 \times 10^5\,\mathrm{Pa})$ 下，以毫升为计量单位的吸附量。严格意义上讲，多孔材料的比表面积是其外表面积，即微孔以外的表面积，如果多孔吸附材料不含微孔，其比表面积和外表面积是一致的。

2.2 界面层、吉布斯分离面及吉布斯吸附

界面层是位于两个体相之间，并与之紧密相连的非均匀空间，界面层内部的物质组成、分子密度和空间取向、电荷密度、压力张量、电子密度等性能与相邻的体相有着显著的差别[4]。界面层的性能参数沿表面的法线方向变化。界面层的物质存在多种组分时，某一种组分或几种组分与相邻的体相之间由于吸引作用发生吸附行为，而其他组分与体相之间由于相互排斥而产生表面贫化（depletion），界面层的性能分布将十分复杂[4]。为了便于研究，设定一个理想参考体系，即吉布斯分离面（Gibbs Dividing Surface），简称 GDS，认为从体相到 GDS 各组分的浓度保持不变（图 2.1）。在真实的吸附体系，从 α 相到 β 相，沿界面层厚度 $\gamma = z_\beta - z_\alpha$，各组分的浓度是不断改变的（图 2.1）[4]。

在真实吸附体系中第 i 种组分的表面过剩吸附量，又称为吉布斯吸附量（表示为 n_i^σ），其定义如下：第 i 种组分在吸附体系中总量减去该物质在理想参考体系中的量，其中理想参考体系的体积与真实体系相同，第 i

---

① $1\,\mathring{A} = 0.1\,\mathrm{nm}$。

② $1\,\mathrm{Torr} = 1.33322 \times 10^2\,\mathrm{Pa}$。

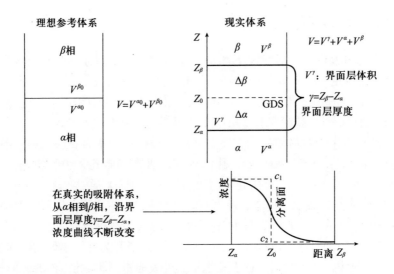

图 2.1　吉布斯分离面

种物质的浓度从体相到 GDS 保持不变, 表面过剩吸附量可以表示为[4]

$$n_i^\sigma = n_i - V^{\alpha_0} c_\alpha^i - V^{\beta_0} c_\beta^i \tag{2.2}$$

式中: n_i 是第 i 种组分在吸附体系中总量; c_α^i 和 c_β^i 是第 i 种组分在 α 和 β 两相中的浓度; V^{α_0} 和 V^{β_0} 是根据 GDS 定义的两个主体相体积。GDS 与界面的物理表面平行, 主要用于计算吸附量以及其他表面过剩性能时确定体相的体积。

对于气固吸附 (图 2.1 及图 2.2[1,4,8]), 在固相中, $c^g = 0$[8]:

$$n^\sigma = n - V^{\alpha_0} c^g = n - c^g (V^g + V^\alpha) \tag{2.3}$$

式中: $V^{\alpha_0} = V^g + V^\alpha$。设吸附剂表面积为 A, 吸附相厚度为 t, 则吸附相的体积, 或者说吸附空间的体积为[8]

$$V^\alpha = At \tag{2.4}$$

吸附量可以定义为[8]

$$n^a = \int_0^{V^a} c\,\mathrm{d}V = A \int_0^t c\,\mathrm{d}z \tag{2.5}$$

吸附体系中气体分子的总量为

$$n = n^a + V^g c^g \tag{2.6a}$$

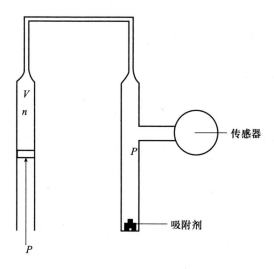

图 2.2　容积法吸附平衡测量装置

因此
$$n^a = n - V^g c^g \tag{2.6b}$$

将式（2.3）与式（2.6a）联立可得
$$n^a = n^\sigma + V^\alpha c^g \approx n^\sigma$$

因为
$$V^a c^g \approx 0$$

下面，对某些表面性能参数进行更精确的定义。吸附剂脱气后的质量为 m_s，单位为 g，则吸附剂的比表面积为
$$S = \frac{A}{m_s}$$

单位为（$\mathrm{m^2/g}$），比表面过剩吸附量定义为
$$n_a = \frac{n^\sigma}{m_s} \approx \frac{n^a}{m_s}$$

式中：n_a 为比表面过剩吸附量（mol/g），实验中通常测量到的吸附量即为比表面过剩吸附量，该吸附量与实际的吸附量大致相等。在恒定温度 T 下，n_a 是吸附平衡压力 P 的函数，因此在实际使用中，气固体系的吸附测量数据通常表示为吸附等温线：
$$n_a = \frac{n^\sigma}{m_s} \approx \frac{n^a}{m_s} = F(P)_T$$

2.3 气固吸附热力学

2.3.1 吸附作用力

正如前面章节提到的,任何未被污染的固体表面具有以下特性:表面原子的某些化学键处于不饱和状态。因此,当某一个分子与吸附剂固体表面接触时,该分子将处于多种作用力形成的势能场中,其中包括色散能 ϕ_D,排斥能 ϕ_R,极化能 ϕ_P,偶极场势能 $\phi_{E\mu}$,梯度四极场势能 ϕ_{EQ},吸附质分子间相互作用势能 ϕ_{AA},以及与吸附位的酸碱相互作用 ϕ_{AB}(如果吸附剂表面含有羟基基团)[3,7-13]。

分子与固体表面相互作用的色散能与排斥能之和,即 $\phi_D + \phi_R$,可以用 Lennard-Jones 12-6 势能公式表示,即

$$\phi_D + \phi_R = 4\varepsilon \left(\left(\frac{\sigma}{z} \right)^{12} - \left(\frac{\sigma}{z} \right)^6 \right)$$

式中:ε 为势能的最小值;σ 是分子作用力最大时气固分子间的距离;$\phi_D + \phi_R$ 在所有的分子与吸附剂相互作用中普遍存在。

非极性分子与具有静电场的晶体型吸附剂相互作用时,吸附作用力中存在静电极化作用,该项作用引起的势能通常表示为[3,7]

$$\phi_P = -\frac{\alpha E^2}{2}$$

式中:E 为吸附剂的电场场强;α 为被吸附的分子或原子的电极化率。

极性分子与具有静电场的晶体型吸附剂相互作用时,吸附作用力中存在偶极场势能,该势能通常表示为[3,7]

$$\phi_\mu = -\mu E \cos \varphi$$

式中:μ 为吸附分子的永久偶极矩;φ 为吸附剂电场场强 E 与偶极矩之间的夹角。

梯度四极场势能表示为[3,7]

$$\phi_{EQ} = \frac{Q}{2} \left(\frac{\partial E}{\partial z} \right)$$

式中:Q 为被吸附分子的四极矩;$(\partial E/\partial z)$ 为吸附剂表面电场场强的梯度。

2.3.2 等量吸附热与微分吸附热

正如前面提到的，吸附是一种普遍存在的现象，随着这一现象的发生，固体的表面张力随之下降，因此吸附是一个自发的过程。随着吸附的发生，体系的吉布斯自由能下降，即 $\Delta G < 0$。在物理吸附过程中，被吸附的分子从处于自由运动状态的气相转变到相对有序状态的吸附相，在吸附相，分子的运动范围被局限在吸附剂表面或者孔内，因此对于整个体系而言，在吸附过程中，体系的熵值变小，即 $\Delta S < 0$。$\Delta G = \Delta H - \Delta S$，因此，$\Delta H = \Delta G + \Delta S < 0$，吸附过程是一个放热过程，降低温度有利于吸附现象的发生。

对于混合物体系的热力学基本方程，第 1 章中已经给予了描述：

$$dU = TdS - PdV + \sum_i \mu_i dn_i$$

式中：U 是系统的内能；S 是系统的熵值；V 是系统体积；T 是系统温度；μ_i 是化学势；n_i 是系统中第 i 种组分的分子数。

对于气固吸附体系，在热力学研究中，将吸附剂和被吸附的气体或蒸气看作为一个整体的固溶体（系统 aA），对于系统 aA，热力学基本方程可以表示为[15]

$$dU_{aA} = TdS_{aA} - PdV_{aA} + \mu_a dn_a + \mu_A dn_A$$

式中：U_{aA}、S_{aA}、V_{aA} 分别是系统 aA 的内能、熵、体积；μ_a、μ_A 分别是吸附质和吸附剂的化学势；n_a、n_A 分别是吸附质和吸附剂的分子数。

如果定义 $\Gamma = n_a/n_A$，则 $\mu_a = \mu_a(T, P, \Gamma)$，$\mu_A = \mu_A(T, P)$。吸附质的化学势可表示为[16]

$$d\mu_a = -\overline{S_a}dT + \overline{V_a}dP + \left(\frac{\partial \mu_a}{\partial \Gamma}\right)_{T,P} d\Gamma$$

式中：$\overline{S_a}$ 和 $\overline{V_a}$ 分别是系统 aA 的偏摩尔熵和偏摩尔体积。达到吸附平衡时，系统 aA 中吸附质的化学势与气相的化学势相同，则有

$$d\mu_a = d\mu_g = -\overline{S_g}dT + \overline{V_g}dP$$

对于 Γ 为常数的情况下，有[16]

$$\left[\frac{d\ln P}{dT}\right]_\Gamma = \frac{\overline{H_g} - \overline{H_a}}{RT^2} = \frac{q_{iso}}{RT^2} \tag{2.7a}$$

式中：$\overline{H_g}$ 和 $\overline{H_a}$ 分别是吸附质在气相和系统 aA 中的偏摩尔焓。利用式 (2.7a)，等量吸附焓定义如下[11]：

$$\Delta H(n_a) = -(\overline{H_g} - \overline{H_a}) = -q_{\text{iso}} \tag{2.7b}$$

式中：q_{iso} 是脱附焓，即等量吸附热。等量吸附热可以通过吸附等温线来计算。有关等量吸附热计算的示例将在 3.5 节中给出。

另一个重要的吸附热参数是微分吸附热，其定义如下[5,16]：

$$q_{\text{diff}} = \frac{\Delta Q}{\Delta n_a} \tag{2.8a}$$

式中：ΔQ 是吸附体系的吸附量增加有限量 Δn_a 时，系统所释放出的吸附热。微分吸附热可以用量热法测量，具体的示例将在 2.5.3 节中给出。微分吸附热也可以用以下的表达式近似计算[5,16]：

$$q_{\text{diff}} \approx q_{\text{iso}} - RT \tag{2.8b}$$

需要指出的是，只有吸附剂为化学惰性时，式 (2.8b) 才成立。然而，多孔吸附剂在吸附体系中并非总是惰性的[15]。

2.3.3　宏观吸附常数和微观吸附常数之间的关系

在给定的温度 T 下，吸附过程中的摩尔积分自由能变化可表示为[12]

$$\Delta G^{\text{ads}} = \Delta H^{\text{ads}} - T\Delta S^{\text{ads}} \tag{2.9}$$

对于多孔材料吸附体系，吸附焓（ΔH^{ads}）和微分吸附热（q_{diff}）的关系可以表示为[12,15,16]

$$\Delta H^{\text{ads}} \approx -q_{\text{diff}} - RT + \frac{T}{\Gamma}\left(\frac{\partial \vartheta}{\partial T}\right)_\Gamma \tag{2.10}$$

式中：$\Gamma = n_a/n_A$，$q_{\text{diff}} \approx -q_{\text{iso}} - RT$，$n_a$、$n_A$ 分别是吸附质和吸附剂的分子数。在系统 aA 中，ϑ 被定义为[15,16]

$$\vartheta = RT \int_0^p \Gamma \, \mathrm{d}\ln P \tag{2.11}$$

假设吸附过程中的熵变与式 (2.9) 中其他几项相比可以忽略，则摩尔积分自由能变化 ΔG^{ads} 可表示为

$$\Delta G^{\text{ads}} = RT \ln\left(\frac{P}{P_0}\right) \tag{2.12}$$

并且[5,12]

$$-q_{\text{diff}} = U_0 + P_a - \Delta H^{\text{ads}} \tag{2.13}$$

式中: U_0 和 P_a 分别表示吸附质与吸附剂之间,以及吸附质分子之间的相互作用能(见 2.3.1 节),联立式(2.9)、式(2.10)、式(2.12)、式(2.13)可以导出

$$RT \ln \left(\frac{P}{P_0} \right) + \left(RT - \frac{T}{\Gamma} \left(\frac{\partial \vartheta}{\partial T} \right) \right) = U_0 + P_a \tag{2.14}$$

如果认为吸附相符合理想气体状态方程($\Gamma = KP$),根据 ϑ 的定义,式(2.11)可表示为

$$\vartheta = RT \int_0^P \Gamma \, \mathrm{d}\ln P = RTK \int_0^P \frac{P\mathrm{d}P}{P} = RTKP \tag{2.15}$$

从式(2.14)和式(2.15)可得

$$RT \ln \left(\frac{P}{P_0} \right) + \left(RT - \frac{T}{\Gamma}(R\Gamma) \right) = U_0 + P_a$$

或者:

$$RT \ln \left(\frac{P}{P_0} \right) = U_0 + P_a \tag{2.16}$$

2.4 气体和蒸气在多孔材料上的吸附

2.4.1 容积法测量吸附等温线

容积法吸附等温线测量的实验装置主要包括[5](见图 2.3[1]):实验温度(T)下体积为 V_g 的恒温样品池;一个体积经过精确测量的容器,该容器的体积 V_c 称为校准体积;测量装置与气源之间的连接管线;用于测量系统压力的传感器。室温 T_r 下,阀 3 与恒温池之间的体积为 V_2,阀 1、2、3 之间的空腔体积为 V_1。

气源内的气体注入到处于真空状态,体积为 V_1 的空腔内,传感器测量空腔内压力为 P_1,随后,打开阀 2,装置内的平衡压力为 P_2,则有[5]

$$V_1 = \frac{V_c P_2}{P_1 - P_2}$$

打开阀 3 后,气体与温度 T 下的吸附剂接触,吸附剂样品端的体积称为死体积,即

$$V_{\mathrm{d}} = V_2 + \frac{V_g T_r}{T}$$

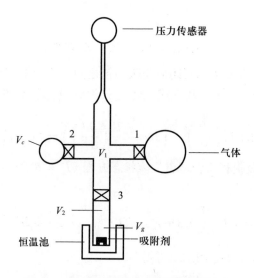

图 2.3　容积法吸附等温线测量实验装置

上式中 V_2 和 V_g 的测量必须在吸附剂置于样品池的情况下进行, 通常采用氦气 (He) 来测量上述体积, 因为在实验温度下, 氦气在材料上的吸附可以忽略不计。

测量 V_d 的方法与测量 V_1 的方法相同, 为了精确测量 V_d, 在实验装置设计中 V_2 的值尽量小 ($V_2 \approx 0$)。

综上所述, 采用容积法测量吸附等温线主要包括以下步骤: 首先, 将吸附质气体导入体积为 V_1 的空腔内, 气体的导入量采用标准温度和压力下 ($273.15\,\mathrm{K}$, $1.01325 \times 10^5\,\mathrm{Pa}$), 以立方厘米为单位来计量, 计算公式如下:

$$n_{\mathrm{dose}}^i = \frac{P_1^i V_1}{R T_r} + \frac{P_2^{i-1} V_d}{R T_r}$$

式中: P_2^{i-1} 是前一次 ($i-1$ 次) 吸附平衡的压力; T_r 是环境温度; V_1 是空腔体积, 即导入气体体积; V_d 是死体积, P_1^i 是第 i 次吸附前空腔内的起始压力; n_{dose}^i 是第 i 次吸附开始时气相中总的分子数。第 i 次吸附达到平衡时, 气相中未被吸附的分子数为

$$n_{\mathrm{final}}^i = \frac{P_2^i (V_1 + V_d)}{R T_r}$$

式中：P_2^i 是当前次（i 次）吸附平衡时的压力。在吸附等温线测量中，第 i 次吸附的量可以表示为

$$\Delta^i n_a = \frac{n_{\text{dose}}^i - n_{\text{final}}^i}{m_{\text{s}}}$$

式中：m_{s} 是脱气后吸附剂的质量。将各次的吸附量进行累加得到吸附等温线：

$$n_a^i = \sum_{j=1}^{i} \Delta^j n_a$$

式中：n_a^i 是前 i 次吸附总的吸附量。将 n_a^i 对 P_2^i 作图可以得到实验测量的吸附等温线。

2.4.2　蒸气吸附法对多孔材料的表征

多孔材料在工业及环境污染治理等领域有着非常重要的应用。微孔材料如沸石及其相关材料作为石油裂解的非均相催化剂在石化行业广泛应用。其他的微孔及中孔材料（如硅胶、多孔玻璃、活性炭、中孔二氧化钛及氧化铝）在分离过程、催化过程中也得到应用[17]。吸附单元操作的成功运行及污染治理工程的顺利开展需要对多孔材料进行全面的表征，主要包括微孔体积、比表面积及孔分布[1-12,17-20]。

普通的多孔材料，如硅胶、活性炭、氧化铝、氧化钛及多孔玻璃都是无定形材料。与之相反，沸石具有晶体结构，即每个原子都被放置在具有微观尺度的单元晶胞内[17]。中孔分子筛，如 MCM-41 及 SBA-15 是非晶体，然而它们的结构是有序的[21,22]。上述有序结构在无定形材料中是不存在的。对于晶体材料及微观结构有序材料能够进行更为完整的结构表征，然而对于无定形材料进行全面和完整的结构表征是非常困难的，即便如此，一些典型的结构特性，如微孔体积、总的孔体积、比表面积及孔分布还是能够确定的，相关的内容将在第 3、4 两章中讨论。

蒸气在复杂的多孔系统内吸附时，吸附过程的发生大致按照以下的步骤进行：起始阶段发生的是微孔填充，该阶段的吸附行为主要由吸附质分子与微孔壁面的相互作用能来控制[3]，通常将微孔内的吸附看作是吸附质分子在微孔内部空间的体积填充，而不是层式表面覆盖。随着吸附质压力的提高，吸附行为主要表现为外表面的覆盖，其中包括在中孔及开放大孔表面的单分子层吸附及多分子层吸附，以及在中孔内部的毛细凝聚[3,6,8]。

蒸气在微孔内吸附是测量微孔体积的主要方法，该方法使用 Dubinin 吸附等温线模型、t-plot 方法以及其他的等温线模型[3,6-8]。通常使用 Brunauer-Emmett-Teller（BET）吸附等温线模型来描述吸附分子的表面覆盖率，该模型是确定多孔材料比表面积的重要方法[1,6,8]。与此同时，蒸气的毛细凝聚是表征中孔材料孔分布的基本方法[1,4,6,8]。毛细凝聚描述的是中孔内气液两相的转换和共存现象，与常规气液两相的转变有所不同，即在孔内被约束的流体其发生气液转换的压力低于给定温度下的饱和蒸气压，毛细凝聚现象在大多数吸附测量中表现为脱附阶段出现滞后环[4,6,8]。

近年来，Barret-Joyner-Hallenda（BJH）法成为了表征中孔材料孔分布的标准方法，然而该方法不能对孔分布进行准确的估算。一种分析吸附等温线的新方法对多孔材料孔分布的计算进行了革命性改变[14]，该方法基于密度函数理论在非均相流体内的应用，称为非局部密度函数理论。

上述提到的表征方法将在第 3、4 两章中详细讨论，并给出具体的实验数据。

2.5 容积法的应用

2.5.1 容积法比表面及孔隙自动测试系统

吸附等温线的测量主要通过容积法[5,8]（见图 2.4[17]）和重量法[5,8]，载气及量热技术使用的场合很少[23,24]。采用容积法对材料的微孔、比表面及孔分布进行分析，主要基于液氮（77.35 K）温度下的氮气吸附等温线以及液氩（87.27 K）温度下的氩气吸附等温线。吸附及脱附等温线的形状由实验温度及材料孔径大小决定，同时也受到被测多孔材料的化学及几何非均匀性的影响，相关内容在第 4 章中将进行论述。

典型的容积法吸附测量设备如图 2.4[17] 所示，该设备中需要体积定量的部位装有压力传感器，其中样品池配有高精度压力传感器[17,25,26]。在整个吸附平衡过程中，样品池与外界绝热，保证样品池与连接阀门之间的体积足够小，从而精确地测量吸附量[17,25]。

在实验温度下，吸附质的蒸气压 P，在整个测试过程中由饱和蒸气压传感器测量，每个实验数据点的蒸气压力都能检测[17,25]，保证相对压力值 $x = P/P_0$ 的精确度，从而保证孔分布测量的准确性[25]。

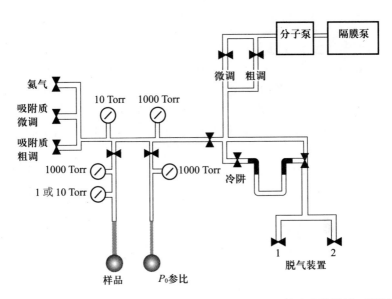

图 2.4　商用容积法吸附测量装置（来源于 Thommes, M., 纳米多孔材料：科学与工程 [Lu, G. Q. and Zhao, X. S., Eds]. Imperial College Press, London, 2004, 11 章, 317 页, 已经作者允许）

最后需要指出的是, 标准商用容积法吸附测量装置的真空系统采用了两级真空泵, 第一级为隔膜泵, 第二级为涡轮分子泵, 首先保证了整个吸附实验测量处于一个无油的环境, 同时保证了吸附剂在实验测试之前充分脱气[25]。

2.5.2　氮气 77 K 在沸石上的吸附等温线

1938 年, R. M. Barrer 教授发表了一系列关于沸石吸附性能的文章, 从而开启了沸石作为吸附材料被广泛研究的序幕[27]。近 50 年, 沸石既包括天然的也包括人工合成的, 已经成为现代工业中最重要的材料之一[27−38]。今天, 沸石的生产和应用已经形成了巨大的工业规模[25]。

沸石已经证明对 H_2O、NH_3、H_2S、NO、NO_2、SO_2、CO_2、直链及支链烃、芳香烃、乙醇、酮以及其他分子都有很好的吸附能力。吸附不仅是沸石的工业应用方式, 而且是表征该类材料的一种有力工具[1−12], 特定分子在沸石上的吸附能够提供微孔体积、中孔表面积及体积、孔径尺寸、吸附热及分子传递性能。

氮气 77 K 在天然毛沸石（样品 AP）上的吸附等温线如图 2.5 所示。样品 AP 中含有 85% 毛沸石，另外还含有 15% 的其他矿物，如蒙脱土（2% ~ 10%）、石英（1% ~ 5%）、方解石（1% ~ 6%）、长石（0% ~ 1%）以及火山岩玻璃（3% ~ 6%）[34]。

图 2.6 及图 2.7 为氮气 77 K 在人工合成沸石上的吸附等温线，其中图 2.6 为 Na-Y（CBV100，$SiO_2/Al_2O_3 = 5.2$），图 2.7 为 Na-Y（SK-40，$SiO_2/Al_2O_3 = 4.8$）。

氮气 77 K 吸附等温线通过 Micromeritics 公司的高速表面及空隙测试系统 ASAP2000，使用容积法测试吸附等温线，结构与图 2.4 类似。

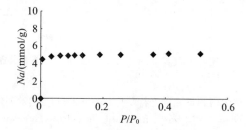

图 2.5　氮气 77 K 在天然毛沸石样品 AP 上的吸附等温线

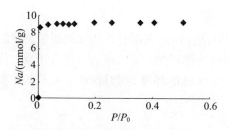

图 2.6　氮气 77 K 在人工合成沸石 Na-Y（CBV100）上的吸附等温线

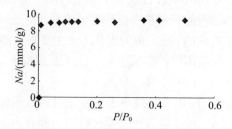

图 2.7　氮气 77 K 在人工合成沸石 Na-Y（SK-40）上的吸附等温线

2.5.3 NH$_3$ 在 AlPO$_4$-5 及 FAPO-5 分子筛上吸附热的测量

使用 AlPO$_4$-5 及 FAPO-5 分子筛, 合成的前躯体在相关文献中已经描述[39-42], 来研究量热法测量 NH$_3$ 的吸附热, 上述两种材料中的胺都是以三乙胺 (TEA) 的形式存在的。FAPO-5 分子筛中 Fe 的含量采用 X 射线荧光方法测量, 使用 Camberra 光谱仪, 配备 Si-Li 检测器[3,40]。AlPO$_4$-5 及 FAPO-5 的 X 射线衍射谱图采用 Carl Zeiss TUR-M62 测试[40], 两种分子筛的结晶度近似 100%。FAPO-5 分子筛骨架中金属的含量为 1%[40]。NH$_3$ 在 AlPO$_4$-5 及 FAPO-5 分子筛上的吸附热采用热流动量热计测量, 工作方程为

$$\Delta Q = \kappa \int \Delta T \mathrm{dt}$$

式中: ΔQ 为有限吸附增量 Δn_a 过程中的吸附热; κ 为校正系数; ΔT 为恒温槽与吸附剂样品在吸附过程中的温度差; t 为时间。

量热计装有真空管线用于吸附测量, 吸附测量装置采用容积法, 由 Pyrex 玻璃构成, 主要包括样品池、死体积部分、气体注入体积部分、U 形管压力计以及恒温槽 (见 2.4.1 节)。在样品池中 (恒温槽温度波动 0.1%) 吸附剂与镍铬 – 镍铝合金热电偶接触, 该热电偶配有放大电路 (放大比: 10) 以及 $x-y$ 绘图仪[3,32]。采用文献中报道的 NH$_3$ 在 Na-X 沸石上 300 K 温度下的吸附热数据进行仪器校正[38]。使用式 (2.8) 以增量的形式计算吸附热: $q_{\mathrm{diff}} = \Delta Q/\Delta n_a$。

NH$_3$ 在 AlPO$_4$-5 及 FAPO-5 分子筛上温度 300 K 下的微分吸附热测试数据见表 2.1, 其中微分吸附热的测量误差为 $\pm 2 \, \mathrm{kJ/mol}$, $\theta = n_a/N_a$, n_a 是测量的吸附量, N_a 是沸石的最大吸附量。

表 2.1 NH$_3$ 在 AlPO$_4$-5 及 FAPO-5 分子筛上温度 300 K 下的微分吸附热

θ	q_{diff} (AlPO$_4$-5)/(kJ/mol)	q_{diff} (FAPO-5)/(kJ/mol)
0.02	65	111
0.03	63	51
0.04	62	63
0.06	58	60
0.08	49	58
0.10	40	56

参考文献

[1] Sing, K.S.W., Everett, D.H., Haul, R.A.W., Moscou, L,, Pirotti, R.A., Rou-querol, J., and Siemieniewska, T., *Pure App. Chem.*, 57, 603, 1985.

[2] Roque-Malherbe, R., *Physical Adsorption of Gases*, ENPES-MES, Havana, 1987, and *Physical Chemistry of Zeolites*, ENPES-MES, Havana, 1988.

[3] Roque-Malherbe, R., Mic. Mes. Mat., 41, 227, 2000.

[4] Adamson, A.W. and Gast, A.P., Physical Chemistry of Surfaces (sixth ed,), J. Wiley & Sons, New York, 1997.

[5] Ross, S. and Olivier, J.P., On Physical Adsorption, Wiley, New York, 1964.

[6] Gregg, S.J. and Sing, K.S.W., Adsorption Surface Area and Porosity, Academic Press, London, 1982.

[7] Dubinin, M.M., Prog. Surface. Membrane Sci., 9, 1, 1975.

[8] Rouquerol, F., Rouquerol, J., and Sing, K., Adsorption by Powder Porous Solids. Academic Press, New York, 1999.

[9] Ruthven, D.W., Principles of Adsorption and Adsorption Processes, Wiley, New York, 1984.

[10] Fraissard, J.P., Physical Adsortion: Experiment, Theory and Applications, Kluwer Academic Publishers, The Netherlands, 1997.

[11] Rudzinski, W. and Everett, D.H., Adsorption of Gases in Heterogeneous Surfaces. Academic Press, London, 1992.

[12] Rege, S.U. and Yang, R.T., in Adsorption. Theory, Modeling and Analysis (Toth, J., Ed.), Marcel Dekker, New York, 2002, p. 175.

[13] Hill, T.L., An Introduction to Statistical Thermodynamics, Dover Publications Inc., New York, 1986.

[14] Neimark, A.V. and Ravikovitch, P.I., Mic. Mes. Mat., 44-45, 697, 2001.

[15] Bering, B.P., Dubinin, M.M., and Serpinskii, V.V., J. Coll. Int. Sci., 38, 185, 1972.

[16] Roque-Malherbe, R., J., *Thermal Anal.*, 32, 1361, 1987.

[17] Thommes, M., in *Nanoporous Materials: Science and Engineering* (Lu, G.Q. and Zhao, X.S., Eds.), Imperial College Press, London, 2004, p. 317.

[18] Kiseliov, A., in *Curso de Fisica Quimica* (Gerasimov, I.I., Ed.), Editorial MIR, Moscow, 1971, p. 441.

[19] Zhujovitskii, A. A., *Kolloidzschr* 66, 139, 1934.

[20] Shchukin, E.D., Perzov, A.V. and Amelina, E.A., *Kolloidnaia Ximia*, Ximia,

Moscow, 1982.

[21] Kresge, C.T., Leonowicz, M.E., Roth, W.J., Vartuli J.C., and Beck, J.S., *Nature*, 359, 710, 1992.

[22] Zhao, X.S., Lu, G.Q., and Millar, J.G., *Ind. Eng. Chem. Res.*, 35, 2075, 1996.

[23] Kaneko, K., Ohba, T, Hattori, Y, Sunaga, M., Tanaka, H., and Kanoh, H,, *Stud. Surf. Sci. Catai*, 144, 11, 2002.

[24] Keller, J.U., Robens, E., and du Fresne von Hohenesche, C., *Stud. Surf. Sci. Catal.*, 144, 387, 2002.

[25] AUTOSORB-1, Manual, 2003.

[26] Micromeritics, ASAP 2020. Description, 1992.

[27] Barrer, R.M., *Zeolites and Clay Minerals as Sorbents and Molecular Sieves*, Academic Press, London, 1978.

[28] Breck, D.W., *Zeolite Molecular Sieves*, J. Wiley, and Sons, New York, 1974.

[29] Vansant, E.F., *Pore Size Engineering in Zeolites*, J. Wiley & Sons, New York, 1990.

[30] Szostak, R., *Handbook of Molecular Sieves*, Van Nostrand-Reinhold, New York, 1992.

[31] Tsitsisvili, G.V., Andronikashvili, T.G., Kirov, G.N., and Filizova, L.D., *Natural Zeolites*, Ellis Horwood, New York, 1992.

[32] Roque-Malherbe, R., Lemes-Fernandez, L., Lopez-Colado, L., de las Pozas, C, and Montes-Caraballal, A., in *Natural Zeolites '93 Conference Volume International Committee on Natural Zeolites* (Ming, D.W. and Mumpton, FA., Eds.), Brockport, New York, 1995, p. 299.

[33] Corma, A., *Chem. Rev.*, 95, 559, 1995.

[34] Roque-Malherbe, R., in *Handbook of Surfaces and Interfaces of Materials*, Volume 5, (Nalwa, H.S., Ed.), Academic Press, New York, Chapter 12, 2001, p. 495.

[35] Guisnet, M. and Gilson, J.-P. (Eds.), *Zeolites for Cleaner Technologies*, Imperial College Press, London, 2002.

[36] Auerbach, S.M., Corrado, K.A., and Dutta, P.K. (Eds.), *Handbook of Zeolite Science and Technology*, Marcell Dekker, Inc., New York, 2003.

[37] Roque-Malherbe, R. and Marquez-Linares, F, *Facets-IUMRS Journal*, 3, 8, 2004.

[38] Avgul, N.M., Aristov, B.C., Kiseliov, A.V, and Kurdiukova, L.Ya., *Zhurnal Fiz-icheskoi Ximii*, 62, 2678, 1968.

[39] Lok, B.M., Messina, C.A., Patton, R.L., Gajek, R.T., Cannan, T.R., and Flanigen, E.M., *Amer. Chem. Soc*, 106, 6092, 1984.

[40] Roque-Malherbe, R., Lopez-Cordero, R., Gonzales-Morales, J.A., de Onate-Martinez, J., and Carreras-Gracial, M,, *Zeolites*, 13, 481, 1993.

[41] Martens, J.A. and Jacobs, P.A., in *Advanced Zeolites Science and Applications, Surface Science and Catalysis*, Vol 85, (Jansen, J.C., Stucker, M., Karge, H.G., and Eweitkamp, J., Eds.), Elsevier, Amsterdam, 1994, p. 653.

[42] de las Pozas, C., Lopez-Cordero, R., Gonzales-Morales, J.A., Travieso, N., and Roque-Malherbe., R., *J. Mol. Catai*, 83, 145, 1993.

第 3 章
微孔及比表面的估算方法

3.1 概述

气体吸附测量广泛地应用于多孔材料表面积和孔隙率的表征[1-43]。该方法主要用于计算多孔材料的比表面积、孔体积以及孔分布 (PSD)[3,4]。

正如前面章节指出的,蒸气在复杂结构的多孔材料体系发生吸附行为时,吸附过程近似包括以下步骤[2,3,13,20]:最初,蒸气压力很低的情况下,吸附过程表现为微孔填充,吸附现象的发生完全由吸附质与多孔材料孔壁之间的相互作用力控制;随着蒸气压力的升高,吸附过程表现为蒸气在中孔和大孔表面的覆盖,先是单分子层覆盖然后是多分子层覆盖,进而在中孔内部发生毛细凝聚现象。

本章将主要阐述以下内容:

(1) 采用 Dubinin 及其他吸附等温线方程,以及 t-plot 方法,通过微孔吸附的数据来计算材料的微孔体积[2,5-7]。

(2) 采用 BET 吸附等温线方程来描述吸附分子的表面覆盖现象,进而测量多孔材料的比表面积[3,4,15,20]。

(3) 采用 Horvath-Kawazoe 方法来估算材料在微孔范围内的孔分布[4]。

3.2 Dubinin 及 Osmotic 吸附等温线

3.2.1 Dubinin 吸附等温线

微孔内的吸附可以用吸附量 n_a 表示，即 mol 吸附质/干燥吸附剂的质量，同时，最大吸附量（微孔体积被全部填满时的吸附量）用 N_a 表示，其单位也用 mol 吸附质/干燥吸附剂的质量来表示。

Dubinin 吸附等温线方程可以通过 Dubinin 体积填充理论以及 Polanyi 吸附势理论[5] 推导出来。1914 年，Polanyi 提出了可能是历史上的第一个吸附理论：吸附势理论。Dubinin 作为 Polanyi 的追随者，接受了该理论。吸附势理论指出，在吸附作用力场中，吸附势能 ε_i 的分布和吸附空间中吸附相体积 V_i 的分布之间存在以下的定量关系（见图 3.1）[4,30]：

$$\varepsilon_i = F(V_i)$$

Polanyi 将该公式称为特征函数曲线，该函数关系与温度无关。关于吸附势理论的进一步阐述如下[4]：

$$\mu_g = \mu_L = \varepsilon_i = \mu_a \tag{3.1a}$$

式中：μ_g 是吸附质在气相中的化学势；μ_L 是吸附质在纯液相中的化学势；μ_a 是吸附质在吸附相中的化学势；ε_i 在前面已经确定，是吸附作用力场中的吸附势能。通过式（3.1a）可以得到 [4,30]

$$\varepsilon_i = RT \ln\left(\frac{P_0}{P_i}\right) \tag{3.1b}$$

式中：P_0 是吸附质在实验温度 T 下的饱和蒸气压，P_i 是吸附实验平衡压力（ε 也可以定义为微分吸附功）。在此，必须明确一点，式（3.1a）在第 2 章 2.3.3 节已经被证实。

根据 Gurvich 规则[40]，可以得到吸附空间体积 V_i 与吸附量的定量关系式：$V_i = V^L n_a$。其中，V^L 是填充吸附相空间的液相摩尔体积。将式（3.1b）与特征函数以及吸附空间体积与吸附量的定量关系式联立可得[4,30]

$$F(V_i) = f(n_a) = \varepsilon_i = RT \ln\left(\frac{P_0}{P_i}\right)$$

现在，应用 Weibull 分布函数，吸附量 n_a 与微分吸附功 ε 之间的关系可以定义为[5]

$$n_a = N_a \exp\left(-\frac{\varepsilon}{E}\right)^n \tag{3.2a}$$

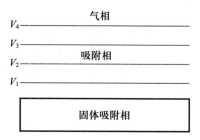

图 3.1　Polanyi 吸附模型

式中：E 是特征吸附能；N_a 是在微孔体积中的最大吸附量；$n(1 < n < 5)$ 是经验参数。

将式（3.1b）代入式（3.2a）可以得到以下的 Dubinin 吸附等温线方程[5]：

$$n_a = N_a \exp\left(-\frac{RT}{E}\ln\left(\frac{P_0}{P}\right)\right)^n \tag{3.2b}$$

Dubinin 吸附等温线方程也可以表示为以下的线性形式：

$$\ln(n_a) = \ln(N_a) - \left(\frac{RT}{E}\right)^n \left(\ln\frac{P_0}{P}\right)^n \tag{3.3}$$

式（3.3）是描述微孔材料吸附数据的一个有力工具。

图 3.2 显示的是吸附等温线在相对压力范围 $0.001 < P/P_0 < 0.03$ 内的 Dubinin 标绘，吸附数据为 N_2、$77\,K$，在商品化高硅 HY 沸石（CBV-720，PQ 公司提供）上测得。吸附等温线数据在 Autosorb-1 吸附系统上测得。从图中明显可以看出，实验数据能够很好地由式（3.3）拟合。

图 3.2 中的 Dubinin 标绘采用如下的线性方程：

$$y = \ln(n_a) = \ln(N_a) - \left(\frac{RT}{E}\right)^n \ln\left(\frac{P_0}{P}\right)^n = b - mx$$

式中：$y = \ln(n_a), b = \ln(N_a), m = \left(\frac{RT}{E}\right), x = \left(\ln\frac{P_0}{P}\right)^n$。

Dubinin 方程的拟合过程还可以采用非线性拟合的方法[44]。拟合过程使用最小二乘法的程序[44]，该方法能够计算出式（3.2b）中的最佳拟合参数，如 N_a、E、n（如果这些参数不当作常数（如 $n = 2$））。最小二乘法还能计算出拟合系数及标准差。

当应用 Dubinin 方程时，另外一个计算出的参数是 E，该参数与吸附质吸附剂之间的相互作用能密切相关。依据体积填充理论，能够通过一条

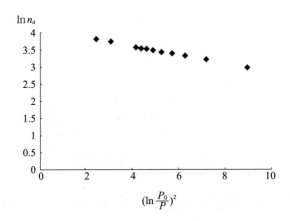

图 3.2　样品 CBV-720 氮气 77 K 吸附的 Dubinin 标绘

吸附等温线数据来计算等量吸附热 q_{iso}，已知（第 2 章 2.32 节）[2,21,23]

$$\left(\frac{\mathrm{d}(\ln p)}{\mathrm{d}T}\right)_{\Gamma} = \frac{\overline{H_g} - \overline{H_a}}{RT^2} = \frac{q_{\mathrm{iso}}}{RT^2}$$

如果做以下的近似：$\Gamma =$ 常数相当于 $n_a =$ 常数。可以通过以下的方程来计算等量吸附热[2,37]：

$$q_{\mathrm{iso}} = RT^2 \left(\frac{\mathrm{d}(\ln p)}{\mathrm{d}T}\right)_{n_a}$$

将 Dubinin 方程代入到上述方程可得[2,37]

$$q_{\mathrm{iso}} \approx L + E \left[\ln\left(\frac{N_a}{n_a}\right)\right]^{1/n}$$

式中：L 是吸附质在实验温度下的液化热（kJ/mol）；E 和 n 是 Dubinin 方程参数。

3.2.2　渗透吸附等温线

在渗透吸附理论中，微孔吸附剂如沸石内的吸附现象被认为是不同浓度两种溶液（分子加上空位）的“渗透”平衡。其中一种溶液在微孔内，另一种溶液在气相，在该模型中溶剂的作用相当于空位[5,7]。

仅当其中的一种溶液浸没在外部势场内时，两种溶液才能达到吸附平衡。该模型的核心假设是吸附势场能够被表示为渗透压 Π。也就是说，吸附势场的作用（存在于沸石的空穴和孔道），能够形式上被气相和吸附相之间的压力差所替代。因此，如果我们认为吸附空间为惰性空间，那么吸附作用可以理解为渗透压将吸附相压缩到吸附空间内部[5,7]。我们可以做一个假想的实验：让所用微孔中的吸附势场消失，仅仅剩下一个吸附空间，该吸附空间内吸附势场的作用被外界的渗透压 $\varPi$ 替代。

根据 Bering 和 Serpinskii 提出的渗透吸附理论[7]，吸附质占据的体积 V_a，空位占据的体积或称为自由体积 V_x，能够表示为 [5,7] $V_a + V_x = V$。考虑到一个吸附分子与一个空位占据的体积 b 相同，可得

$$\frac{V_a}{b} + \frac{V_x}{b} = n_a + N^x = \frac{V}{b} = N_a$$

将上式乘以 $1/N_a$ 可得

$$\frac{V_a}{N_a b} + \frac{V_x}{N_a b} = \frac{n_a}{N_a} + \frac{V}{N_a b} = X_a + X^x = 1$$

式中：X_a 和 X^x 分别为吸附分子和空位的摩尔分数。

如果我们将微孔内的吸附过程描述为压力渗透过程，其中空位是溶剂，被吸附的分子是溶质，应用渗透过程的热力学方法来描述上述过程[5,7]，可以得到以下的吸附等温线方程：

$$n_a = \frac{N_a K_0 P^B}{1 + K_0 P^B} \tag{3.4a}$$

式（3.4a）称为渗透压吸附等温线方程，当 $B = 1$，式（3.4a）可以简化为描述体积填充的 Langmuir 型等温线方程，即

$$n_a = \frac{N_a K_0 P}{1 + K_0 P} \tag{3.4b}$$

式（3.4a）在文献 [21] 中称为 Sip 或者 Bradley 等温线方程。该等温线方程能够很好地描述在沸石及其他微孔材料上的吸附实验数据[5]。

渗透压吸附等温线方程的线性化形式为

$$y = P^B = N_a \left(\frac{P^B}{n_a}\right) + \frac{1}{K} = mx + b \tag{3.4c}$$

式中：$y = P^B, x = P^B/n_a, m = N_a, b = 1/K$ 是截距。

图 3.3 为渗透压吸附等温线方程的线性标绘，$B = 0.5$，使用的数据为 NH_3、温度 300 K，在同离子镁天然沸石样品标号 CMT 上的吸附数据，该沸石为斜发沸石（42%）、丝光沸石（39%）以及其他相（15%）组成的混合物，其他相包括蒙脱土（2%～10%）、石英（1%～5%）、方解石（1%～6%）、

长石（0%~1%）以及火山石玻璃等[5]。图 3.3 的吸附数据是用容积法在耐热玻璃真空系统中测量的，该系统包括样品池、死体积、空腔体积、U 形压力计、恒温池（见第 2 章，2.4.1 节）。

通过上述标绘，可以计算出沸石的最大吸附容量：$m = N_a = 5.07$ mmol/g, $b = 1/K = -0.92$(Torr)$^{0.5}$。很明显，实验数据能够很精确地被式（3.4c）拟合。

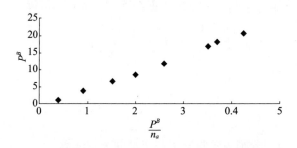

图 3.3　渗透压吸附等温线线性标绘（$B = 0.5$, 300 K，同离子镁沸石 CMT 上 NH$_3$ 吸附数据）

正如前面指出的，渗透压吸附等温线方程的拟合过程可以通过非线性拟合的方法进行[44]，该方法能够计算出式（3.4a）中的最佳拟合参数，如 N_a、K_0、B，如果参数 B 不是常数（如 $B = 1$），非线性拟合的方法还能计算出拟合系数和标准差。

3.3　Langmuir 和 Fowler-Guggenheim 型吸附等温线方程

3.3.1　概述

现在，我们应用巨正则系综的方法来研究发生在沸石及相关材料上的吸附过程[2,31,32]。

沸石是三维微孔晶体材料，由四面体（简化为 TO$_4$）通过顶角相连构建而成，氧原子各面共用[45]。沸石属于分子筛的一种，目前已知的沸石结构大概有 150 种。

在硅铝酸盐沸石中，铝和硅是构成四面体的主要原子（AlO$_4$ 和 SiO$_4$ 四面体）。然而，其他元素如 P、Pb、Ge、Ga、Fe、B、Be、Cr、V、Zn、Co、Mn

等也能够组成沸石分子筛的四面体（TO$_4$）结构[38,45]。大部分沸石及其相关材料是人工合成的（超过 100 种），这一数量还在增长中[45]，在地壳中发现的天然沸石大约有 40 种。

硅铝酸盐沸石是三维微孔晶体硅铝酸盐，沸石的框架是由 AlO$_4$ 和 SiO$_4$ 四面体通过顶角相连，共享所有氧原子形成的。四面体内存在的 Al 原子产生负电荷（每个原子产生一个），因而必须被结构中的多余阳离子中和。硅铝酸盐沸石的化学组成为

$$M_{x/n}\{(AlO_2)_x(SiO_2)_y\}_z H_2O$$

其中：M 代表平衡阳离子（带 $+n$ 电荷），用于补偿 T（III）的电荷；z 为沸石孔隙中的水分子数。平衡阳离子可以是金属、有机或者无机物种，如铵根离子。如果沸石中的阳离子位于孔道内部，则该离子能够被交换，从而赋予了沸石离子交换的功能。

沸石的空间结构主要是在合成的过程中形成的，沸石一般呈现笼状或者孔道状，不同结构的沸石，孔的尺寸也各不相同。四面体组合方式构成了沸石结构的基础。

因此，沸石是一种微孔晶体材料，由于它的特殊结构和化学组成，该材料具有选择吸附、离子交换、催化以及其他多种功能。正如前面提到的，沸石在 1932 年由 McBain 命名，属于分子筛的一种。分子筛还包括黏土、多孔玻璃、微孔碳、活性炭以及其他材料。因此为了简化命名，本书中，当提到沸石时也包括了相关的材料。

3.3.2　应用巨正则系综的方法描述沸石吸附过程

使用巨正则系综的方法得到吸附等温线方程，进而研究发生在沸石及其相关材料上的吸附过程，首先要将沸石构想为一个巨正则系综。也就是说，将沸石中的空穴或孔道设定为相互独立且开放的隶属于巨正则系综的子系统（或者是样本系统）（见第 1 章，1.6 节）。根据上述，假设就可以使用统计热力学的方法来描述气体在沸石上的吸附过程了。

沸石作为一个巨正则系综，其中的空穴或孔道是系综中的系统。吸附空间能量均匀，在吸附空间内的任何位置吸附势都相同。利用统计热力学的定律，能够相对容易地描述气体在沸石上的吸附[2,31−36]。

在上述理论框架下，在不同研究者提出的各种模型中[31−36]，沸石被认为是由 M 个空穴或孔道组成的系统，相应地即有 M 个相互独立、开放并属于巨正则系综的子系统。如果每个空穴或孔道最大能够容纳 m 个

分子 ($m = w/b$, w 是空穴或孔道的体积，b 是吸附态分子的体积)，空穴或孔道可认为是独立的子系统，对于沸石的巨正则配分函数可以表示为[2,36]（见第 1 章，1.7 节和 1.8 节）

$$\Theta = [1 + \lambda Z(1) + \lambda^2 Z(2) + \cdots + \lambda^m Z(m)]^M = \overline{Z}^M \qquad (3.5a)$$

式中

$$\overline{Z} = \sum_{N=0}^{m} \lambda^N Z(N) \qquad (3.5b)$$

是沸石中空穴或孔道的巨正则配分函数；$Z(N)$ 是 N 个分子在空穴或孔道中的正则配分函数 ($0 < N < m$)；$\lambda = \exp\left(\dfrac{\mu}{RT}\right)$ 是绝对活度；μ 是化学势。因此，吸附在沸石中的平均分子数为 $\overline{N}$，可以表示为[2,36]

$$\overline{N} = \frac{\partial \ln \Theta}{\partial \ln \lambda} = RT\left(\frac{\partial \ln \Theta}{\partial \mu}\right) \qquad (3.6)$$

式（3.6）是用摩尔数来表示的，$R = N_A k$，其中，$N_A = 6.02214 \times 10^{23}$（$mol^{-1}$）是 Avogadro 常数，$k = 1.38066$（$JK^{-1}$），是玻耳兹曼常数，$R = 8.41351$（$JK^{-1}mol^{-1}$）是理性气体常数。

如果 $m \gg 1$ 成立，可以计算沸石孔穴或孔道的巨正则配分函数，在沸石孔穴或孔道中的平均分子数 ($\overline{N}$) 为[2,36]

$$\overline{N} = \frac{\partial \ln \overline{N}}{\partial \ln \lambda} = RT\left(\frac{\partial \ln \overline{N}}{\partial \mu}\right) \qquad (3.7a)$$

因而，沸石空穴或孔道的体积填充率可以表示为

$$\theta = \frac{M\overline{N}}{Mm} = \frac{\overline{N}}{m} \qquad (3.7b)$$

式中：θ 是微孔体积填充率。

3.3.2.1 定位吸附

在均匀势能场中的定位吸附，考虑到相邻分子间的侧向作用力，N 个分子在空穴或孔道中的正则配分函数[2,34,36] 为

$$Z(N) = \frac{m!}{N!(m-N)!}(Z_a^i)^N \exp\left(-\frac{N(E_0^a + \eta E_i)}{RT}\right), \quad 0 < N < m \qquad (3.8a)$$

其中[2,34,36]

$$Z(N) = \frac{m!}{N!(m-N)!}X^N \qquad (3.8b)$$

$$X \approx Z_a^I \exp\left(-\frac{E_0^a + \eta E_i}{RT}\right) \tag{3.8c}$$

式中：m 是空穴或孔道中的吸附位总数；N 是被吸附的分子数；Z_a^i 是吸附相中吸附质分子内部自由度的正则配分函数；E_0^a 是在空穴或孔道等均一吸附势场中被吸附分子的参考态能量；$\eta E_i = \dfrac{cN}{2m} E_i$ 是相邻的吸附分子之间的相互作用能，假设相邻的分子是随机分布的；c 是沸石空穴中与某一吸附位最相邻的吸附位的个数[36]。

为了得到吸附等温线方程，还需要进行近似，即 $\dfrac{cN}{2m} E_i \approx \dfrac{c\overline{N}}{2m} E_i$，进而得到[2,36]

$$Z(N) = \frac{m!}{N!(m-N)!}(Z_a^I)^N \exp\left(-\frac{\left[NE_0^a + \left(\dfrac{c\overline{N}}{2m}\right)E_i\right]}{RT}\right) \tag{3.9}$$

为了计算吸附等温线，使用式 (3.5b)、式 (3.7a)，式 (3.9) 以及牛顿二项式展开[34]：

$$B = (1 + \lambda X)^m = \sum_{N=0}^{m} \frac{m!}{N!(m-N)!}(\lambda X)^N$$

从而得到以下的方程[2,34,36]：

$$\overline{N} = \frac{\partial \ln \overline{N}}{\partial \ln \lambda} = \lambda \frac{\partial \ln \overline{N}}{\partial \lambda} = \frac{A}{B}$$

其中

$$A = m\lambda X(1 + \lambda X)^{m-1}$$

$$X = Z_a^I \exp\left(-\frac{N\left[E_0^a + \left(\dfrac{c\overline{N}}{2m}\right)E_i\right]}{RT}\right)$$

相应地，吸附等温线为[2,36]

$$\theta = \frac{\overline{N}}{m} = \frac{K_1 P}{1 + K_1 P} \tag{3.10a}$$

$$K_1 = \left\{\frac{Z_a^I}{Z_g^I}\right\}\left[\frac{1}{RT\Lambda}\right]\exp\left(\frac{[(E_0^g - E_0^a) + \Omega\theta]}{RT}\right) \tag{3.10b}$$

或者

$$K_1 = K_0^I \exp\left(\frac{\Omega\theta}{RT}\right) \tag{3.10c}$$

式中：Z_g^I 是气相中吸附质分子的内部自由度正则配分函数；E_0^g 是气相中分子的参考态能量；$\Omega = cE_i/2$；另外

$$\Lambda = \left(\frac{2\pi MRT}{h^2}\right)^{3/2}$$

式中：$M = N_A m$ 为吸附质分子的摩尔质量，m 为吸附质分子的质量，N_A 是 Avogadro 常数；h 是普朗克常数。

最后，需要强调一点，对于定位吸附，被吸附分子填充的体积内的平均吸附势能为

$$\xi(\theta) \approx -[(E_0^g - E_0^a) + \Omega\theta]^{[2,35]}$$

3.3.2.2 非定位吸附

将沸石作为一个巨正则系综，假设在均匀吸附场中的非定位吸附，考虑到相邻分子间的侧向作用力，$N(N < m)$ 个分子在空穴或孔道中的正则配分函数[2,36] 为

$$Z(N) = \frac{w^N}{N!}(\Lambda)^N (Z_a^I)^N \exp\left(-\frac{N\left(E_0^a - \alpha\frac{N}{w}\right)}{RT}\right) \tag{3.11}$$

其中

$$\Lambda = \left(\frac{2\pi MRT}{h^2}\right)^{3/2}$$

M 为吸附质分子的摩尔质量；N_A 是 Avogadro 常数；h 是普朗克常数；$\alpha = B_2 RT$，B_2 是第二维里系数。

为了计算吸附等温线，可使用式 (3.5b)、式 (3.7a)、式 (3.11) 及指数展开式[2,36]：

$$B = \sum_{N=0}^{m} \frac{1}{N!}(\lambda X)^N \approx \exp(\lambda X) = \left(1 + \frac{\lambda X}{m}\right)^m$$

从而得到

$$\overline{N} = \frac{\partial \ln \overline{N}}{\partial \ln \lambda} = \lambda \frac{\partial \ln \overline{N}}{\partial \lambda} = \frac{A}{B}$$

其中

$$A = \lambda X \left(1 + \frac{\lambda X}{m}\right)^{m-1}$$

然后可以得到以下的等温线方程[2,36]：

$$\theta = \frac{K_M P}{1 + K_M P} \tag{3.12a}$$

$$K_M = \left\{\frac{Z_a^I}{Z_g^I}\right\} \left[\frac{b}{RT}\right] \exp\left(\frac{[(E_0^g - E_0^a) + \Omega\theta]}{RT}\right) \tag{3.12b}$$

或者

$$K_M = K_0^M \exp\left(\frac{\Phi\theta}{RT}\right) \tag{3.12c}$$

在此过程中，Z_a^I 是吸附相中吸附质分子的内部自由度正则配分函数，Z_g^I 是气相中吸附质分子的内部自由度正则配分函数。E_0^g 是气相中分子的参考态能量，E_0^a 是在空穴或孔道等均一吸附势场中吸附分子的参考态能量。$\Phi = \alpha/b$ 是表征侧向相互作用的参数，b 是吸附质体积，单位是摩尔。

最后，对于非定位吸附，被吸附分子填充的体积内的平均吸附势能为[2,35]

$$\xi(\theta) \approx -[(E_0^g - E_0^a) + \Phi\theta]$$

3.3.3　关于 Langmuir 型及 Fowler-Guggenheim 型吸附等温线关系的评述

如果 $c \approx 0$ 或 $\alpha \approx 0$，式（3.10a）及式（3.12a）可以化简为 Langmuir 型（LT）吸附等温线方程，即

$$\theta = \frac{K_L P}{1 + K_L P} \tag{3.13}$$

根据具体情况（定位吸附或者非定位吸附），$K_L = K_0^1$，或者 $K_L = K_0^M$。

式（3.10a）及式（3.12a）是 Fowler-Guggenheim 型（FGT）吸附等温线方程，该类方程描述了一个体积填充过程而不是表面覆盖过程。式（3.13）是 Langmuir 型吸附等温线方程，该方程也描述了一个体积填充过程而不是表面覆盖过程。同样，对于式（3.4a），可以简化为 LT 吸附等温线式（3.4b），也描述的是体积填充过程而不是表面覆盖过程。

另外，运用改进的网格气体模型及量子力学方法得到的，描述在沸石及相关材料内的吸附过程的吸附等温线方程为[9]

$$\frac{\theta}{1-2\theta} = \left(1 - \frac{1}{m}\right) \left[\frac{1}{\left(\frac{p_1}{p}\right)(\exp[\beta\varepsilon_2(1-2\theta)] - 1)}\right]$$

$$+ \frac{1}{m} \left[\frac{1}{\left(\frac{p_1}{p}\right)(\exp[\beta\varepsilon_1(1-2\theta)] - 1)}\right] \tag{3.14a}$$

其中

$$p_1 = P_0 \exp(\beta\varepsilon_0), \varepsilon_0 = \varepsilon + \frac{U}{2}, \varepsilon_1 = t + \frac{U}{2}, \varepsilon_2 = \frac{U}{2} - \frac{t}{m-1}, \beta = \frac{1}{RT}$$

式中：m 是吸附在空穴或孔道内的最大分子数；ε 是吸附位上吸附的分子与沸石骨架之间的相互作用能；U 是吸附的分子之间的相互作用能；t 是被吸附分子在不同吸附位之间运动的概率[9]。对于分子间无相互作用的定位吸附而言，$U = 0, t = 0$，因此 $\varepsilon_1 = \varepsilon_2 = 0$，则有[9]

$$\theta = \frac{1}{1 + \frac{p_1}{p}} \tag{3.14b}$$

因此可知，运用大量不同的方法来描述沸石上的气体吸附过程，最后都得到了 LT 及 FGT 的吸附等温线，上述等温线都将吸附描述为体积填充过程。由此，可以得出以下的结论：描述体积填充过程的 LT 及 FGT 吸附等温线能够用来表征沸石及相关材料的吸附性能。对于吸附分子之间的相互作用力可以忽略的体系，等温线方程为

$$\theta = \frac{K_L P}{1 + K_L P}$$

对于考虑吸附分子间侧向作用力的系统，等温线方程为

$$\theta = \frac{K_{FG} P}{1 + K_{FG} P}$$

式中：K_L 及 K_{FG} 是温度及吸附量的函数，具体的表达式由描述吸附过程的具体模型而定。

前面所述的吸附等温线方程，如式 (3.4b)、式 (3.10a)、式 (3.12a)、式 (3.13)、式 (3.14b) 等，虽然采用完全不同的模型来描述微孔内的吸附

过程，然而所得到的方程数学形式却很相似。因此，可以推断上述描述微孔内体积填充机理的吸附等温线方程可以用来计算微孔材料的微孔体积。为了证明上述推断，开展了以下的实验测试。

实验内容为 Ar、温度 87 K，在以下商品化沸石上的吸附：Na-Y（CBV100，SiO_2/Al_2O_3=5.2，PQ 公司提供），Na-X（13X，SiO_2/Al_2O_3=2.2，Micromeritics 提供），Na-Y（SK-40，SiO_2/Al_2O_3=4.8，Linde Division of Union Carbide 提供）[2]。吸附等温线数据是在 Micromeritics 公司提供的 ASAP2000 测试仪上测得的[2,28]。

实验数据用 FGT 吸附等温线方程进行拟合：

$$\ln\left(\frac{\theta}{1-\theta}\right) = \ln K + \frac{k\theta}{RT} \tag{3.15a}$$

当 $k = 0$ 时，上述方程简化为 LT 等温线方程。从图 3.4 可以看出，LT 等温线方程在 $0.01 < \theta < 0.4$ 范围内能够很好地拟合 Ar 在三种沸石上的吸附数据。

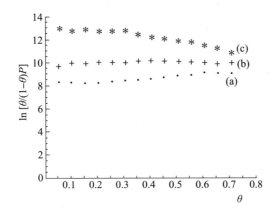

图 3.4 $\ln[\theta/(1-\theta)P]$ 对 θ 的线性标绘（其中 $\theta = n_a/N_a$，商品化沸石：(a) Na-Y（CBV100）；(b) Na-Y（SK-40）；(c) Na-X（13X））

当 $k = 0$ 时，式 (3.15a) 很好地表述了 Ar 温度 87 K 在上述商品化沸石上的吸附数据，其线性化的 LT 等温线方程为

$$P = N_a\left(\frac{P}{n_a}\right) + \frac{1}{K} \tag{3.15b}$$

能够可靠地测量上述沸石材料的微孔体积（W^{Ar}）（见表 3.1[2]），W^{Ar} 的计算采用了以下的公式：$W^{Ar} = N_a \times b$。其中 N_a 由式 (3.15b) 确定，参数 b 的含义为每摩尔吸附的 Ar 占据的体积，$b = 32.19 \text{ cm}^3/\text{mol}$。

表 3.1   Ar 温度 87 K 吸附等温线测得的微孔体积 W^{Ar}

沸石	微孔体积 $W^{Ar}(cm^3/g)$
Na-Y（CBV100）	0.319
Na-Y（SK-40）	0.311
Na-X（13X）	0.192

将 Dubinin 吸附等温线与 LT、Osmotic 及 FGT 吸附等温线联合使用，能够计算出沸石及其相关材料的微孔体积以及其他特性参数，在 3.5 节中将详细讨论。

正如前面章节提到的，LT 及 FGT 吸附等温线的拟合过程也可以使用非线性拟合的方法[44]。

3.4 t-Plot 方法

Halsey、de Boer 以及他们的合作者提出了 t-Plot 方法来描述微孔材料上的吸附现象[4,27−29,39]。这一方法主要是基于 Frenkel-Halsey-Hill 提出的一个概念，他认为单一吸附层或者多吸附层的厚度 t[4,28−30]（单位为埃 Angstrom）能够计算出来。该方法将吸附相看作是液膜黏附在固体表面，与图 3.1 描述的类似。t-Plot 方法对多层吸附有效，即 $n_a/N_m > 2$，N_m 为单分子层容量。假设表面液膜具有均一的厚度 t，液膜密度等于液体吸附质体相的密度 p_L，液膜与一个均匀的表面相接触，该表面在固体表层创造了一个带有吸引力的吸附势能场。根据上述假设，吸附量可以表示为 $n_a = p_L t$[4]。同时，带有吸引力的吸附势能场可表示为[4,30]

$$V(z) = \frac{A}{z^9} - \frac{B}{z^m}$$

与 Polanyi 吸附势理论提出的模型类似[4,30]，熵变对自由能的贡献远小于焓变的贡献，因而有[4]

$$\mu - \mu_L = RT \ln(P/P_0)$$

以及[4,30]

$$\mu - \mu_L = V(z) \tag{3.16}$$

式 (3.16) 的可行性在第 2 章 2.3.2 节中已经证明。在目前的模型中，吸附过程认为是多层吸附，因此

$$V(z) \approx -\frac{B}{z^m}$$

相应有

$$RT \ln\left(\frac{P}{P_0}\right) = -\frac{B}{z^m} = -\frac{C}{t^m}$$

该方程显示了吸附层厚度 t 与相对压力 x 之间的函数关系：

$$x = \frac{P}{P_0}$$

t-Plot 方法说明：多层吸附与单分子层吸附比较，其吸附等温线的形状对吸附剂结构的依赖程度显著降低[4]，这就意味着吸附层厚度 t 主要受相对压力 x 的影响，受吸附剂表面性质的影响不大。因此，将不含微孔和中孔的吸附剂测得的吸附等温线进行归一化处理，便能够计算出吸附层厚度。多层吸附的厚度 t 能够通过以下关系式计算[4]：

$$t = \frac{n_a}{N_m} d_0$$

式中：d_0 是单分子层的有效厚度。正如前面所假设的，液膜具有均一的厚度 t，液膜密度等于吸附质液体主体相的密度 ρ_L，则有[4]

$$d_0 = \frac{M}{\sigma N_A \rho_L}$$

式中：N_A 是 Avogadro 常数；σ 是分子截面积（在一个完全覆盖的单分子层，每个吸附态分子平均占据的面积）。以氮气 77 K 吸附为例，$\sigma(N_2) = 0.162 \text{ nm}^2$，$M(N_2) = 2.81 \text{ g/mol}$，$\rho_L(N_2) = 0.809 \text{ g/cm}^3$，从而可以得到 $d_0(N_2) = 0.354 \text{ nm}$。

Lippens 和 de Boer 通过实验测量氮气 77 K 在不同无孔氧化物表面的吸附数据，将吸附层厚度 t 与相对压力 $x = P/P_0$ 作图（*t*-Plot 方法），从而证实了：由于得到的 *t*-Plot 曲线具有相似性，因而存在一条“普遍化的多层厚度曲线”。事实上，“普遍化的多层厚度曲线”目前并没有被普遍接受[4]。但是，t 与 x^{-1} 之间的关系式被用来构建 *t*-Plot 图，即[27,29]

$$t = 3.54 \left[\frac{5}{2.3031 \lg\left(\dfrac{P}{P_0}\right)} \right]^{1/3} \tag{3.17a}$$

式 (3.17a) 为 Halsey 方程, 对氮气 77 K 吸附适用; de Boer 提出的方程为[27]

$$t = \left[\frac{13.99}{\lg \left(\dfrac{P}{P_0} \right) + 0.034} \right]^{1/2} \tag{3.17b}$$

并提出了一个更为普遍化的方式[27]:

$$t = a \left[\frac{1}{\ln \left(\dfrac{P}{P_0} \right)} \right]^{1/b} \tag{3.17c}$$

从而适用于其他吸附质及实验温度, 在此, 对于氮气 77 K 吸附, $a = 6.053$, $b = 3$。P 为吸附平衡压力, P_0 为吸附实验温度下的吸附质蒸气压力。

利用 t-Plot 来计算微孔体积以及外表面积, 必须要构建 n_a 与 t (单位为埃 (Angstrom)) 的线性标绘。图 3.5 为一个典型的氮气 77 K 在氧化硅材料上吸附的 t-Plot 图 ($0.01 < P/P_0 < 0.3$)。氧化硅材料标号为 70 bs2[26]。构建 t-Plot 图, 首先使用式 (3.17a) 或者式 (3.17b) 来计算不同 $x = P/P_0$ 下的 t 值, 同时从吸附等温线方程中找出相应 $x = P/P_0$ 下的吸附量 n_a, 进而使用 n_a 与 t 进行线性标绘。

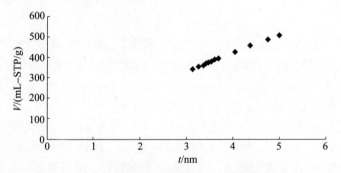

图 3.5　材料 70bs2-25c 的 t-Plot 曲线

应用 t-Plot 方法来计算微孔体积 W^{MP} (单位 cm³/g) 以及外表面积 S (单位 m²/g) 的方法如下: 首先去除图 3.5 中非线性段的点 (见图 3.5), 然后利用以下的线性方程, 即

$$y = n_a = Rt + N_a = mx + b$$

进行线性回归，计算出截距 $b = N_a$，斜率 $m = R$。截距与微孔体积 W^{MP}
有关，应用 Gurvich 规则[4,40] 有下列关系式：$W^{\mathrm{MP}} = N_a V_L$。其中，$V_L$ 为
吸附质在实验温度下的摩尔体积，从而计算出微孔的体积。外表面积的计
算公式为 $S = R V_L$[27,28]，因为 $n_a V_L = R V_L t + N_a V_L$。同时，$R V_L t = S t$，
是外表面吸附对总吸附量（吸附相体积内）的贡献。

表 3.2 报道了两种商品化沸石微孔体积 W^{MP} 的测量数据，一种沸石
为 Na-Y（CBV100，SiO_2/Al_2O_3=5.2，PQ 公司提供），另一种为 Na-Y（SK-
40，SiO_2/Al_2O_3=4.8，Linde Division of Union Carbide 提供）。表 3.2 中的
微孔体积数据是利用 t-Plot 方法计算得到的，吸附数据为氮气 77K 吸附
等温线，在 Micromeritics 公司提供的 ASAP2000 测试仪上测得的[2,28]。

表 3.2　氮气 77 K 吸附应用 t-Plot 方法测得的微孔体积 W^{MP}

沸石	微孔体积 $W^{N_2}/(\mathrm{cm}^3/\mathrm{g})$
Na-Y（CBV100）	0.305
Na-Y（SK-40）	0.303

如果将表 3.1 与表 3.2 的数据进行对比，不难发现两种方法得到的微
孔体积数据很相似，上述微孔体积与 Y 型沸石 FAU 结构[45] 的晶相孔隙
体积数据[46] 一致。

3.5　关于应用 Dubinin、LT、Osmotic、FGT 吸附等温线及 t-Plot 方法测量微孔体积的评述

一般来讲，在多孔材料中，微孔、中孔和大孔是连接为一个整体的。
材料的微孔体积 W^{MP} 的准确测定是非常困难的，因为很难判定吸附数据
中的哪一个点为微孔吸附的结束，中孔吸附的开始[20]。

对于沸石而言，该材料主要由微孔组成，为了计算微孔体积，作者提
出了利用最小二乘的方法对吸附实验数据进行拟合，拟合方程分别采用了
Dubinin、LT、Osmotic 及 FGT 吸附等温线[2]。在拟合过程中测试了不同
的参数，例如，对于 Dubinin 及 Osmotic 吸附等温线使用了 n、E、K、B
等参数。当上述等温线方程给出最大的吸附量 N_a 时，拟合过程结束。从

而，微孔体积的计算方程为 $W^{\mathrm{MP}} = N_a V_L$，其中 V_L 为吸附质在实验温度下的摩尔体积[40]。

上述方法在确定沸石材料的微孔体积中的有效性可以通过氨气 300K 吸附实验来验证。氨气的沸点为 240 K，它的分子动力学直径为 $\sigma = 3.08 \text{Å}$[46]，因此，选用氨气既能够保证气体分子在外表面的吸附量足够小，又能够保证气体分子能够顺利进入沸石的微孔[2,37]。

利用 Dubinin 及 Osmotic 吸附等温线计算天然沸石微孔体积的实验数据列于表 3.3，该表主要包括以下的参数：N_a（mmol/g）；特征吸附能 E（KJ/mol）；微孔体积 W^{MP}（cm³/g）；吸附数据为氨气 300 K 在不同天然沸石的吸附数据[37]。最大吸附量 N_a 单位为每克脱水的沸石矿石吸附的毫摩尔氨，微孔体积 W^{MP} 单位是每立方厘米每克脱水的沸石矿石，N_a、E 及 W^{MP} 的计算误差分别为 ±0.2 mmol/g、±0.005 cm³/g、±0.4 kJ/mol[37,47]。氨吸附数据在耐热玻璃真空系统中测得，该系统包括样品池、死体积、空腔体积、U 形压力计和恒温池[37]（见第 2 章，2.4.1 节）。

表 3.3 Dubinin 方程参数（基于氨气 300 K 在天然沸石及两种商品化合成沸石上的吸附数据）

样品	N_a/(mmol/g)	W^{MP}/(cm³/g)	E/(KJ/mol)	N
HC	6.2	0.130	28	2
MP	6.8	0.143	25	2
AP	6.9	0.145	31	2
CMT	6.1	0.128	22	2
Na-A	9.8	0.204	23	2
Na-X	10.1	0.210	24	2

上述吸附实验测试用到的天然沸石的化学组成（氧化物 %）及矿相组成（%）分别列于表 3.4 和表3.5[37,47]。样品的命名（矿物名称，开采地）：HC（Castillas，Havana，Cuba）；MP（Palmarito，Santiago de Cuba，Cuba）；AP（AD，Aguas Prietas，Sonora，Mexico）；CMT（Tasojeras，Ville Clara，Cuba）[37,47]。合成沸石的样品由 Degussa 提供，Na-X 由 Laporte 提供[37,47]。在表 3.5 中，其他组分分别为蒙脱土（2%～10%）、石英（1%～5%）、方解石（1%～6%）、长石（0%～-1%）、磁铁矿（0%～1%）以及火山石玻璃（3%～6%）。

对于天然沸石矿而言，上述吸附数据的信息对于确定沸石在天然矿

石中的含量是非常有价值的[2]。纯斜发沸石和纯丝光沸石的微孔体积为
$W_{\text{HEU}} \approx W_{\text{MOR}} \approx 0.16 \text{ cm}^3/\text{g}^{[48]}$，而纯毛沸石的微孔体积为 $W_{\text{ERI}} \approx$
$0.18 \sim 0.19 \text{ cm}^3/\text{g}^{[46]}$。

因此，通过报道的微孔体积 W 以及矿质中沸石相的微孔值 $W_{\times\times\times}$，
利用以下的公式能够相当准确地计算出沸石相在矿石中的含量：

$$f = \frac{W^{\text{MP}}}{W_{\times\times\times}}$$

上述计算值有效必须满足：①存在于矿石中的沸石相与纯沸石有相同
的 $W_{\times\times\times}$；②矿石中其他杂质的吸附量可以忽略不计。

表 3.4　吸附实验测试用到的天然沸石的化学组成（氧化物 %）

样品	SiO2	Al2O3	Fe2O3	CaO	MgO	Na2O	K2O	H2O
HC	66.8	13.1	1.3	3.2	1.2	0.6	1.9	12.1
MP	66.9	11.6	2.7	4.4	0.8	1.8	0.8	12.1
AP	59.6	14.2	2.3	2.2	1.5	2.4	3.3	13.8
CMT	66.6	12.5	2.0	2.7	0.7	1.7	0.8	12.9

表 3.5　吸附实验测试用到的天然沸石的矿相组成（%）

样品	斜发沸石	丝光沸石	毛沸石	其他
HC	85	0	0	15
MP	5	80	0	15
AP	0	0	85	15
CMT	42	39	—	19

另一方面，氮气 77 K 吸附也被用来测量微孔体积。利用氮气 77 K 吸
附测量氧化硅样品微孔体积的计算结果如表 3.6 所列[26]。氧化硅样品测
试前经过高真空条件（10^{-6}Torr）200°C 脱气 3 h[26]。使用 *t*-Plot 方法处
理氮气分子 77 K 吸附的实验数据，从而得到微孔体积（$W^{\text{MP}}/(\text{cm}^3/\text{g})$），
该方法是测量多孔材料（同时包含微孔、中孔和大孔材料）如氧化硅、活
性炭等微孔体积的有效工具。成功应用该方法的关键是慎重选择正确的相
对压力范围，从而满足线性区域的要求（见图 3.5）。一般情况下，相对压
力的范围在 $0.00001 < P/P_0 < 0.02$。

表 3.6 某些氧化硅样品及中孔 MCM-41 的微孔体积 (W_{Mic})

样品	70 bs2	68 bs1E	75 bs1	79 BS2	74 bs5	68 C	MCM-41
$W^{\text{MP}}/\,(\text{cm}^3/\text{g})$	0.18	0.27	0.16	0.21	0.14	0	0

通常，应用 Gurvich 规则[40] 来计算微孔体积。然而，在微孔内的吸附质不一定和液相吸附质的密度相同，因而 Gurvich 规则不一定必然成立[49]。这是很难精确无误测量微孔体积的原因之一。另外一个原因是，在当前的状态下，氮气分子 77 K 吸附，很难确定一个数据点，在该点，微孔内的吸附恰好结束，外表面的吸附恰好开始[49]。因为实验观测表明：在多孔材料内部，微孔填充过程对应的压力段与孔壁进行层式（单分子层及多分子层）吸附的压力段非常接近[20]。

3.6 BET 方法

由 Brunauer 和 Emmett 及 Teller 提出的 BET 多层吸附理论，常被用来测量材料的比表面积[4,15]。在此，该理论将被用来推导吸附等温线方程，推导过程基于巨正则系综体系，使用 Hill 提出的方法[31]。

在 BET 吸附理论的框架中，吸附过程被看作是层式吸附。吸附剂的表面被认为是能量均匀的，也就是说在吸附剂的表面任何一个位置吸附势场都是相同的。同时，吸附过程被认为是定位吸附（每一个分子被吸附在吸附剂表面的固定吸附位）。第一层吸附分子与吸附势场的作用能为 E_0^a，第二层以后的吸附分子相互之间的垂直作用势能为 E_0^l（与吸附质的液化热相似，见图 3.6）。另外，被吸附的分子之间没有相互作用。

巨正则系综配分函数的构建是一个复杂的过程，对于图 3.6 中的每一组由 s 个分子组成的聚合体，将其视为独立的可区别的子系统（见第 1 章，1.7 节及 1.8 节）。每一个聚合体中包含的分子数可变，每一个聚合体和相邻的聚合体之间不发生侧向相互作用，由此，吸附相可以看作是由聚合体组成的巨正则系综。第一层，吸附在某一吸附位的分子的正则配分函数为

$$Z_1 = K_1 \exp\left(-\frac{E_0^a}{RT}\right) = q_1 \tag{3.18}$$

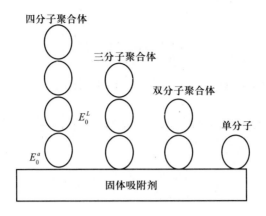

图 3.6 BET 吸附理论模型

相应地，以后各层的分子正则配分函数为

$$Z_2 = Z_3 = \cdots = Z_S = K_L \exp\left(-\frac{E_0^L}{RT}\right) \tag{3.19}$$

分子数为 s 的聚合体的数目为 α_s，吸附剂表面吸附位的总数 N 为

$$N = \sum_{s=0}^{m} \alpha_s \tag{3.20}$$

相应地，总的吸附分子数为

$$N_a = \sum_{s=0}^{m} s\alpha_s \tag{3.21}$$

任一个含有 m 个分子的聚合体的巨正则配分函数为

$$\xi = q_0 + \lambda q(1) + \lambda^2 q(2) + \cdots + \lambda^m q(m) \tag{3.22}$$

式中：q_0 是空吸附位的分子正则配分函数；$q(s)$ 是吸附位中吸附了分子数为 s 的聚合体的正则配分函数：

$$q(s) = \prod_{i=1}^{s} q_i \tag{3.23}$$

吸附相的巨正则配分函数为

$$\Theta = \xi^N \tag{3.24}$$

定义

$$C = \frac{K_1}{K_L} \exp\left(\frac{E_0^a - E_0^L}{RT}\right) \tag{3.25}$$

则有 $q_1 = Cq$ 以及 $q(s) = q^s C$, 当 $s > 1$ 时, 有

$$\Theta = (1 + \lambda Cq + \lambda^2 Cq^2 + \cdots + \lambda^m Cq^m)^N = \left(\frac{1 + (C-1)\lambda q}{1 - \lambda q}\right)^N \tag{3.26}$$

因为

$$\overline{n}_a = \frac{\partial \ln \Theta}{\partial \ln \lambda} \quad \text{及} \quad \lambda q = x = \frac{P}{P_0}$$

将得到

$$\frac{\overline{n}_a}{N_m} = \frac{Cx}{(1 - x + Cx)(1 - x)} \tag{3.27a}$$

式中: $\overline{n}_a = n_a$ 是吸附量; N_m 是单分子层的吸附容量; 其他参数的含义在前面已经介绍。

在应用 BET 方程处理吸附数据时, 习惯于采用式 (3.27a) 以下的线性形式:

$$y = \frac{x}{n_a(1-x)} = \left(\frac{1}{N_m C}\right) + \left(\frac{C-1}{CN_m}\right)x = b + mx \tag{3.27b}$$

其中

$$b = \left(\frac{1}{N_m C}\right), m = \left(\frac{C-1}{CN_m}\right), y = \frac{x}{n_a(1-x)}, x = \frac{P}{P_0}$$

相对压力范围为 $0.05 < x < 0.4^{[4]}$。

如果

$$\frac{C-1}{C} \approx 1$$

则线性方程的斜率 m 为

$$m \approx \frac{1}{N_m}$$

由此确定了单分子层吸附容量 N_m, 比表面积可表示为 $S = N_m N_A \sigma$, 其中, N_A 是 Avogadro 常数, σ 是分子截面积 (在一个完全覆盖的单分子层, 每个吸附态分子平均占据的面积)。以氮气 77 K 吸附为例, $\sigma(N_2) = 0.162 \text{ nm}^2$; 对于氩气 87 K 吸附, $\sigma(Ar) = 0.138 \text{ nm}^{2[4]}$。对于更普遍的情况, 有

$$\frac{C-1}{C} \approx 1$$

不成立时, 有

$$b = \left(\frac{1}{N_m C}\right), \quad m = \left(\frac{C-1}{C N_m}\right)$$

必须计算得到, 因此我们需要两个方程来求出两个未知量 N_m 及 C, 进而比表面积 S 可由前面的方法求出。

图 3.7 为氮气 77 K 在氧化硅材料上吸附数据的 BET 标绘 (0.04 < P/P_0 < 0.3), 氧化硅材料标号为 70 bs2 (见表 3.7[26]), 如前面几节指出的, BET 吸附等温线方程的拟合过程也可以通过非线性拟合的方法进行[44]。

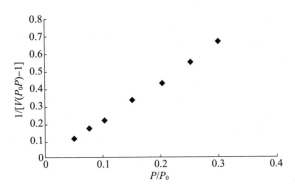

图 3.7　样品 70 bs2 氮气 77 K 数据的 BET 标绘

表 **3.7**　某些氧化硅样品及中孔 MCM-41 的 BET 比表面积 S

样品	70 bs2	68 bs1E	75 bs1	79 BS2	74 bs5	68 C	MCM-41
$S/\left(\mathrm{m}^2/\mathrm{g}\right)$	1600	1500	1400	1300	1200	320	800

注: 氧化硅材料的比表面积很高, 但是往往结构不稳定, 随着时间的变化, 由于组成材料的颗粒之间的团聚效应, 比表面积会下降[50]。

为了得到可信的结果, BET 法在使用时必须慎重[4,15,20]。仅当吸附质分子不进入吸附剂的孔隙结构, 吸附过程只发生在吸附剂的外表面时 BET 法才能适用。因此, BET 法仅适用于大孔或中孔材料 (孔直径较大) 比表面积的测试[20]。对于微孔材料, 严格地讲, BET 法不能用于比表面积的计算, 因为 BET 方程描述的是以表面覆盖为主的层式吸附, 而发生在沸石等微孔材料内的吸附主要是体积填充过程[2]。

对于中孔分子筛，孔径宽度小于 4 nm 时，BET 法似乎无法准确计算出材料的比表面积[20]。中孔分子筛孔道内，微孔填充过程对应的压力段与孔壁进行层式吸附（单分子层及多分子层）的压力段非常接近，从而造成了在 BET 法分析过程中计算出的单分子层吸附量显著偏大[20]。然而，目前 BET 法计算出的 BET 比表面积被广泛认定为表征多孔材料表面积的可重复的参数，尽管事实上在某些情况下，BET 比表面积缺乏准确的物理意义。

另外一个造成 BET 法计算误差的因素是被测试材料的表面化学特性。例如，对于氧化硅材料，吸附态的氮分子位于羟基化的材料表面[51]，分子截面积 $\sigma(N_2) = 0.162 \, nm^2$ 的结论并不总是成立的，尽管该截面积始终用来计算材料的比表面积[5]。

吸附剂质量能否准确称量也是造成 BET 法使用过程中产生计算误差的原因之一，因此，吸附剂的质量必须使用分析天平非常精心地测量[4]。

在本节最后，有必要指出，根据前面的讨论可知，在吸附试验测定材料比表面积过程中，各种不同的因素造成了测量结果的误差。事实上，多次重复测量的实验结果显示，用 BET 法通过吸附参数测试材料比表面的误差大约 20% 为[15]，对于表面积比较大的材料，其测量误差甚至达到30%[26]。

3.7　Horvath-Kawazoe 法

用来确定微孔孔分布的 Horvath-Kawazoe（HK）法由 Horvath 及 Kawazoe 于 1983 年提出[52]。该方法基于以下的思想：填充某一具体尺寸和形状的微孔，所对应的吸附质气体相对压力 $x = P/P_0$ 与吸附质和吸附剂之间的相互作用能密切关联[4]。该思想的实质是：随着吸附质气体相对压力的提高，微孔被顺序填充。更为通俗的理解是，在 HK 法中，在给定的吸附质气体相对压力下，只有孔径小于特定唯一尺度的微孔才能被填充[53]。因此，HK 法能够在低相对压下，计算微孔的孔分布。

正如前面提到的 Frenkel-Halsey-Hill 模型，熵变对自由能的贡献远小于焓变的贡献[4,53]，因而有以下的公式成立：

$$RT \ln \left(\frac{P}{P_0} \right) = U_0 + P_a \qquad (3.28)$$

式（3.28）在第 2 章 2.3.3 节已经证明。HK 法在式（3.28）的基础上，考虑了分子之间的范德华（van der Waals）作用力，并利用 Lennard-Jones（L-J）势能函数来计算[52-54]。

Halsey 及其合作者[55] 利用 6-12 L-J 势能函数计算一个吸附质分子与单一无限平面的吸附剂分子之间的相互作用势能，得到[56]

$$\varepsilon(z) = \frac{N_{AS}A_{AS}}{2\sigma^4}\left[-\left(\frac{\sigma}{z}\right)^4 + \left(\frac{\sigma}{z}\right)^{10}\right] \tag{3.29}$$

随后，Everett 和 Paul 将 Halsey[57] 及其合作者的理论拓展到了两个距离为 L 的无限网格化平面，该拓展特别适用于狭缝型孔（见图 3.8）：

$$E(z) = \frac{N_{AS}A_{AS}}{2\sigma^4}\left[\left(-\left(\frac{\sigma}{z}\right)^4 + \left(\frac{\sigma}{z}\right)^{10}\right) + \left(-\left(\frac{\sigma}{L-z}\right)^4 + \left(\frac{\sigma}{L-z}\right)^{10}\right)\right] \tag{3.30}$$

式中：N_{AS} 是单位表面积的固体分子数；L 是两个平行平面之间的距离（见图 3.8）[52]。在式（3.30）中，$\sigma = 0.858d$，其中，$d = (d_s + d_a)/2$，d_s 是吸附剂分子的直径，d_a 是吸附质分子的直径。z 是吸附剂分子和吸附质分子原子核中心之间的距离，$(L - d_s)$ 是有效孔宽，A_{AS} 是色散常数，该常数考虑到了吸附质与吸附剂之间的相互作用。常数 A_{AS} 数值的计算一般采用 Kirkwood-Muller 公式[53]：

$$A_{AS} = \frac{6mc^2\alpha_S\alpha_A}{\left(\dfrac{\alpha_S}{x_S} + \dfrac{\alpha_A}{x_A}\right)}$$

式中：m 是电子的质量；c 是光速；α_A 和 α_S 分别是吸附质分子和吸附剂分子的极化率；x_A 和 x_S 分别是吸附质分子和吸附剂分子的磁化率。

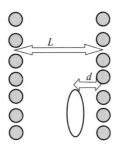

图 3.8　狭缝孔内的吸附

后来，Horvath 及 Kawazoe 指出：由于吸附质分子间的相互作用，吸附势能相应增加，因而，提出了以下的势能方程[52]：

$$\Phi(z) = \frac{N_{AS}A_{AS} + N_{AA}A_{AA}}{2\sigma^4} \left[\left(-\left(\frac{\sigma}{z}\right)^4 + \left(\frac{\sigma}{z}\right)^{19} \right) \right.$$
$$\left. + \left(-\left(\frac{\sigma}{L-z}\right)^4 + \left(\frac{\sigma}{L-z}\right)^{10} \right) \right] \tag{3.31}$$

式中：N_{AA} 是单位表面吸附的分子数，L 是两平面之间的距离（见图 3.8）[52,53]，$\sigma = 0.858d$。A_{AA} 是表征吸附质分子间相互作用力的常数，采用 Kirkwood-Muller 公式计算[53]：

$$A_{AA} = \frac{3mc^2\alpha_S x_A}{2}$$

下一步是计算平均吸附势能，可以通过对式（3.31）采用体积平均的方法求得[52-54]：

$$\xi(L) = \int_d^{L-d} \frac{\Phi(z)\mathrm{d}z}{(L-2d)}$$
$$= \left(\frac{N_{AS}A_{AS} + N_{AA}A_{AA}}{\sigma^4(L-2d)} \right)$$
$$\left(\frac{\sigma^4}{3(L-d)^3} - \frac{\sigma^{10}}{9(L-d)^9} - \frac{\sigma^4}{3d^3} - \frac{\sigma^4}{3d^3} + \frac{\sigma^4}{9d^9} \right) \tag{3.32}$$

式中：$\xi(L)$ 是通过在有效孔宽范围内积分得到的给定尺寸孔内的平均势能[52,53]；$\Phi(z)$ 是狭缝孔（见图 3.8）内的吸附势能[52,53]。

吸附势能与吸附过程中自由能变化的关系为

$$\Delta G^{\mathrm{ads}} = RT \ln \left(\frac{P}{P_0} \right)$$

从而得出[52-54]

$$RT \ln \left(\frac{P}{P_0} \right) = N_A \left(\frac{N_{AS}A_{AS} + N_{AA}A_{AA}}{\sigma^4(L-2d)} \right)$$
$$\left(\frac{\sigma^4}{3(L-d)^3} - \frac{\sigma^{10}}{9(L-d)^9} - \frac{\sigma^4}{3d^3} + \frac{\sigma^4}{9d^9} \right) \tag{3.33a}$$

式中：N_A 是 Avogadro 常数，由于使用摩尔为单位，有[53]

$$RT \ln \left(\frac{P}{P_0} \right) = U_0 + P_a = N_A \xi(L)$$

HK 法是表征微孔材料的一种工具, 可以用来估算被研究材料的孔径尺度[4,27,28,58], 为了计算孔分布, 首先计算相对压力, 即

$$x = \frac{P}{P_0}$$

用式 (3.33a) 计算出相应的孔径宽度, 随后, 利用吸附等温线数据, 可以确定某一吸附量, 即

$$x = \frac{P}{P_0}$$

下一步, 将吸附量对孔宽度进行微分, $\mathrm{d}n_a/\mathrm{d}L$, 从而得到了在微孔范围内的孔分布[27]。

表 3.8 给出了一套针对氮气和氩气作为吸附质, 炭和离子氧化物 (如沸石) 作为吸附剂的系列参数 α、λ、d 及 N_S 值[52-54,59,60], 通过 Kirkwood-Muller 公式及式 (3.33a), Horvath 及 Kawazoe 得到了下列描述氮气 77 K 在炭分子筛上吸附的相关方程[4,52]:

$$\ln\left(\frac{P}{P_0}\right) = \left(\frac{61.23}{L-0.64}\right)$$
$$\left(\frac{1.895 \times 10^{-3}}{(L-0.32)^3} - \frac{2.709 \times 10^{-7}}{(L-0.32)^9} - 0.05014\right) \quad (3.33\mathrm{b})$$

式中: L 的单位是 nm。

式 (3.33a) 也能将氧化物为吸附剂, 氮气为吸附质的相关参数代入 (见表 3.8), 对于氮气, $d = 0.36$ nm, $\alpha = 1.74 \times 10^{-24}$ cm[60]。下列方程描述氮气 77 K 在氧化物上的吸附[60]:

$$\ln\left(\frac{P}{P_0}\right) = \left(\frac{21.77}{L-0.64}\right)$$
$$\left(\frac{1.847 \times 10^{-3}}{(L-0.32)^3} - \frac{2.540 \times 10^{-7}}{(L-0.32)^9} - 0.04981\right) \quad (3.33\mathrm{c})$$

图 3.9 为 HK 法绘出的沸石 ZSM-5-5020 (Zoelyst 提供) 的微孔分布。吸附等温线是在 Quantachrome Autosorb-1 气体吸附仪上测定的, 结果用设备自带软件计算得到[27]。

从图 3.9 可以明显地看出材料微孔分布的最大概率区域与 MFI 结构框架给出的 ZSM-5 沸石晶相图显示的孔径分布结果非常吻合。

在结束本节之前, 有必要指出的是, HK 法曾被 Lastoskie 及其同事批判, 随后一个改进的 Horvath-Kawazoe 孔分布分析方法发表[61], 改进

表 3.8　物理性质参数（氮气和氩气为吸附质，炭和离子氧化物为吸附剂）

原子种类	极化率 $\alpha/(10^{-24}cm^3)$	磁化率 $\chi/(10^{-29}cm^3)$	直径 d/nm	表面密度 $N_s/(10^{18}$ 原子数$/m^2)$
氮	1.46	2.00	0.30	6.70
氩	1.63	3.25	0.34	8.52
炭	1.02	13.5	0.34	38.4
离子氧化物	2.50	1.30	0.28	13.1

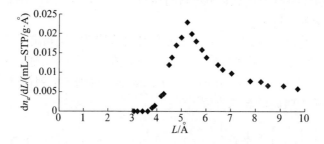

图 3.9　沸石 ZSM-5 的 Horvath-Kawazoe 微孔分布图

的 HK 法主要是考虑了温度以及流体与固体间的相互作用强度对狭缝状孔内吸附相流体密度的影响[61]。由此，采用 HK 模型可以描绘出两幅微孔内局部吸附相密度的分布图，第一幅是基于最初的 HK 法，微孔内吸附相的密度是均一的，第二幅是基于改进的 HK 法，吸附相密度分布引入了权重[61]。将采用微孔填充理论的两种 HK 法的计算结果与密度函数理论（DFT）的计算结果进行比较[60]，结果表明：采用氮气 77 K 吸附以及氩气 87 K 吸附实验数据，最初的 HK 法计算出的微孔分布结果与 DFT 的结果出乎意料的一致，令人不解的是，改进的 HK 法，虽然其描述的吸附相密度分布物理模型更加符合实际，然而该模型的计算结果与 DFT 模拟的结果存在一定的差别[60]。

参考文献

[1] Roque-Malherbe, R., *Adsorcion Fisica de Gases*, ENPES-MES, Havana, 1987; and *Fisica Quimica de las Zeolitas*, ENPES-MES, Havana, 1988.

[2] Roque-Malherbe, R., *Mic. Mes. Mat.*, 41, 227, 2000.

[3] Sing, K.S.W., Everett, D.H., Haul, R.A.W., Moscou, L., Pirotti, R.A., Rou-

querol, J., and Siemieniewska, T, *Pure App. Chem.*, 57, 603, 1985.

[4] Rouquerol, J., Rouquerol, F, and Sing, K., *Adsorption by Powder and Porous Solids,* Academic Press, New York, 1999.

[5] Dubinin, M.M., *Prog. Surf. Memb. Sci.,* 9, 1, 1975; and *American Chemical Society Symposium Series,*40, 1, 1977.

[6] Bering, B.P., Dubinin, M.M., and Serpinskii, V.V., *J. Coll. Int. Sci.,* 38, 185, 1972.

[7] Bering, B.P. and Serpinskii, V.V., *Ixv. Akad. Nauk, SSSR, Ser. Xim.,* 2427, 1974.

[8] Keller, J.U. and Staudt, R., *Gas Adsorption Equilibria: Experimental Methods and Adsorptive Isotherms,* Springer-Verlag, New York, 2004.

[9] de la Cruz, J., Rodriguez, C, and Roque-Malherbe, R., *Surface Sci.,* 209, 215, 1989.

[10] Yang, R.T., *Adsorbents, Fundamentals, and Applications,* J. Wiley & Sons, New York, 2003.

[11] Neimark, A.V. and Ravikovitch, P.I., *Mic. Mes. Mat.,* 44–45, 697, 2001.

[12] Ravikovitch, P.I. and Neimark, A.V, *Colloids Surf. A,* 187–188, 11, 2001.

[13] Thommes, M., Kohn, R., and Froba, M., *J. Phys. Chem. B,* 104, 7932, 2000.

[14] Barrer, R.M., Zeolites and Clay Minerals as Sorbents and Molecular Sieves, Academic Press, London, 1978.

[15] Gregg, S.J. and Sing, K.S.W., Adsorption Surface Area and Porosity, Academic Press, London, 1982.

[16] Ruthven, D.W., Principles of Adsorption and Adsorption Processes, Wiley, New York,1984.

[17] Rudzinskii, W., Steele, W.A., and Zgrablich, G., *Equilibria and Dynamic of Gas Adsorption on Heterogeneous Solid Surfaces,* Elsevier, Amsterdam, 1996.

[18] Loos, J.B., *Modeling of Adsorption and Diffusion of Vapors in Zeolites,* Coronet Books, Philadelphia, 1997.

[19] Fraissard, J.P., Ed., *Physical Adsortion: Experiment, Theory and Applications,* Kluwer Academic Publishers, The Netherlands, 1997.

[20] Thommes, M., in *Nanoporous Materials: Science and Engineering,* Lu, G.Q. and Zhao, X.S., Eds., Imperial College Press, London, 2004, p. 317.

[21] Rudzinski, W. and Everett, D.H., *Adsorption of Gases in Heterogeneous Surfaces,* Academic Press, London, 1992.

[22] Bansal, R.C. and Meenakshi, G., *Activated Carbon Adsorption,* CRC Press,

Boca Raton, FL, 2005.

[23] Ross, S. and Olivier, J.P., *On Physical Adsorption,* Wiley, New York, 1964.

[24] Roque-Malherbe, R. and Marquez-Linares, F, *Mat. Sci. Semicond. Proc,* 7, 467, 2004; and *Surf. Interf. Anal,* 37, 393, 2005.

[25] Roque-Malherbe, R. and Marquez-Linares, F, U.S. Provisional Patent Application No. 10/982,798, filed on November 8, 2004.

[26] Marquez-Linares, F. and Roque-Malherbe, R, *J. Nanosci. Nanotech.,* 6, 1114, 2006.

[27] Quantachrome, AUTOSORB-1, Manual, 2003.

[28] Micromeritics, ASAP 2000, Description, 1992.

[29] Halsey, G.D., *J. Chem. Phys.,* 16, 931, 1948.

[30] Young, D.M. and Crowell, A.D., *Physical Adsorption of Gases,* Butterworth, London, 1962.

[31] Hill, T.L., *An Introduction to Statistical Thermodynamics,* Dover Publications Inc.. New York, 1986.

[32] Bakaev, V.A., *Dokl. Akad. Nauk SSSR,* 167, 369, 1966.

[33] Ruthven, D.M., *A.I.Ch.E. J.,* 22, 753, 1976 and *Zeolites,* 2, 242, 1982.

[34] Dupont-Pavlovskii, M., Barriol, J., and Bastick, J., Colloques Internes du CNRS, No. 201 (Termochemie), 1972.

[35] Schirmer,W., Fiedler, K., and Stach, H,, *ACS Symposium Series,* 40, 305, 1977.

[36] Roque-Malherbe, R,, *KINAM,* 6, 35, 1984.

[37] Roque-Malherbe, R., Lemes, L., Lopez-Colado, L., and Montes, A., in *Zeolites '93 Full Papers Volume,* Ming, D. and Mumpton, FA., Eds., International Committee on Natural Zeolites Press, Brockport, New York, 1995, p. 299.

[38] Marquez-Linares, F. and Roque-Malherbe, R., *Facets-IUMRS J., 2,* 14, 2003; and 3. 8, 2004.

[39] Lippens, B.C. and de Boer, J.H., / *Catalysis* 4, 319, 1965.

[40] Gurvich, L., *J. Phys. Chem. Russ.,* 47, 805, 1915.

[41] Kiseliov, A., in *Curso de Fisica Quimica,* Gerasimov, 1.1., Ed., Editorial Mir, Moscow. 1971, p. 441.

[42] Zhujovitskii, A.A., *Kolloidzschr,* 66, 139, 1934.

[43] Shchukin, E.D., Presov, A.V., and Amelina, E.A., *Kolloidnaia Ximia,* Ximia, Moscow. 1982.

[44] Draper, N.R. and Smith, H., *Applied Regression Analysis* (third edition),

Wiley, New York, 1998.

[45] Baerlocher, C, Meier, W.M., and Olson, D.M., *Atlas of Zeolite Framework Typ"*−5th ed., Elsevier, Amsterdam, 2001.

[46] Breck, D.W., *Zeolite Molecular Sieves,* J. Wiley & Sons, New York, 1974.

[47] Roque-Malherbe, R., in *Handbook of Surfaces and Interfaces of Materials,* Vol. Nalwa, H.S., Ed., Academic Press, New York, 2001, p. 495.

[48] Dubinin, M.M., Zhukovskaya, E.F., Lukianovich, V.M., Murrdmaia, K.O., Polstiakov, E.F., and Senderov, E.E., *Izv. Akad. Nauk SSSR,* 1500, 1965.

[49] Balbuena, P.B. and Gubbins, K.E., in *Characterization of Porous Solids,* Rouquerol, I.J., Rodriguez-Reynoso, P., Sing, K.S.W., and Unger, K.K., Eds., Elsevier, Amsterdam, 1994, p. 41.

[50] Rogue-Malherbe, R., Morquez, F, dil voile, W. and Thommes, M., paper in progress.

[51] Galarneau, A., Desplantier, D., Dutartre, R., and Di Renzo, F, *Mic. Mes. Mat.,* 27, 297, 1999.

[52] Horvath, G. and Kawazoe, K., *J. Chem. Eng. Japan,* 16, 470, 1983.

[53] Rege, S.U. and Yang, R.T., in *Adsorption. Theory, Modeling and Analysis,* Toth, J., Ed., Marcel Dekker, New York, 2002, p. 175.

[54] Saito, A. and Foley, H.C., *A.I.Ch.E. J,* 37, 429, 1991.

[55] Sams, J.R., Contabaris, G,, and Halsey, G.D., *J. Phys. Chem.,* 64, 1689, 1960.

[56] Everett, D.H. and Powl, J.C., *J. Chem. Soc. Faraday Trans.,* 72, 619, 1976.

[57] Vaughan, D.E.W., Treacey, M.M.J., and Newsam, J.M., *NATO-ASI Ser. B Phys.,* 221, 99, 1990.

[58] Thommes, M., personal communication.

[59] Parent, M.A. and Moffat, J.B., *Langmuir,* 11, 4474, 1996.

[60] Dombrowski, R.J., Lastoskie, C,M,, and Hyduke, D.R., *Colloids Surf. A,* 187–188 23, 2001.

第 4 章

中孔纳米材料的表征

4.1 概述

多孔材料已广泛应用于催化、吸附、分离以及其他工业方面，其较大的比表面积能够显著提高催化、吸附和分离性能。

正如前面提到的，气体或蒸气吸附测量方法被广泛应用于多孔材料的性能评价[1-20]。第 3 章中，详细讲述了确定微孔体积、比表面积和微孔分布的方法原理。国际纯粹与应用化学联合会[2] 按照内部孔隙的宽度进行分类，中孔的孔隙尺寸为 2~50 nm，该尺寸范围应归于纳米多孔材料的范围。本章，将采用评价纳米中孔材料的基本方法，即蒸气的毛细凝聚法，来研究多孔纳米材料的中孔特征[3,6-15]。

4.2 毛细凝聚

发生在中孔内毛细凝聚现象的特点是：流体在中孔内的气液共存状态与流体在开放表面存在显著变化，即被限制在中孔内的流体，其发生凝聚的压力要低于该流体在给定温度下的饱和蒸气压。被限制在孔内流体的凝聚压力取决于孔的尺寸、形状以及流体与孔壁之间相互作用力的强度[11-15]（见图 4.1[16]）。

确切地讲，孔凝聚是一种由空间限制效应所诱导的非常规的气－液相变过程，具体而言，流体在孔内发生凝聚的压力 P，小于其饱和蒸气压 P_0[8]。发生孔凝聚的相对压力为 $x = p/p_0$，取决于流体的表面张力、流体和孔壁之间的相互作用强度、孔的几何形状和尺寸。可以认为，对于具有

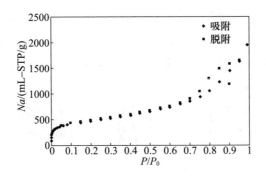

图 4.1 氮气 77 K 在高比表面硅胶样品（70 bs2）上的吸附等温线

特定形状和表面化学性质的孔，存在其孔径和凝聚压力一一对应的关系。因此，吸附等温线包含了被分析样品非常明确的孔径尺寸分布信息。

蒸气在固体孔隙中的毛细凝聚是受限流体相变的一个典型例子[12]。在给定的温度下，当多孔固体接触到湿润流体时，流体在孔内的凝聚压力低于其饱和压力。凝聚的压力与液 – 气的表面张力、流体和固体之间相互作用的引力以及孔的几何形状和尺寸有关[9;12]。毛细凝聚一个典型的特征就是在吸附等温线中存在一个台阶，对于具有均一孔分布的材料，其台阶跃升非常明显[8;9]。如图 4.2 所示，纯流体在单一尺寸圆柱形中孔上的吸附/脱附等温线，该等温线存在一个近似垂直的台阶。

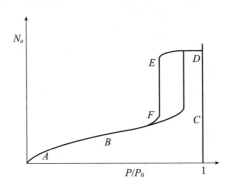

图 4.2 单一尺寸圆柱形中孔上的吸附/脱附等温线

图 4.2 描述了一个垂直的孔凝聚跃阶，但是，实际的等温线如图 4.1 所示，该等温线描述的是实际多孔材料上的吸附过程，由于实际多孔材料存在孔分布，其毛细凝聚过程的转变没有单一尺寸多孔材料那么明显。

如图 4.3 所示，在低相对压力下，中孔内的吸附机理完全类似于平面上的吸附过程。先是单分子层形成完成（图 4.3(a)）；继而开始多层吸附（图 4.4(b)）；随后，当达到临界膜厚度（图 4.3(c)）时，主要在孔的核心位置，开始发生毛细凝聚，即从状态图 4.3(c) 到 图 4.3(d) 的转变。

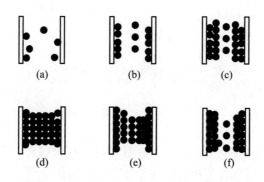

图 4.3　单一中孔材料内的多层吸附和孔凝聚

　　等温线的平台部分表现的是孔隙完全被流体填充的情况，孔内的流体与气体之间被一个半球形弯月面分开，随后，在一个低于孔凝聚压力的压力值下，经过稀疏的半月面（图 4.3(e)）发生孔蒸发（见图 4.2 和图 4.3）[8]。

　　吸附等温线滞后环结束点对应于呈膜状的多分子层吸附状态，在该状态下，孔心蒸气和主体气相处于平衡状态。在相对压力介于图 4.3(f) 和图 4.3(a) 之间时，吸附和脱附是可逆的[8]。

　　因此，当孔径约大于 5 nm 时，毛细凝聚是存在滞后现象的[12]，意思就是，随着蒸气压力的降低，发生脱附的压力要低于吸附压力。只要有足够长的平衡时间，滞后环是可以在吸附实验中再现的[12]。但是，随着孔尺寸的减小，实验中的滞后环会逐渐变窄，直至到孔径小于约 4 nm 时，滞后环消失[12]。

　　孔凝聚过程可以认为是一级相变：相变中的一个相态呈非均一的气相结构，该结构由位于孔中心区域的蒸气与孔壁处类似流体的吸附膜共同组成，且两者呈平衡状态（图 4.3(c)）；相变中的另一个相态是液体结构，即孔内充满液体的状态（图 4.3(d)）。在受限流体的临界点，这两种截然不同的相态结构将变得不十分明显（观察不到孔凝聚台阶）[8]

　　在实验中，具有狭缝形孔、圆柱形孔和球形孔（墨水瓶形状的孔）的材料，其吸附等温线可以测量到滞后环[13-15]。其中，H1 型滞后环对应的是由尺寸完全相同的圆柱形孔构成的多孔材料，以及尺寸均一的球状粒子聚合而成的多孔材料[2,3,5,8,9]（见图 4.4[2]）。孔分布不均一，微观结构无序的多孔材料, 吸附等温线滞后环呈 H2 型[2,3,5,8] (见图 4.4[2])。

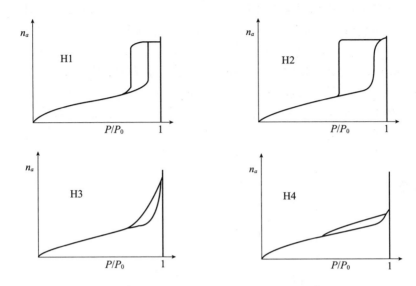

图 4.4　国际纯粹与应用化学联合会分类的吸附滞后环

　　呈 H3 型滞后环的吸附体系, 随着相对压力的升高, 吸附量不会出现极限值, 该体系对应的多孔材料是片状颗粒的松散聚合体, 孔形状为狭缝状[2,3,5,8,9] (见图 4.4[2])。H4 型滞后环, 也对应狭缝状孔, 并且其中含有微孔范围内的孔[2,3,5,8,9] (见图 4.4[2])。

　　许多材料中的孔都是相连的, 并且构成了一个三维网络结构, 对于上述材料可以采用网络模型[8,9]。网络模型的一个典型特征是: 在脱附蒸发过程中存在所谓堵孔的可能性。如果材料内部的孔与外部气体通过一个窄的缩颈 (例如墨水瓶形孔) 相连, 那么就可能发生堵孔现象[8,9]。从理论上讲, 处于热力学平衡状态下的单一孔模型, 吸附等温线中的脱附分支不会出现滞后环, 该脱附分支, 与形成 H2 型滞后环的吸附等温线的吸附分支相比, 线形更加陡峭[8]。

4.3　毛细凝聚的宏观理论

4.3.1　开尔文 – 科汉方程

　　在毛细凝聚过程中, 孔凝聚的开始阶段首先是孔壁被多层吸附膜所覆盖（见图 4.3 和图 4.4），然后，受孔中心流体分子间的作用力控制，在某一临界膜厚度 t_c，孔中心处发生孔凝聚[8]。对于常规形状和宽度的孔，例如理想的狭缝形孔或者圆柱形孔（见图 4.5），孔凝聚可以用开尔文-科汉（kelvin-Cohan）方程进行描述[17]。孔凝聚可以表示为受限流体与开放流体（气相主体）之间发生的气-液相变过程，该过程可以用宏观的物理量表示，并且这些量是可以测量的，如液体的表面张力 γ，共存状态下的液体和气体的密度 ρ_l、$\rho_g (\Delta \rho = \rho_l - \rho_g)$[8]。如图 4.5 所示，孔内厚度为 t 的多层吸附膜由于宽度足够大，因而可以被看作是吸附势能场作用范围内的一个液体平面[6.7]。

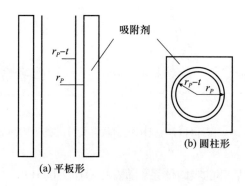

图 4.5 平板形和圆柱形孔内的孔凝聚

开尔文-科汉方程或者修正的开尔文方程源于开尔文方程，该方程主要是基于表面曲率对表面蒸气压的影响推导出来的。表面曲率的作用可以用弯曲的两相界面的压力降 ΔP 来描述，即杨-拉普拉斯（Young-Laplace）方程[7]：

$$p^{\mathrm{II}} - p^{\mathrm{I}} \gamma \left(\frac{1}{r_{\mathrm{I}}} + \frac{1}{r_{\mathrm{II}}} \right)$$

式中：γ 为表面张力；r_{I}、r_{II} 为界面的两个曲率半径（见图 4.6）。

依据热力学规律，在恒定体积下，压力的变化对物质化学势的影响为[7]

$$\Delta \mu = \int V_L \mathrm{d}P$$

式中：V_L 为流体物质的摩尔体积。如果 V_L 恒定不变，那么应用杨-拉普拉斯方程可得[7]

$$\Delta \mu = \gamma V_L \left(\frac{1}{r_{\mathrm{I}}} + \frac{1}{r_{\mathrm{II}}} \right)$$

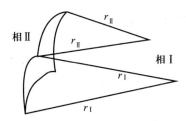

图 4.6   分离相 I 和相 II 的半径为 r_{I} 和 r_{II} 的两个界面

因为

$$\mu = \mu^0 + RT\ln(P)$$

所以

$$RT\ln\left(\frac{P}{P_0}\right) = \gamma V_L\left(\frac{1}{r_{\text{I}}} + \frac{1}{r_{\text{II}}}\right)$$

这就是开尔文方程。对于圆柱形孔,修正的开尔文方程或者开尔文–科汉方程[17] 可以表示为

$$RT\ln\left(\frac{P_A}{P_0}\right) = \frac{\gamma V_L}{r_p - t_A} \tag{4.1}$$

蒸发/脱附过程中,冷凝的液体和蒸气之间形成半球形弯月面[17],方程可表示为[11]

$$RT\ln\left(\frac{P_D}{P_0}\right) = \frac{2\gamma V_L}{r_p - t_D} \tag{4.2}$$

式中:r_p 为孔半径;$x_A = P_A/P_0$ 与 $x_D = P_D/P_0$ 分别是吸附和脱附的相对压力;γ 为表面张力;V_L 为主体相流体的摩尔体积;t_A 与 t_D 分别是在相对压力 x_A 和 x_D 时孔凝聚发生前阶段的多层吸附膜的厚度[13-15]。式 (4.1) 和式 (4.2) 对开尔文方程的修正是考虑圆柱形和球形的孔的曲率半径为其孔心半径,$r_c = r_p - t$[6-9]。

开尔文–科汉方程给出了孔径和孔凝聚压力之间的对应关系,孔凝聚的相对压力随着孔直径的增大和温度的升高而增加。开尔文–科汉方程为中孔材料结构分析的经典方法提供了理论基础,如被广泛应用的 Barret-Joyner-Halenda（BJH）方法[21]。

为了计算预吸附多层膜厚度,开尔文–科汉方程往往与标准等温线方程或 t-曲线结合使用,标准等温线方程或 t-曲线是通过测量无孔固体表面的吸附数据得到的[6-8,10,21]。通过对与待测样品表面性质类似的无孔固体上的吸附膜统计厚度,来估算待测样品预吸附多层膜的厚度[6-8,10,21]。

接下来，将详细论述 BJH 方法如何确定孔径尺寸大小的分布，正如第 2 章中所描述的，用 $\Delta V_p/\Delta D_p$ 对 D_p 作图。其中，V_p 表示孔径宽度到 D_p 的累计孔体积，单位是 cc-STP/g·Å，cc-STP 表示在标准温度和压力（273.5 K、760 Torr 或 1.01325×10^5 Pa）下的吸附量（cm^3）。孔体积用 W 表示，指吸附剂的微孔和中孔的体积之和，单位是 cm^3/g[2,3,5,8]。

如图 4.5 所示，半径为 r_p 的孔内存在一个厚度为 t 的物理吸附分子层，通常用 77 K 下氮分子吸附来表示。此厚度的吸附层内部为核心孔[6,10,21]，孔径 $r_k = r_p - t$，被称为毛细凝聚孔径，随着相对压力 $x = P/P_0$ 的减小，核心孔内发生蒸发/脱附现象。

BJH 方法以及开尔文－科汉方程理论，普遍认为：脱附过程初始阶段，相对压力接近于 1（0.9 < P/P_0 < 0.95），所有的孔均被吸附质流体充满[10,21]。因此，在脱附过程中的第一步（$j = 1$）（见图 4.7[16]）只包含毛细凝聚的消除。然而，下一步则包含部分核心孔毛细凝聚的消除和大孔内（在这些孔内凝聚已经耗尽）多层膜厚度的减小两个过程[6]。

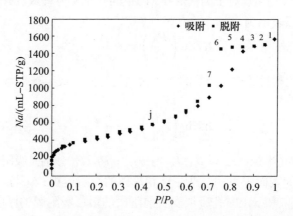

图 4.7 氮气 77 K 在高比表面硅胶样品（68 bs1E）上的吸附等温线（在 Quantachrome Autosorb-1 吸附仪上测得）（该等温线的脱附分支用于计算 BJH-PSD）

在所描述的 BJH 方法中，核心孔体积用 V_{kj} 表示，孔体积用 V_{pj} 表示，相应的孔半径分别是 r_k 和 r_p。BJH 方法一般采用氮气 77 K 吸附等温线中脱附分支的数据，在每一个脱附步骤 j，氮气的脱附量是 $\Delta n_a(j)$，在当前情况下，脱附量以液体氮的体积 $\Delta V(j)$ 表示。

如同前面所述，在脱附过程中的第一步（$j = 1$），仅通过毛细蒸发的形式脱附，并且消除的核心孔体积等于脱附的液态氮体积，即 $\Delta V_k(1) = \Delta V(1)$[6,21]。

对于第一组中孔，如果孔是圆柱形孔，那么核心孔体积 V_{k1} 与孔体积 V_p 之间的关系可以表示为[10,21]

$$V_{p1} = \frac{V_{k1}\bar{r}_{p1}^2}{\bar{r}_{k1}^2}$$

式中：$\bar{r}_{p1}$ 和 $\bar{r}_{k1}$ 分别为平均的孔半径和核心孔半径[6]。

当相对压力 x 从 $(P/P_0)_1$ 降到 $(P/P_0)_2$，将有 $\Delta V(1)$ 的体积从孔中脱附出来，该体积不仅是清空的最大孔的凝聚体积，而且还包括物理吸附层厚度减少的脱附体积，设其厚度减少 Δt_1。因此在相对压力降低的过程中，其厚度变化的平均值为 $\Delta t_1/2$[21]。那么，最大孔的孔体积可表示为[10,21]

$$V_{p1} = \Delta V(1) \left(\frac{r_{p1}}{r_{k1} + \dfrac{\Delta t_1}{2}} \right)^2$$

当相对压力 x 再降低到 $(P/P_0)_3$ 时，脱附的液体体积将包括次大孔内的凝聚体积和最大孔内剩余的物理吸附层厚度的第二次减少的体积。因此，从次大孔内脱附的体积 V_{p2} 可表示为[10,21]

$$V_{p2} = \left(\frac{r_{p2}}{r_{k2} + \dfrac{\Delta t_2}{2}} \right)^2 (\Delta V(2) - \Delta V_t(2))$$

其中

$$\Delta V(2) = \Delta V_k(2) + \Delta V_t(2)$$

从多层膜脱附出的体积为[10]

$$\Delta V_t(2) = \Delta t_2 A c_1$$

式中：Ac_1 是前一次凝聚液脱附/蒸发所裸露出来的孔的面积，在该孔表面发生了吸附气体的脱附。通过归纳分析，可以得到上述逐步脱附过程中，任何一步脱附出的多层吸附膜体积的表达式，即

$$\Delta V_t(n) = \Delta t_n \sum_{j=1}^{n-1} A c_j$$

上述方程中的加和项是指本次脱附前未被填充孔的平均面积之和，不包括本次凝聚蒸发步骤所腾空的孔[10]。将 $\Delta V_t(n)$ 的表达式代入定义 V_{p2}

的方程，可得

$$V_{pn} = \left(\frac{r_{pn}}{r_{kn} + \frac{\Delta t_n}{2}} \right)^2 \left(\Delta V(n) - \Delta t_n \sum_{j=1}^{n-1} Ac_j \right)$$

该方程即是不同相对压力下，计算孔体积的准确表达式[10,21]。

BJH 方法计算孔分布，假设在相对压力减小的过程中，孔内的凝聚液都相继蒸发，平均半径 $\bar{r}_p$ 通过开尔文 - 科汉方程计算，采用脱附分支的数据，其中相对压力 x 取上限和下限的数值。平均核心孔半径可表示为[10]

$$\bar{r}_c = \bar{r}_p - t_{\bar{r}}$$

$t_{\bar{r}}$ 可以理解为脱附过程中，一个压力间隔内，平均半径所对应的吸附层厚度，可用由下式计算[22]：

$$t(A) = \left(\frac{13.9}{\ln\left(\dfrac{p}{p_0}\right) + 0.034} \right)$$

此方程 de Boer 及其同事提出，用于估算氮气在 77 K 下吸附时的 t。

c 可由下式计算[10]：

$$c = \frac{\bar{r}_c}{\bar{r}_p} = \frac{\bar{r}_p - t_{\bar{r}}}{\bar{r}_p}$$

那么，由上述方程和 V_{pn} 方程式，就可以计算 Barret-Joyner-Halenda 孔径尺寸分布（BJH-PSD）[6,10,21]。

MCM-41 中孔分子筛的 BJH 孔径尺寸分布如图 4.8 所示，MCM-41 是有序中孔二氧化硅材料 M41S 家族中的一种，该种材料具有六边形和立方对称性结构，孔径尺寸范围 20～100Å[23]。这种材料结构有序、非晶体、具有孔壁结构等，孔径尺寸分布较窄。M41S 族类初始包括 MCM-41（六边形相）、MCM-48（立体相）、MCM-50（稳定片状相）[23]。MCM-41 是由直径均一的圆柱状孔按照六边形结构堆积而成的，其孔尺寸大小范围大约在 15～100Å 以上[23]。

虽然 BJH 方法在孔径分布的计算中广泛使用，但是有必要认识到这种方法是基于简化的对毛细凝聚过程的宏观描述，在微观层面上具有局限性[12-15]。

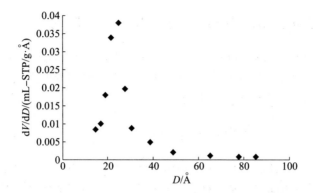

图 4.8　BJH-PSD. dV/dD（cc-STP/g·Å）对孔宽度（Å）标绘（测试材料为 MCM-41 中孔分子筛[16]。计算采用数据为 Quantachrome Autosorb-1 吸附仪上测得的氮气 77 K 吸附等温线，使用系统提供软件[10]）

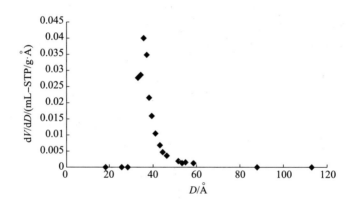

图 4.9　NLDFT-PSD. dV/dD（cc-STP/g·Å）对孔宽度（Å）标绘（测试材料为 MCM-41 中孔分子筛[16]。计算采用数据为 Quantachrome Autosorb-1 吸附仪上测得的 氮气 77 K 吸附等温线，使用系统提供软件[10]）

　　这些局限性使得该方法精确度不高，尤其是对孔径尺寸为 2~4 nm（20~40Å）的材料[13,14]。从图 4.8 和图 4.9 的对比可以明显看出，BJH 方法与非局部密度函数理论方法相比，对孔径尺寸低估大约 1 nm（10Å）[13,14]。因此，有必要采用一些更为精确的方法，本书将在下面章节，尤其是 4.4 节中进行介绍[12-15]。

4.3.2 Derjaguin-Broeckhoff-de Boer 理论

Derjaguin-Broeckhoff-de Boer（DBdB）理论与 Derjaguin 方法相似[15]。根据 DBdB 理论，在半径为 r_p 的圆柱形孔内，吸附膜的平衡厚度 t 取决于毛细凝聚和分离压之间的平衡[19]：

$$RT \ln \left(\frac{P_0}{P} \right) = \Pi(t)V_L + \frac{\gamma V_L}{r_P - t} \tag{4.3}$$

式中：P 为平衡吸附压力；P_0 为在吸附实验温度下吸附质的饱和蒸气压；γ 和 V_L 分别是表面张力和液体的摩尔体积；$\Pi(t)$ 为吸附膜的分离压。需要指出的是，如果忽略分离压，可以得到球形界面的凯尔文 – 科汉方程。

式 4.3 也可以表示为气体和吸附相之间化学势的差别[8]：

$$\Delta\mu = \Delta\mu_a + \Delta\mu_c$$

式中：第一项 $\Delta\mu_a$ 与多层吸附有关，此项决定了多层吸附过程。然而，当吸附膜变厚时，吸附势能就变得不那么重要了。随后，$\Delta\mu$ 实际上完全由曲面的贡献 $\Delta\mu_c$ 控制，即前面所述的拉普拉斯项（见 4.3.1 节），对于圆柱形孔可以表示为[7]

$$\Delta\mu_c = \frac{\gamma V_L}{r_p - t}$$

另一方面[18,19]，$\Delta\mu_a = \Pi(t)V_L$，Π 是基于分离压概念的关系式，由 Derjaguin 在 1936 年提出，可以利用下式得出[7]：

$$\Delta\mu = \int V_L \mathrm{d}P$$

在 DBdB 方法中，分离压 $\Pi(t)$ 是由流体分子与固体分子间相互作用之和引起的，也就是说，此压力等同于吸附场的作用。在引力势能起主导作用的情况下，如同前面所研究的 Frenkel-Halsey- Hill(FHH)（见第 3 章，3.4 节），有[20]

$$\Pi(t) \propto \frac{1}{t^m}$$

Dubinin 和其同事提出，在无孔氧化物上，标准的氮气 77.4 K 吸附等温线以 FHH 形式可表示为[13]

$$\ln \left(\frac{P_0}{P} \right) = \frac{\Pi(t)V_L}{RT} = \frac{C}{t^m} \tag{4.4}$$

式中：参数 $C = 44.54$，$m = 2.241$，得出 t 的单位是 Å[13]。

对于稳态的湿润膜，Derjaguin 和其同事早期提出[13]

$$\left(\frac{\mathrm{d}\Pi(t)}{\mathrm{d}t}\right) < 0 \tag{4.5}$$

假设在吸附过程中，等温线所绘出的是亚稳态吸附膜的一个序列，并且当膜的厚度达到稳态的极限值时就会发生毛细凝聚。亚稳态膜的临界厚度可以由下式测定[18]：

$$-\left(\frac{\mathrm{d}\Pi(t)}{\mathrm{d}t}\right)_{t=t_\alpha} = \frac{\gamma}{(\gamma_P - t_{\text{critical}})^2} \tag{4.6}$$

式中：t_{critical} 为临界吸附膜厚度参数，可以确定稳态吸附膜的极限值[13,15]。因此，圆柱形孔内的毛细凝聚条件可由式 (4.3) 和式 (4.6) 来确定[13]。

圆柱形毛细孔内的脱附由弯月面的形成条件来决定，可由修改后的凯尔文 – 科汉方程，也被认为是 Derjaguin 方程给出[18]：

$$RT\ln\left(\frac{P}{P_0}\right) = \frac{2\gamma V_L + \dfrac{2V_L}{(r_P - t_e)^2}\displaystyle\int_{t_e}^{r_P}(r_P - t)^2\Pi(t)\mathrm{d}t}{r_P - t} \tag{4.7}$$

式中：t_e 是与由式 (4.3) 得出的弯月面处于平衡状态的吸附膜的厚度。因此，脱附条件可由式 (4.3) 和式 (4.7) 来确定。

如同前面所讲，孔内的膜厚不可能无限制地扩展。多层吸附膜的稳定性由远程范德华力、表面张力以及液 – 气界面的曲率所决定[8,13]。化学势能的差别，$\Delta\mu$ 为 $\Delta\mu = \Delta\mu_a + \Delta\mu_c$。当吸附膜变厚时，吸附势能将变得不那么重要，$\Delta\mu$ 基本完全由曲面的 $\Delta\mu_c$ 来决定。在一定的临界厚度 t_{critical} 时，在孔的核心将发生孔凝聚，该过程取决于核心孔内流体分子间作用力[8,13]。

有必要说明的是，DBdB 法还没有像 BJH 法那样受到广泛接受，BJH 法已经在主要的商业自动化表面积和孔隙分析仪中得到应用。

4.3.3 描述多层吸附及孔凝聚的宏观理论的一些结论性评述

描述孔凝聚及滞后机理的 BJH 理论[18,19] 和 Saam-Cole 理论[24]，如图 4.3 所示[8,13,15]。这里不再赘述，这些理论均考虑了吸附势对吸附平衡和多层吸附膜稳定性的影响[8,13,15]，上述理论预测，随着实验温度的降低，吸附剂和被吸附质之间的相互作用强度会增加，以及随着吸附剂孔径尺寸的缩小，孔凝聚的相对压力降低，这些结论和实验研究是相符的[8,13]。

许多研究致力于通过考虑孔壁曲率的影响进而修正 DBdB 理论，尤其是在孔径较小时，其影响更加明显[13]。一些学者对液 – 气表面张力提出修正，进一步的研究工作通过计算液 – 固势能来解释表面曲率的作用[13]。然而，只有非均相流体密度函数理论能够在分子层面和宏观方法之间搭建桥梁[13]。

宏观理论没有描述临界区域的特征[8,13,15,]。凯尔文 – 科汉理论认为，孔凝聚是在孔核心处两个均一的气相和液相之间的气 – 液相变，其中的密度差是共存的气液两相之间的密度差，$\Delta\rho = \rho_l - \rho_g^{[8]}$。也就是说，孔凝聚和滞后作用发生在主体相的临界点，即 $\Delta\rho = 0$。相反，微观方法，例如密度函数理论[12-15] 和其他的一些微观方法[8] 认为，单一孔内的受限流体可存在两个不同的密度剖面，相当于在孔内形成了非均一的气相和液相结构[8,12-15]。

4.4　密度函数理论

4.4.1　密度函数理论简介

与经典的热力学方法相比，分子模型例如密度函数理论对孔内相变过程给出了更加综合和全面的表征[11-15,25-43]。如第 1 章 1.10 节所述，密度函数理论中基本的可变因素是单粒子密度 $\rho(\overline{r})$。对于浸没在一个外部势能场 U_{ext} 内的多粒子典型体系（例如：处于孔内的受限流体，该流体处于吸附势能场内），体系的势能函数 $\Omega[\rho(\overline{r})]$ 可表示为巨势能函数 $\Omega = \Omega[\overline{\rho}(\overline{r})]$，当 $\rho(\overline{r}) = \overline{\rho}(\overline{r})$ 为平衡密度时，该函数可以用如下的唯一密度函数来定义[26,27]：

$$\Omega[\rho(\overline{r})] = F[\rho(\overline{r})] - \int d\overline{r}\rho(\overline{r})[\mu - U_{\text{ext}}(\overline{r})] \tag{4.8}$$

式（4.8）是通过对 $F[\rho(\overline{r})]$ 进行 Legendre 变换得到的（见附录 1.1），$F[\rho(\overline{r})]$ 在第 1 章 1.10 节中已经被定义为内在亥姆霍兹自由能[26]，其中 μ 是所研究体系的化学势能。做下列定义，简化式（4.8）：

$$\mu(\overline{r}) = \mu - U_{\text{ext}}(\overline{r}) \tag{4.9}$$

那么：

$$\Omega[\rho(\overline{r})] = F[\rho(\overline{r})] - \int d\overline{r}\rho(\overline{r})\mu(\overline{r}) \tag{4.10}$$

基态分子的势能以及其他所有性能是由体系的基态电子概率密度唯一决定的。因此，对于一个经典粒子数 N 的热力学体系，真实的平衡密度 $\bar{\rho}(\bar{r})$，可以由欧拉－拉格朗日方程（见附录 1.4）确定。那么，必须要确定函数 $\Omega[\rho(\bar{r})]$ 的最小值，即

$$\frac{\delta\Omega[\rho(\bar{r})]}{\delta\rho(\bar{r})} \tag{4.11}$$

即 $\bar{\rho}(\bar{r})$ 是式（4.11）的解，这里 $\dfrac{\delta}{\delta\rho(\bar{r})}$ 表示函数导数（见附录 1.4）。现由式（4.8）和式（4.11）可得[26,27]

$$u(\bar{r}) = \mu - U_{\text{ext}}(\bar{r}) = \frac{\delta F[\rho(\bar{r})]}{\delta\rho(\bar{r})} \tag{4.12}$$

这就是最小值的条件。

为了得出 $\bar{\rho}(\bar{r})$，按照解决统计力学问题的通常做法，简化研究体系的构成。那么，对于一个非均匀密度分布的经典流体，固有亥姆霍兹自由能函数可表示为[26,39]

$$F[\rho(\bar{r})] = F_{\text{id}}[\rho(\bar{r})] + F_{\text{ex}}[\rho(\bar{r})] \tag{4.13}$$

其中

$$F_{\text{id}}[\rho(\bar{r})] = kT \int \mathrm{d}\bar{r}\rho(\bar{r})\left\{\ln\left(\rho(\bar{r})\Lambda^3\right) - 1\right\} \tag{4.14}$$

是在无相互作用粒子体系下得出的理想气体自由能函数，其中

$$\Lambda = \left(\frac{h^2}{2\pi mkT}\right)^{1/2}$$

是热波长。在式（4.13）中，$F_{\text{ex}}[p]$ 表示经典体系的过剩自由能。

定义[26,27]

$$c^1(\bar{r}) = \frac{\delta[\beta F_{\text{ex}}\rho(\bar{r})]}{\delta\rho(\bar{r})} \tag{4.15}$$

由经典 N 颗粒体系的变分原理方程，可以确定密度抛面满足[26,27,39]

$$\rho(\bar{r}) = \Lambda^{-3}\left[-exp(\beta\mu)\right]\left[\exp - \left(\beta U_{\text{ext}} + c^1(\bar{r}, \rho(\bar{r}))\right)\right] \tag{4.16}$$

式中：$c^1(\bar{r})$ 也是 $\rho(\bar{r})$ 的函数；$\beta = 1/kT$。当 $c^1(\bar{r}) = 0$ 时（在理想气体状态时），此方程可简化为外部势能场存在下的符合气压定律的密度分布。

下面，进一步简化研究体系的构成，过剩固有亥姆霍兹能可以分解为短程排斥力和长程吸引力两方面的贡献，即[39]

$$F_{\text{ex}}[p(\bar{r})] = F_{\text{rep}}[p(\bar{r})] + F_{\text{att}}[p(\bar{r})] \tag{4.17}$$

4.4.2 孔分布的计算

本书中，重点对氮气和氩气在狭缝形孔[32,33]、圆柱形孔[13,14] 和球形孔[15] 内的毛细凝聚和脱附进行模拟研究。在计算狭缝形孔、圆柱形孔和球形孔的孔分布时，实验测得的吸附等温线可以视为各种单一孔的理论等温线加和。理论等温线可以由 DFT 方法得出[12-15,33,43]。也就是说，实验等温线能够通过积分各单一孔等温线与 PSD 的乘积而得到，尤其是 Fredholm 型积分方程：

$$N_{\exp}\left(\frac{P}{P_0}\right) = \int_{D_{\min}}^{D_{\max}} N_V^{\mathrm{ex}}\left(D, \frac{P}{P_0}\right) \varphi_V(D)\, \mathrm{d}D \qquad (4.18\mathrm{a})$$

式中：$N_V^{\mathrm{ex}}\left(D, \dfrac{P}{P_0}\right)$ 是不同直径孔的理论等温线；$\varphi_V(D)$ 是 PSD 的函数[8,10,12-15,40]，D 是孔直径。利用不同的理论等温线，可以从实验等温线中计算PSD[10,12-15]。从实验等温线函数 $N_{\exp}\left(\dfrac{P}{P_0}\right)$ 中得出孔分布，首先需要利用 $\bar{\rho}(\bar{r})$ 计算 $N_V^{\mathrm{ex}}\left(D, \dfrac{P}{P_0}\right)$，$\bar{\rho}(\bar{r})$ 将在下文进行阐述。那么，积分方程可以表示为在不同尺度范围内呈对数分布的孔构成的矩阵方程[10]。例如，具体的计算过程中，借助于 γ 分布，利用累加模式可以展开 $\varphi_V(D_{\mathrm{in}})$，如下式[37,40]：

$$\varphi_V(D) = \sum_{i=1}^{m} \frac{\alpha_i\,(\gamma_i, D)^{\beta_i}}{\Gamma(\beta_i)\,D}\,(\exp[-\gamma_i D])$$

式中：m 是累加分布函数的数量；$\Gamma(\beta_i)$ 是 γ 函数[44]；αi、βi、γi 是可调参数，表示第 i 个分布函数的幅度、平均值和方差。然后，采用多重线性最小二乘方法[45]，通过与实验等温线数据的拟合，得到 PSD 函数中的各个参数，从而确定 PSD 及 $\varphi_V(D)$[40]。

4.4.3 描述狭缝形孔、圆柱形孔和球形孔内吸附的非局部密度函数理论

这里将采用 Evans 和 Tarazona 提出的非局部密度函数理论（NLDFT）模型[28,34] 来求解 $\bar{\rho}(\bar{r})$。研究结果表明，该模型得出的结果是可靠的，其结果与常规情况下不同模型体系的分子模拟及吸附实验数据在定量上是一致的[12-15,35-37]。

在 NLDFT 方法中,假设每个单独的孔都有一个稳定的几何结构,孔开口并且和主体吸附质流体相接触,吸附和脱附等温线可基于流体 – 流体和固体 – 流体分子间相互作用的势能来计算。化学势能 μ、体积 V 和温度 T 不变的情况下,吸附在孔内的吸附质的局部密度可由巨热力学势能 Ω 的最小化来确定[12–15,32,33]。NLDFT 过程认为孔内吸附的流体与主体气相处于平衡状态。化学势能、体积和温度不变,存在随空间变化的外部势能 U_{ext} 时,孔内吸附质的局部密度可由巨势能的最小化来确定[12–15,32,39,40]:

$$\Omega\left[\rho\left(\overline{r}\right)\right] = F_{\mathrm{id}}\left[\rho\left(\overline{r}\right)\right] + F_{\mathrm{rep}} + F_{\mathrm{att}}\left[\rho\left(\overline{r}\right)\right] - \int \mathrm{d}\overline{r}\rho\left(\overline{r}\right)\left[\mu - U_{\mathrm{ext}}\left(\overline{r}\right)\right] \quad (4.18\mathrm{b})$$

如前所述,式(4.18b)中,内能可分为有精确表达式的理想气体自由能 $F_{\mathrm{id}}^{[27,28,39]}$,以及考虑粒子间相互作用的过剩自由能 F_{ex}。F_{ex} 项由两部分组成,第一部分 F_{rep} 表示分子间的斥力,通常采用硬球作为参照系,那么 $F_{\mathrm{rep}} = F_{\mathrm{HS}}$;第二部分 F_{att} 是由于分子间引力的相互作用产生的[39,41–43],这里,F_{att} 是由于 Lennard-Jones(LJ)引力相互作用产生的平均自由能[13–15,28,32,39,41–43]。

考虑到斥力,可以应用一些用于硬球流体的函数,其中包括所谓的加权密度近似[31]、基本测量理论[36]、平滑密度近似[28,34]。平滑密度近似是由 Evans、Tarazona 和其合作者们共同发展起来的,几乎应用于目前所有的求解孔径尺寸特征的 NLDFT 方法。硬球体系的自由能可由下式计算[32]:

$$F_{\mathrm{rep}}\left[\rho\left(\overline{r}\right)\right] = F_{\mathrm{HS}}\left[\rho\left(\overline{r}\right)\right] = kT \int \rho\left(\overline{r}\right)\mathrm{d}\overline{r} f_{\mathrm{ex}}\left[\overline{\rho}\left(\overline{r}\right)\right] \quad (4.19)$$

其中,硬球直径 d_{HS} 为[43]

$$d_{\mathrm{HS}} = \int\limits_0^\sigma \left\{1 - \exp\left[-\beta\mu_{\mathrm{exp}}(r)\right]\right\}\mathrm{d}r$$

每个分子的过剩自由能 $f_{\mathrm{ex}}\left[\overline{\rho}\left(\overline{r}\right)\right]$ 为[32,36,37]

$$f_{\mathrm{ex}}\left[\overline{\rho}\left(\overline{r}\right)\right] = \mu\left[\overline{\rho}\left(\overline{r}\right)\right] - \frac{p\left[\overline{\rho}\left(\overline{r}\right)\right]}{\overline{\rho}\left(\overline{r}\right)} - kT\left\{\ln\left[\varLambda^3\overline{\rho}\left(\overline{r}\right)\right] - 1\right\}$$

在前面的方程中,$\mu\left[\overline{\rho}\left(\overline{r}\right)\right]$ 和 $P\left[\overline{\rho}\left(\overline{r}\right)\right]$ 分别表示化学内能和压强,对于均一硬球流体,$\overline{\rho}\left(\overline{r}\right)$ 为平滑密度曲线。引入到 $f_{\mathrm{ex}}\left[\overline{\rho}\left(\overline{r}\right)\right]$ 函数中的平滑密度曲线定义如下[28,34]:

$$\overline{\rho}\left(\overline{r}\right) = \int \mathrm{d}\overline{R}\rho\left(\overline{R}\right)W\left(\left|\overline{r} - \overline{R}\right|, \overline{\rho}\left(\overline{r}\right)\right) \quad (4.20)$$

式中：$W\left(\left|\overline{r}-\overline{R}\right|,\overline{\rho}\left(\overline{r}\right)\right)$ 为考虑到非局部作用的权重函数[28]。平滑密度或加权密度近似方法的用意是：在一个由原子间相互作用力决定的局部体积内，构建一个平滑密度函数 $\overline{\rho}\left(\overline{r}\right)$，用来表示真实密度分布 $\rho\left(\overline{r}\right)$ 的平均值。目前，已提出了几种加权函数来研究受限流体[27]，Tarazona 用平滑密度指数展开的形式来处理权重函数，二级截尾展开为[28,34]

$$W_{\text{nonlocal}}\left(\left|\overline{r}-\overline{R}\right|\right) = W_0\left(\left|\overline{r}-\overline{R}\right|\right) + W_1\left(\left|\overline{r}-\overline{R}\right|\right)\overline{\rho}\left(\overline{r}\right) + W_2\left(\left|\overline{r}-\overline{R}\right|\right)\overline{\rho}\left(\overline{r}\right)^2$$

$$(4.21)$$

展开系数，W_0、W_1 和 W_2 分别是[28,34]

$$W_0(r) = \frac{3}{4\pi\sigma^3}, \quad r < \sigma$$
$$W_0(r) = 0, \quad r > \sigma$$
$$W_1(r) = 0.475 + 0.648\left(\frac{r}{\sigma}\right) + 0.113\left(\frac{r}{\sigma}\right)^2, \quad r < \sigma$$
$$W_1(r) = 0.288\left(\frac{r}{\sigma}\right) - 0.924 + 0.764\left(\frac{r}{\sigma}\right) - 0.187\left(\frac{r}{\sigma}\right)^2, \quad \sigma < r < 2\sigma$$
$$W_1(r) = 0, \quad r > \sigma$$

和

$$W_2(r) = \left(\frac{5\pi\sigma^3}{144}\right)\left(6 - 12\left(\frac{r}{\sigma}\right) + 5\left(\frac{r}{\sigma}\right)^2\right), \quad r < \sigma$$
$$W_2(r) = 0, \quad r > 2\sigma$$

式中：$r = \left|\overline{r}-\overline{R}\right|$。

通常采用 Carnahan-Starling 状态函数[46] 计算硬球过剩自由能，即

$$P_{\text{HS}}\left[\overline{\rho}\right] = \overline{\rho}kT\left(\frac{1+\overline{\xi}+\overline{\xi}^2-\overline{\xi}^3}{\left(1-\overline{\xi}\right)^3}\right)$$

$$\mu_{\text{HS}}\left[\overline{\rho}\right] = kT\left[\ln\left(\Lambda^3\overline{\rho}\right) + \left(\frac{8\overline{\xi}-9\overline{\xi}^2+3\overline{\xi}^3}{(1-\overline{\xi})^3}\right)\right]$$

式中：$\overline{\xi} = \frac{\pi}{6}\overline{\rho}d_{\text{HS}}^3$。硬球直径可借助于 Barker-Handerson 直径[47] 和下式计算：

$$\frac{d_{\text{HS}}}{\sigma_{\text{ff}}} = \frac{\dfrac{\eta_1 kT}{\varepsilon_{\text{ff}}} + \eta_2}{\dfrac{\eta_3 kT}{\varepsilon_{\text{ff}}} + \eta_4}$$

式中：拟合参数 $\eta_1 = 0.3837$，$\eta_2 = 1.305$，$\eta_3 = 0.4249$，$\eta_4 = 1$[37]。

另外

$$F_{\text{att}}[\rho(\bar{r})] = \frac{1}{2} \iint d\bar{r} d\bar{r}' \rho(r) \rho(\bar{r}') \, \Phi_{\text{attr}}(|\bar{r} - \bar{r}'|) \tag{4.22}$$

式中: 流体 – 流体引力势能 Φ_{attr} 可根据 Weeks-Chandler-Andersen (WCA) 方法计算, 即[48]

$$\Phi_{\text{attr}}(|\bar{r} - \bar{r}'|) = \phi_{\text{ff}}(|\bar{r} - \bar{r}'|), \quad (|\bar{r} - \bar{r}'|) > r_m \tag{4.23a}$$

$$\Phi_{\text{attr}}(|\bar{r} - \bar{r}'|) = -\varepsilon_{\text{ff}}, \quad (|\bar{r} - \bar{r}'|) < r_m \tag{4.23b}$$

式中: $r_m = 2^{1/6}\sigma_{\text{ff}}$, ϕ_{ff} 为质量中心相距为 r 的一对吸附质分子间的 Lennard-Jones 势能, 即[37,43]

$$\phi_{\text{ff}} = 4\varepsilon_{\text{ff}} \left[\left(\frac{\sigma_{\text{ff}}}{r}\right)^{12} - \left(\frac{\sigma_{\text{ff}}}{r}\right)^{6} \right] \tag{4.24}$$

式中: r 为分子对之间的距离; 参数 σ_{ff} 和 ε_{ff} 分别为 Lennard-Jones 分子直径和吸附质分子间势能的阱深。r_m 反映的是流体 – 流体 Lennard-Jones 12-6 势能方程的最小值[32,37,43]。

孔壁施加给吸附质的外部势能主要取决于孔的几何模型以及吸附质的化学组成, 现在, 计算吸附质 – 吸附剂之间的外部势能。

对于球形二氧化硅孔, 固体 – 流体势能 $U_{\text{ext}}(r)$ 是半径为 R 的球形腔壁内最外层氧原子与孔内流体分子之间的 lennard-Jones 相互作用力的结果, 半径 R 的测量距离为球心到孔壁第一层原子中心的距离。与孔壁距离 x 处的内能可由球形表面的 lennard-Jones 12-6 势能积分得出[15]

$$U_{\text{ext}}(x, R) = 2\pi\rho_s^o \varepsilon_{\text{sf}} \sigma_{\text{sf}}^2 \left\{ \frac{2}{5} \sum_{j=0}^{9} \left(\frac{\sigma_{\text{sf}}^{10}}{R^j x^{10-j}} + (-1)^j \frac{\sigma_{\text{sf}}^{10}}{R^j(x-2R)^{10-j}} \right) \right.$$

$$\left. - \sum_{j=0}^{3} \left(\frac{\sigma_{\text{sf}}^4}{R^j x^{4-j}} + (-1)^j \frac{\sigma_{\text{sf}}^4}{R^j(x-2R)^{4-j}} \right) \right\} \tag{4.25a}$$

式中: ε_{sf} 和 σ_{sf} 分别是势能的能量和比例参数; ρ_s^o 是孔壁单位面积的氧原子数或称为氧表面密度。计算式 (4.23a)、式 (4.23b) 和式 (4.24)、式 (4.25a) 用到的吸附质 – 吸附质、吸附质 – 吸附剂间的分子作用势能参数可以通过表 4.1 及表 4.2 得到[13,50-52]。

在两个相同炭板之间、物理宽度为 H (图 4.10) 的狭缝形孔内, 外部势能 U_{ext} 仅取决于空间坐标 z (图 4.10), 计算如下[44]:

$$U_{\text{ext}}(z) = \phi_{\text{sf}}(z) + \phi_{\text{sf}}(H - z)$$

被吸附物质与其中之一的有限平板间相互作用的势能 ϕ_{sf}，在平板为石墨层的情况下，可以通过 Steel 势能方程进行很好的描述[53]：

$$\phi_{\text{sf}} = 2\pi\rho_s\varepsilon_{\text{sf}}\sigma_{\text{sf}}^2\Delta\left[\frac{2}{5}\left(\frac{\sigma_{\text{sf}}}{z}\right)^{10} - \left(\frac{\sigma_{\text{sf}}}{z}\right)^4 - \left(\frac{\sigma_{\text{sf}}^4}{3\Delta\left([z + 0.61\Delta]^3\right)}\right)\right] \quad (4.25\text{b})$$

式中：ε_{sf} 和 σ_{sf} 是吸附质分子与多孔固体内碳原子相互作用的 Lennard-Jones 参数；$\rho_s = 0.114\text{Å}^{-3}$，为石墨的原子体积密度；$\Delta = 3.34\text{Å}$ 是石墨层间距[38]。表 4.1 和表 4.2[13,50-52] 列出的是吸附质与吸附质、吸附质与吸附剂分子间的势能参数，是计算式（4.23a）、式（4.23b）、式（4.24）和式（4.25b）的必要参数。有必要指出的是 $\rho_s \times \Delta = \rho_s^C$，即 $0.114\text{Å}^{-3} \times 3.34\text{Å} = 0.381\text{Å}^{-2} = 3.81 \times 10^{19}$ m^{-2}，为孔壁单位面积的碳原子数，或称为碳表面密度。

表 4.1 吸附质 – 吸附质分子间相互作用势能参数

气体	$\varepsilon_{\text{ff}}/k$/K	σ_{ff}/nm	d_{Hs}/nm
氮气	94.45	0.3575	0.3575
氩气	118.05	0.3305	0.3380

表 4.2 吸附质 – 吸附剂分子间相互作用势能参数

气/固	$\varepsilon_{\text{ff}}/k$/K	σ_{ff}/nm	表面密度
氮气/碳	53.22	0.3494	碳：$\rho_s^C = 3.819 \times 10^{19}$ m^{-2}
氮气/二氧化硅	147.3	0.3170	二氧化硅：$\rho_s^C = 1.53 \times 10^{19}$ m^{-2}
氩气/二氧化硅	171.24	0.3000	二氧化硅：$\rho_s^C = 1.53 \times 10^{19}$ m^{-2}

具有一定宽度和几何结构的孔，通过对平衡吸附质密度分布曲线的求解，能够构建其理论吸附等温线。对一定化学势能 (μ) 范围内的吸附流体，巨势能函数方程的最小化可以确定吸附流体的密度分布曲线，即平衡密度分布，其满足方程

$$u\left(\overline{r}\right) = \mu - U_{\text{ext}}\left(\overline{r}\right) = \frac{\delta F\left[\rho\left(\overline{r}\right)\right]}{\delta\rho\left(\overline{r}\right)}$$

$$= \frac{\delta(F_{\text{id}} + F_{\text{HS}})}{\delta\rho} + \frac{\delta\left\{(1/2)\iint \mathrm{d}\overline{r}\cdot\mathrm{d}\overline{r}''\rho\left(\overline{r}\right)\rho\left(\overline{r}'\right)\Phi_{\text{atr}}\left(\left|\overline{r} - \overline{r}'\right|\right)\right\}}{\delta\rho}$$

引入式 (4.14) 和式 (4.19)，可得

$$\mu - U_{\text{ext}}\left(\overline{r}\right) = kT\ln(\Lambda^3\rho\left(\overline{r}\right)) + \frac{\delta\left\{kT\int\rho\left(\overline{r}\right)f_{\text{ex}}[\overline{\rho}\left(\overline{r}\right)]\mathrm{d}\overline{r}\right\}}{\delta\rho}$$
$$+ \frac{\delta\left\{(1/2)\iint\mathrm{d}\overline{r}\cdot\mathrm{d}\overline{r}''\rho\left(\overline{r}\right)\rho\left(\overline{r}'\right)\Phi_{\text{atr}}\left(|\overline{r}-\overline{r}'|\right)\right\}}{\delta\rho} \quad (4.26)$$

式 (4.26) 是一个隐性表达式，通过求解其反函数，可以得到吸附质密度分布曲线，该密度分布由系统和粒子的化学势、引力、外部势能以及几何结构等因素决定。欧拉 – 拉格朗日方程 (式 (4.26)) 的求逆，需要计算一系列的卷积积分，例如：

$$\int f(\overline{r})\phi(|\overline{r}-\overline{r}'|)\mathrm{d}\overline{r}$$

式中：$\phi(|\overline{r}-\overline{r}'|)$ 是任意的各向同性的核函数；$f(\overline{r})$ 是任意函数[53]。这些卷积积分的求逆取决于实际孔的对称性，通常把问题简化成一维的情况，例如像狭缝形、圆柱形和球形孔的几何结构。通过重复性一维积分计算这些卷积，利用高斯求积[44] 来提高数值计算的速度[53]。如果考虑，例如[44]：

$$g(x) = \int \phi(z-x)f(z)\mathrm{d}z$$

此积分理论上可以通过高斯求积方法进行计算，那么，数值求积可以通过求总和替代积分，即

$$g\left(x_i\right) = \sum_{k=1}^{n} B_k\phi(z_k-x_i)f\left(z_k\right)$$

或者以矩阵形式：

$$g_i = \sum_{k=1}^{n} \boldsymbol{B}_{ik}f_k$$

转置矩阵 $\boldsymbol{B}_{ik}$ 可得

$$f\left(x_k\right) = f_k = \sum_{i=1}^{n} \boldsymbol{B}_{ki}^{-1}g_i$$

可以对未知函数 $f(x)$ 进行数值计算。

对于单一狭缝形孔[43]，过剩吸附量为

$$N_V^{\text{ex}}\left(H, \frac{P}{P_0}\right)$$

是不同直径狭缝形孔的理论等温线的核函数：

$$N_V^{\text{ex}}\left(H, \frac{P}{P_0}\right) = \frac{1}{H}\int_0^H \left(\rho(z) - \rho_{\text{bulk}}\right)\mathrm{d}z \tag{4.27}$$

式中：$\rho(z)$ 为密度分布函数，即化学势范围内，通过吸附流体巨势能函数的最小化而求得；ρ_{bulk} 为在一定相对压力 P/P_0 和化学势 μ 下的主体相的气体密度；H 和 z 的含义如图 4.10 中解释。

　　对于圆柱形孔，密度分布函数 $\rho(r)$ 呈圆柱形对称，在一定的化学势范围内，$\rho(r)$ 由吸附流体巨势能函数的最小化得到。对于这样一个圆柱形对称密度分布 $\rho(r)$，其中 r 为距孔中心的圆柱形坐标，圆柱形孔单位面积上的过剩吸附可由下式计算[13,14]：

$$N_V^{\text{ex}}\left(D, \frac{P}{P_0}\right) = \frac{2}{D}\int_0^{D/2} \rho(r)r\mathrm{d}r - \frac{D_{\text{in}}}{4}\rho_{\text{bulk}}$$

式中：ρ_{bulk} 为在一定相对压力 P/P_0 下的主体相气体密度；$D_{\text{in}} = D - \sigma_{\text{ss}}$ 为内孔直径，是由圆柱孔直径 D，即孔壁层上的原子中心之间的距离，减去原子的有效直径得到的。

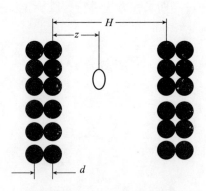

图 4.10　狭缝形孔的示意图

　　球形孔情况（特别是墨水瓶形孔，认为其球形腔体通过狭窄的圆柱形瓶颈窗口与外部连接），其密度分布 $\rho(r)$ 球形对称，其中 $r = R - x$ 为径向坐标系中任意一点与孔中心的距离，这种情况下，单位内孔体积的过剩

吸附量为[15]

$$N_V^{ex} = \frac{3\int_0^R \rho(r)r^2 \mathrm{d}r}{\left(R - \dfrac{\sigma_{oo}}{2}\right)^3} - \rho_{bulk}$$

式中：$\sigma_{oo}/2$ 为孔壁原子的有效半径；ρ_{bulk} 为在一定相对压力 P/P_0 下的主体气体密度。下文提到的孔直径是指内孔直径，$D_{in} = 2R = \sigma_{oo}$，当表示为单位长度，或者吸附质分子直径的倍数时，可表示为 $2R/\sigma_{ff}$。

如前所述，整体吸附等温线 $N_{exp}\left(\dfrac{P}{P_0}\right)$ 为实验等温线，是单孔等温线的积分与孔径尺寸分布 $\varphi_V(D)$ (PSD) 的乘积，即[41]

$$\int_{D_{min}}^{D_{max}} N_V^{ex}\left(D, \frac{P}{P_0}\right) \sigma_V(D)\mathrm{d}D$$

为了计算 PSD，可采用单一孔的理论等温线 $N_V^{ex}\left(D, \dfrac{P}{P_0}\right)$，其可以准确地描述等温线和孔径尺寸分布之间的关系[12−15,33,43]。

图 4.11 所示，为样品 70 bs2 的完整 NLDFT-PSD。在测量之前，样品在 200°C、高真空（10^{-6}Toor）下预处理 3 h。吸附等温线的测试设备采用 Quantachrome Instrument Autosorbet-1[10]，应用 77 K 时氮 – 二氧化硅吸附核函数，Autosorb-1 软件[10]。该方法在孔径范围为 18~1000Å 内应用。表 4.3 分别列出了 DFT-PSD 分布 (*d*) 和 NLDEF 孔体积分布[16]。

表 **4.3**　中孔材料二氧化硅及 MCM-41 的 DFT 孔体积 (*W*) 及孔宽度 (*d*)

样品	$W/\,(\mathrm{cm}^3/\mathrm{g})$	$d/\,(\text{Å})$
70 bs2	3.0	65
68 bs1E	2.4	81
75 bs1	2.7	125
79 BS2	1.6	31
74 bs5	1.4	61
68C	0.46	21
MCM-41	1.7	35

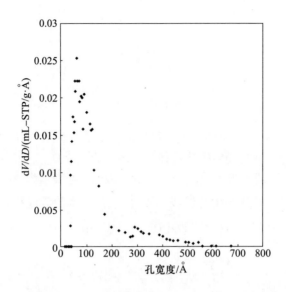

图 4.11 样品 70 bs2 的 NLDFT-PSD(dV/dD)（cc-STP/g·Å）/（Å）

4.4.4 描述吸附的分子模型的结论性评述

分子模型，尤其是密度函数理论，对多孔固体内的物理吸附，给出了一个综合性描述[12−15,41−43]。在过去的 100 年中，吸附理论在热力学、动力学、统计学以及经验性等温线方程方面得到了发展。所有这些理论都是对特定材料在一定压力、温度范围内的真实吸附体系的描述，一旦超出其适用范围，这些理论都将是错误的。DET 法可以计算平衡密度分布，通过对特定孔结构的几何空间内密度分布进行积分，得出一个理论核函数。那么，如果我们知道 PSD，则可以生成实验等温线；反过来也一样，即如果知道实验等温线，则可以得出 PSD。

与经典方法相比，该方法可以对整个实验压力和温度范围进行描述。不过，经典方法大多都会生成一个吸附量与平衡压力和温度之间的可量化函数。另外，分子模型（如 DFT 方法）仅仅给出一个数值函数（核函数），该核函数只有利用计算机才能计算，仅适用于一种吸附质 − 吸附剂体系及该体系吸附等温线的吸附或脱附分支[10]。

关于毛细凝聚，DFT 法给出了一个精确的过程分析。NLDFT 认为，理论上孔凝聚和孔蒸发均与孔内流体的亚稳态有关[8,13]。这与经典的范德华描述是一致的，认为亚稳态吸附支线结束于一个类蒸气旋节线，在此处，亚稳态向稳态转变的条件得到满足，流体也就自发地凝聚成类液体状态[8,13]。由此可以推测：脱附支线将会结束于一个与自然蒸发共存的类液体旋节线，因而，亚稳态仅发生在吸附分支[8]。假设一个有限长度的孔，蒸发通过弯液面变薄来实现，在脱附过程中不会出现非稳态。Neimark 和 Ravikovitch 指出[13]：如图 4.12 所示，实验吸附等温线的脱附分支是气液平衡过程，实验等温线吸附分支的凝聚台阶对应于自发的旋节凝聚，在实验中没有观察到旋节蒸发现象[8,13]。

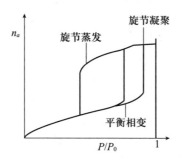

图 4.12　NLDFT 的描述毛细凝聚现象

参考文献

[1] Everett, D.H., in The Solid-Gas Interface, Vol. 2, Flood, E.A., Ed., Marcel Decker, New York, 1967.

[2] Sing, K.S.W., Everett, D.H., Haul, R.A.W., Moscou, L., Pirotti, R.A., Rouquerol, J., and Siemieniewska, T, Pure App. Chem., 57, 603, 1985.

[3] Gregg, S.J. and Sing, K.S.W., Adsorption Surface Area and Porosity, Academic Press, London, 1982.

[4] Lowell, S. and Shields, J.E., Powder Surface Area and Porosity, Chapman Hall, London, 1991.

[5] Rouquerol, J., Avnir, D., Fairbridge, C.W., Everett, D.H., Haynes, J.H., Pernicone, N., Ramsay, J.D.F., Sing, K.S.W., and Unger, K.K., PureAppl. Chem., 66, 1739,1994.

[6] Rouquerol, J., Rouquerol, F, and Sing, K., Adsorption by Powder, and Porous Solids, Academic Press, New York, 1999.

[7] Adamson, A.W. and Gast, A.P., Physical Chemistry of Surfaces, 6th ed., J. Wiley & Sons, New York, 1997.

[8] Thommes, M., in Nanoporous Materials: Science and Engineering, Lu, G.Q. and Zhao, X.S. Eds., Imperial College Press, London, 2004, p. 317.

[9] Thommes, M., Kohn, R., and Froeba, M., J. Phys. Chem. B,. 104, 7932, 2000; and App. Surf. Sci., 196, 239, 2002.

[10] AUTOSORB-1, Manual, 2003.

[11] Ravikovitch, P.I. and Neimark, A.V, Colloids Surf, A, 187–188, 11, 2001.

[12] Neimark, A.V, Ravikovitch, P.I. and Vishnyakov, A., J. Phys. Condens. Matter, 15, 347, 2003.

[13] Neimark, A.V. and Ravikovitch, P.I., Mic. Mes. Mat., 44–45, 697, 2001.

[14] Ravikovitch, P.I. and Neimark, A.V, J. Phys. Chem. B, 105, 6817, 2001.

[15] Ravikovitch, P.I. and Neimark, A.V. Langmuir,18, 1550, 2002.

[16] Marquez-Linares, F. and Roque-Malherbe, R., J. Nanosci. Nanotech., 6, 1114, 2006.

[17] Cohan, L.H., J. Amer. Chem. Soc, 60, 433, 1938.

[18] Broekhoff, J.C.P. and de Boer, J.H., J. Catai, 9, 8, 1967; and 9, 15, 1967.

[19] Broekhoff, J.C.P. and de Boer, J.H., J. Catai, 10, 153, 1968; and 10, 377, 1968.

[20] Hill, T.L., Adv. Catai, 4, 211, 1952.

[21] Barret, E.P., Joyner, L.G., and Halenda, PH., J. Amer. Chem. Soc, 73, 373, 1951.

[22] de Boer, J.H., Lippens, B.C., Broekhoff, J.C.P, van den Heuvel, A,, and Osinga Th.V., J. Colloid Interface Sci., 21, 405, 1966.

[23] Barton, T.J., Bull, L.M., Klemperer, G.. Loy. D.A.. McEnaney, B., Misono, M Monson, P.A., Pez, G., Scherer, G.W., Vartulli, J.C., and Yaghi, O.M., Chem. Mater' 11, 2633, 1999.

[24] Cole, M.W. and Saam, W.F., Phys. Rev. Lett., 32, 985, 1974.

[25] Hohenberg, P. and Kohn, W., Phys. Rev., 136, B864, 1964.

[26] Ghosh, S.K., Int. J. Mol. Sci, 3, 260, 2002.

[27] Evans, R., in Fundamentals of Inhomogeneous Fluids, Henderson, D., Ed., Marcel Dekker, New York, 1992, p. 85.

[28] Tarazona, P., Phys. Rev. A, 31, 2672, 1985.

[29] Rosenfeld.Y, Schmidt, M., Lowen, H., and Tarazona, P.,Phys. Rev. E, 55, 4245, 1997.

[30] Davis, H.T., Statistical Mechanics of Phases, Interfaces, and Thin Films, J. Wiley & Sons, New York, 1996.

[31] Curtin, W.A. and Ashcroft, N.W., Phys. Rev. A, 32, 2909, 1985.

[32] Pan, H., Ritter, J.A. and Balbuena, P.B., Ind. Eng. Chem. Res., 37, 1159, 1998.

[33] Nguyen, T.X. and Bhatia, S.K., J., Phys. Chem. B. 108, 14032, 2004.

[34] Tarazona, P., Marconi, U.M.B., and Evans, R., Mol. Phys., 60, 573, 1987.

[35] Neimark, A.V., Ravikovitch, P.I., and Vishnyakov, A., Phys. Rev. E, 62, R1493, 2000; and Phys. Rev. E, 64, 011602, 2001.

[36] Kierlik, E. and Rosinberg, M., Phys. Rev. A, 42, 3382, 1990.

[37] Lastoskie, C, Gubbins, K. E., and Quirke, N., J. Phys. Chem., 97, 4786, 1993.

[38] Gonzales, A., White, J.A., Roman, F.L., and Evan, R., J. Phys. Condens. Matter. 9. 2375, 1997; and J. Chem. Phys., 109, 3637, 1998.

[39] Tang, Y. and Wu, J., J. Chem. Phys., 119, 7388, 2003.

[40] Rege, S.U. and Yang, R.T., in Adsorption. Theory, Modeling and Analysis, Toth, J. Ed., Marcel Dekker, New York, 2002, p. 175.

[41] Neimark, A.V, Ravikovitch, P.I., Grun, M., Schuth, E, and Unger, K., J. Colloid Interface Sci., 207, 159, 1998.

[42] Ravikovitch, PL, Haller, G.L., and Neimark, A.V, Adv. Colloid Interface Sci, 77. 203, 1998.

[43] Dombrokii, R.J., Hyduke, D.R., and Lastoskie, CM., Langmuir, 16, 5041, 2000.

[44] Arfken, G.B. and Weber, H.J., Mathematical Methods for Physicists, 5th ed., Academic Press, New York, 2001.

[45] Draper, N.R. and Smith, H,, Applied Regression Analysis, Third Edition, J. Wiley & Sons, New York, 1998.

[46] Carnahan, N. F. and Starling, K.E., J. Chem. Phys., 51, 635, 1969.

[47] Barker, J.A. and Henderson, D.J., / Chem. Phys., 47, 4714, 1967.

[48] Week, J.D., Chandler, D., and Andersen, H.C., /. Chem. Phys., 54, 5237, 1971.

[49] Thommes, M., personal communication.

[50] Ravikovitch, PL, Vishnyakov, A,, Russo, R., and Neimark, A.V, Langmuir, 16,23,2000–

[51] Ravikovitch, P., Vishnyakov, A., and Neimark, A.V, Phys. Rev. E., 64, 011602, 2001–

[52] Steele, W.A., The Interaction of Gases with Solid Surfaces, Pergamon Press, Oxford 1974.

[53] Figueroa-Gerstenmaier, S., Development, and Application of Molecular Mocld111–Techniques for the Characterization of Porous Materials, Ph.D. Dissertation, Depa' tament d'Enginyeria Quimica, Universitat Rovira I Virgili, Tarragona, Oct. 2002.

第 5 章

多孔材料中的扩散

5.1 概述

扩散是分子或细微粒子因热能扰动而引起的随机迁移[1-19]，该现象反映了一个普遍规律：系统具有占据所有能够达到位置的趋势。更简单地说，如果没有外界影响的干扰，扩散是体系达到浓度均衡的自发过程。也就是说，原子、分子或任何粒子将朝着该粒子稀少的方向无序运动。由于扩散效应在催化反应、气相色谱和气相分离过程中非常关键，因此，多孔材料中气体的扩散是非常重要的一个内容。

从工业角度来讲，在化工领域，能够预测并描绘出物质通过填充床层的传质过程意义十分重大[7,14]。深入地理解这一现象将有助于多孔材料在分离、催化及变压吸附等工业化应用中的优化和设计，例如，在分离过程中，理解扩散现象的必要性就非常明显[8]。膜分离也依赖于膜材料的扩散性能。因此，为了更好的实际应用，扩散过程必须被精确地描述。

5.2 菲克定律

1850 — 1855 年，Adolf Fick 和 Thomas Graham 首先开始了对扩散过程的定量研究。通过研究，菲克认为扩散规律类似于热传递的傅里叶定律[17]，在此基础上，他提出了用于描述微观扩散过程的第一个方程，即菲克第一定律（见第 1 章，1.11 节），表明物质通量（$\overline{J}$）和浓度梯度（∇C）

之间具有线性关系：

$$\overline{J} = -D\overline{\nabla}C \tag{5.1a}$$

　　式中：D 是菲克扩散系数或传递扩散系数，为比例常数。式（5.1a）中各参数的单位分别为 D（长度的二次方/时间），C（摩尔/体积），J（摩尔/（面积·时间））。用国际单位制（SI）表示，D、C、J 的单位分别为 m^2/s、mol/m^3、$mol/(m^2 \cdot s)$。因为扩散通量表示的是单位时间内穿过单位面积的物质的量[13]，所以通量和扩散系数必须根据参考体系进行选择。

　　在外力作用下，粒子以一定的速度（ν_F）移动，使得通量增大了 $C\nu_F$。C 是扩散粒子的浓度，总通量可以表示为[4,13]

$$\overline{J} = -D\overline{\nabla}C + C\nu_F \tag{5.1b}$$

　　扩散是体系趋于平衡的宏观描述，而真正的驱动力来自于物质的化学势（μ）梯度。根据不可逆热力学，通量与化学势的关系可以表示为（见第 1 章，1.11 节）[12,18]

$$J = -L\overline{\nabla}\mu \tag{5.2}$$

式中：L 是唯象 Onsager 系数。这一方程适用于多孔材料，明确表达了引起扩散的原因，而且有助于理解传递扩散系数与自扩散系数之间的关系。

　　菲克第二定律，即

$$\frac{\partial C}{\partial t} = -D\nabla^z C \tag{5.3}$$

它反映了物质守恒定律，如果 D 与 C 无关，可表示为

$$\frac{\partial C}{\partial t} = -D\overline{\nabla} \cdot \overline{J}$$

　　前面已经提到，扩散是由于热运动引起的分子或细小粒子的随机移动。根据布朗运动规律（见第 1 章，1.12 节），在一维空间内可以将菲克第一定律进行简化[4]。$J_x(x,t)$ 是单位时间通过单位面积的粒子数，定义为

$$J_x(x,t) = \frac{N}{A\tau}$$

　　由于在 t 时，x 和 $(x+\Delta)$ 处的粒子数分别是 $N(x)$ 和 $N(x+\Delta)$（见图 5.1），因此，t 时，在时间步长 τ 内，x 处一半的粒子向右移动到 $(x+\Delta)$ 处，同时，另一半向左移动到 $(x-\Delta)$ 处。同样，$(x+\Delta)$ 处一半粒子向右

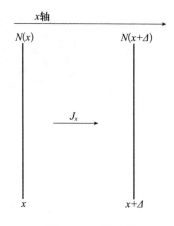

图 5.1　一维扩散

移动到 $(x+2\Delta)$ 处, 另一半向左移动到 x 处。结果, 当 $t=t+\tau$ 时, 从 x 处移动到 $(x+\Delta)$ 处的粒子净数量为

$$N = -\frac{[N(x+\Delta,t)-N(x,t)]}{2}$$

$$J_x(x,t) = -\frac{\Delta^2}{2\tau}\left(\frac{1}{\Delta}\right)\left(\frac{N(x+\Delta,t)}{A\Delta}-\frac{N(x,t)}{A\Delta}\right) = -D\frac{C(x+\Delta)-C(x,t)}{\Delta}$$

当 $\Delta \to 0$ 时, 有

$$J_x(x,t) = \lim_{\Delta\to 0}-D\frac{C(x+\Delta)-C(x,t)}{\Delta} = -D\frac{\partial C(x,t)}{\partial x}$$

5.3　传递、自扩散及修正系数

5.3.1　传递扩散和自扩散

传递扩散是由浓度梯度引起的[9]（见图 5.2(a)[12]）。而自扩散则发生在没有化学势梯度的情况下, 描述粒子的非关联运动（见图 5.2(b)[12]）, 这一过程以大量分子的运动轨迹和大量分子的平均位移的确定来描述[13]。传递扩散与自扩散之间微观物理状态的差异主要反映在传递扩散系数（D）与自扩散系数（$D*$）的不同。

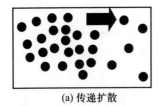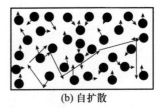

(a) 传递扩散　　　　　　(b) 自扩散

图 5.2　传递扩散与自扩散

5.3.2　多孔材料中的扩散和参照物

　　如前所述,通量和扩散系数必须根据参照物进行确定。与其他材料相比,微孔和中孔分子筛、二氧化硅、氧化铝及活性炭等材料的孔隙结构是比较典型的。上述材料中的孔状网格,作为一种多孔固体介质,为测量扩散通量提供了便捷、明确的参考系。假设多孔材料中的结构原子不发生迁移,那么,测量某组分物质分子运动的坐标就是该多孔固体的固定结构。

　　当两种原子或分子混杂在一起时,便出现了相互扩散系数[4,13],两种组分 (A, B) 在一维方向的相互扩散系数可表示为[4,12]

$$J_A = -D_A \frac{\partial C_A}{\partial x} \tag{5.4a}$$

$$J_B = -D_B \frac{\partial C_B}{\partial x} \tag{5.4b}$$

　　如果 A 和 B 的偏摩尔体积不同 $(V_A \neq V_B)$,两种物质的相互扩散将引起物质相对于固定坐标系的净流动,那么,总体积通量可表示为[12]

$$J = V_A D_A \frac{\partial C_A}{\partial x} + V_B D_B \frac{\partial C_B}{\partial x} \tag{5.5}$$

　　垂直于流动方向的平面上没有净体积改变,流量为

$$J = 0 \tag{5.6}$$

　　在混合过程中,如果没有体积变化[4,12],则

$$V_A C_A + V_B C_B = 0 \tag{5.7a}$$

$$V_A \frac{\partial C_A}{\partial x} + V_B \frac{\partial C_B}{\partial x} = 0 \tag{5.7b}$$

　　联立式 (5.5) 和式 (5.7b),假设 V_A、V_B 都为有限值,在式 (5.6) 所示情况下,得到

$$D_A = D_B$$

如果我们将多孔固体内的扩散作为一个二元扩散的特殊例子,其中固体骨架上的原子的扩散率等于零,在确定通量及扩散率时,假设平面无净体积流量,那么,相互扩散可以表示为单一组分的扩散。在此条件下,多孔固体的固定坐标即为参照系。相互扩散系数便是运动组分的扩散率。

5.3.3 传递系数 D、修正系数 D_0 及扩散系数的关系

如第 1 章 1.11 节所提到的,扩散的驱动力是化学势梯度[18]。考虑到平衡蒸气相,化学势与浓度有关,其表达式如下:

$$\mu_A = \mu_A^0 + RT \ln P_A \tag{5.8}$$

式中: P_A 为组分 A 的分压; μ_A^0 为标准状态下组分 A 的化学势。质量传递用原子或分子的迁移率 b_A 来表示,定义[13]

$$\overline{\nu} = b_A \overline{F}_A \tag{5.9a}$$

式中: ν_A 为平均迁移速率; $\overline{F}_A$ 为只有浓度梯度为驱动力时,粒子 A 上的作用力,即

$$\overline{F}_A = -\nabla \mu_A \tag{5.9b}$$

众所周知[4]:

$$J_A = \nu_A C_A \tag{5.10}$$

结合前面得到的物理量之间的关系,一维扩散可表示为[4,12,13]

$$J_A = RTb \left(\frac{\mathrm{d} \ln P_A}{\mathrm{d} \ln C_A} \right) \left(\frac{\mathrm{d} C_A}{\mathrm{d} x} \right) \tag{5.11}$$

因此有

$$D_A = RTb \left(\frac{\mathrm{d} \ln P_A}{\mathrm{d} \ln C_A} \right) = D_0 \left(\frac{\mathrm{d} \ln P_A}{\mathrm{d} \ln C_A} \right) = D_0 \psi \tag{5.12}$$

式中: $D_0 = RTb$。下面将讨论两种极端的状态,即微孔材料和大孔材料中的扩散。

由于微孔吸附剂中的吸附是体积填充过程,因此表面的分子与气相中的分子没有明显差别[20]。这种情况下, D_0 通常指修正扩散系数; ψ 称

为热力学修正因子，它校正了微孔吸附剂中压力与浓度之间的非线性关系[10]；P_A 是气体分压；C_A 是微孔材料中吸附相的浓度[10]。

不同的是，对于大孔材料，固体表面的分子与气相中的分子有明显差异。因此，吸附很可能并不影响扩散过程。假设把气相看作理想气体，将有

$$C_A = \frac{n_A}{V} = \frac{P_A}{RT}$$

式中：n_A 为常温分压 P_A 下，在体积 V 内物质 A 的摩尔数。上式代入式（5.12）中，很容易得到 $\psi = 1$，且

$$D = RTb = D_0 \tag{5.13}$$

5.3.4　沸石中传递系数 D、修正系数 D_0 及自扩散系数的关系

科研人员采用不同的方法对沸石中的扩散进行了实验研究[21-33]。菲克扩散系数可以通过静态法[21] 和吸收法[23-32] 进行测试，自扩散系数可以采用微观方法直接测试[21,33]。

在实验研究中，通过测量传递扩散系数，可以计算得到修正扩散率[28]。即菲克扩散系数 D 通过运算可以得到修正扩散系数 D_0。也就是说，利用菲克第二定律的特定解计算得到菲克扩散系数 D，进而，利用该参数和式（5.12）便可能得到修整扩散系数 D_0。由于修正扩散系数约等于自扩散系数（$D* \approx D_0$）[34]，因此也可以利用下式进行计算[35]：

$$D^* = D(1 - \theta) \tag{5.14}$$

式中：$\theta(\theta = n_a/N_a)$ 是饱和吸附分率，n_a 是吸附量，N_a 是材料的最大吸附容量。根据渗透吸附等温线方程（第 3 章，3.2 节）可以计算出 θ[28]。

5.4　均方根位移、布朗运动和气相扩散

5.4.1　均方根位移

菲克第二定律在一维方向的通解为[5]（第 1 章，1.12 节）

$$\frac{\partial C}{\partial t} = D\frac{\partial^2 C(x,t)}{\partial x^2} \tag{5.15}$$

初始条件和边界条件分别为

$$C(x,t) = 0, C(-x,t) = 0, C(x,0) = M\delta(x), \left.\frac{\partial C}{\partial x}\right|_{x=-\sigma,t} = 0$$

且 $\left.\dfrac{\partial C}{\partial x}\right|_{x=-\sigma,t}$ 为[5,6]

$$\frac{C(x,t)}{M} = \left(\frac{1}{4\pi Dt}\right)^{\frac{1}{2}} \exp\left(-\frac{x^2}{4Dt}\right) \tag{5.16}$$

设粒子在 $t = 0$ 时,位于 $x = 0$ 处,则在 t 时间内,在 x 处找到扩散粒子的可能性为 $P(x,t)$,即

$$P(x,t) = \frac{C(x,t)}{M} \tag{5.17}$$

其中[5]

$$M = \int_{-\infty}^{\infty} C(x,t)\mathrm{d}x \tag{5.18}$$

因此,很容易得到一维均方根位移(MSD)为[19]

$$\langle x^2 \rangle = \int x^2 P(x,t)\mathrm{d}x = 2Dt \tag{5.19}$$

三维空间内发生点源扩散,其各向同性扩散的等效结果是

$$P(\bar{r},t) = \frac{C(\bar{r},t)}{M} = \left(\frac{1}{4\pi Dt}\right)^{\frac{3}{2}} \exp\left(-\frac{\bar{r}^2}{4Dt}\right) \tag{5.20}$$

式中:$P(\bar{r},t)$ 是 $t = 0$ 时,位于 $\bar{r} = 0$ 处的粒子在 t 时间内出现在 $\bar{r}$ 处的概率。这种方程称为传播函数,表现为高斯函数形式[2],由此很容易得到三维均方位移为[19]

$$\langle \bar{r}^2 \rangle = \int \bar{r}^2 P(\bar{r},t)\mathrm{d}x\mathrm{d}y\mathrm{d}z = 6Dt \tag{5.21}$$

5.4.2 气相扩散与随机运动

简化条件下,粒子在 x 方向一维随机运动的步长为 ± 1[2,4](见第 1 章,1.12 节),跳跃的时间间隔为 τ,则跳跃频率为

$$\Gamma = \frac{1}{\tau}$$

如果 Γ 为常数，且与跳跃的方向不相关联，那么第 N 步，$N = t/\tau$ 的均方位移为

$$\langle x^2(N) \rangle = \left\langle \sum l_i \right\rangle^2 = \sum \langle l_i^2 \rangle + \sum \langle l_i l_j \rangle = \sum l_i^2 \qquad (5.22)$$

由于是随机运动，没有相关性，即

$$\sum \langle l_i l_j \rangle = 0$$

因此

$$\langle x^2(N) \rangle = Nl^2 = \frac{tl^2}{\tau} \qquad (5.23)$$

$$\langle x^2(N) \rangle = 2D^*t \qquad (5.24)$$

式中：D^* 是自扩散系数。如前所述，自扩散与传递扩散的物理过程不同，因此其与传递扩散系数不相等（$D \neq D^*$）。

$$D^* = \frac{l^2}{2\tau}$$

从统计学上讲，在气相扩散过程中，粒子通过碰撞产生的连续位移是相互独立的，将扩散粒子第 i 次位移在 z 方向的分量记为 $\xi_i^{[2]}$。如果粒子扩散起始点为 $z = 0$，那么气体分子在整个扩散过程中的 z 向分量为[2]

$$z = \sum_{i=1}^{N} \zeta_i \qquad (5.25)$$

由于每次位移的方向具有随机性，碰撞产生位移的平均值为零（$\langle \xi_i \rangle = 0$），因此，$z$ 方向上的平均位移为零（$\langle z \rangle = 0$），而 ξ_i 与 ξ_j 具有统计学非相关性，即 $\langle \xi_i \xi_j \rangle = \langle \xi_j \xi_i \rangle = 0$，则均方位移为

$$\langle z^2 \rangle = \left\langle \sum_1^N \xi_i \right\rangle^2 = \sum_1^N \langle \xi_i^2 \rangle + \sum_i \sum_j \langle \xi_i \xi_j \rangle = \sum_1^N \langle \xi_i^2 \rangle \qquad (5.26)$$

设 $\langle \xi_i^2 \rangle = \langle \xi^2 \rangle$，$\langle \xi^2 \rangle$ 为每一步的均方位移，则有

$$\langle z^2 \rangle = N \langle \xi^2 \rangle \qquad (5.27)$$

而 $\xi = \nu_z t$，可以得到下式：

$$\langle \xi^2 \rangle = \langle \nu_z^2 \rangle \langle t^2 \rangle \qquad (5.28)$$

根据碰撞时间近似的原则，$\tau = \langle t \rangle$，两次碰撞间的平均时间或者说分子松弛时间可通过下式计算[2]：

$$\langle t \rangle = \tau = \int_0^\infty \frac{t \exp(-t/\tau)}{\tau} \mathrm{d}t \tag{5.29}$$

$$\langle t^2 \rangle = \int_0^\infty \frac{t^2 \exp(-t/\tau)}{\tau} \mathrm{d}t = 2\tau^2 \tag{5.30}$$

根据对称性，有[2]

$$\langle \nu_z^2 \rangle = \frac{1}{3} \langle \nu^2 \rangle$$

因此

$$\langle \xi^2 \rangle = \frac{2}{3} \langle \nu^2 \rangle \tau \tag{5.31}$$

将 $N = \dfrac{t}{\tau}$ 代入式 (5.27)，得到

$$\langle z^2 \rangle = \left(\frac{2}{3} \langle \nu^2 \rangle \tau \right) t \tag{5.32}$$

根据气体分子自扩散均方位移的定义（$\langle z^2 \rangle = \int z^2 P(z,t) \mathrm{d}z = 2D^* t$），可以得到气体的自扩散系数计算公式[2]：

$$D^* = \frac{1}{3} \langle \nu^2 \rangle \tau \tag{5.33}$$

5.5　多孔介质中的传递机理

如前所述，参照国际纯粹与应用化学联合会提出的分类标准，根据孔径大小将孔分为大孔（$d > 50\,\mathrm{nm}$）、中孔（$2\,\mathrm{nm} < d \leqslant 50\,\mathrm{nm}$）和微孔（$d \leqslant 2\,\mathrm{nm}$）。这种分类是根据不同孔径吸附作用力的差别来确定的。微孔中，相对孔壁的表面作用力叠加对吸附起主导作用；中孔范围内，表面作用力和毛细作用力更加显著；大孔中，孔壁作用对吸附的影响已经非常微弱[10]。

四种经典的扩散类型分别是：①气体或分子扩散[2,3]；②努森扩散（Knudsen 扩散）[36-39]；③液相扩散[10]；④固体中的原子扩散[4,13]。

图 5.3 是孔隙中可能存在的传递机理示意图[36]。当孔径大于流体分子的平均自由程时，将发生气相流动（图 5.3(a)），这时分子间的碰撞比

分子与孔壁的碰撞频率高得多[36,40]。随着孔体积的减小或者由于气压降低导致的分子平均自由程增大，流动相与孔壁的碰撞概率远高于它们之间的分子碰撞，因此分子间可以认为是互不影响、独立运动的，形成努森流动[38,40]。

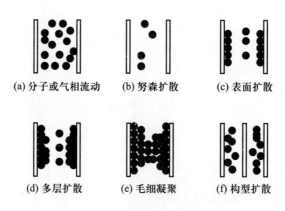

(a) 分子或气相流动　(b) 努森扩散　(c) 表面扩散

(d) 多层扩散　(e) 毛细凝聚　(f) 构型扩散

图 5.3　孔隙中的传递机理

当扩散分子能够优先吸附在孔表面时，便形成了表面流动（图 5.3(c)）[21,39,41]。这种扩散进一步发展便形成了多层扩散（图 5.3(d)）[42]，它可以看作是一种介于表面流动和毛细凝聚之间的过渡状态。在发生毛细凝聚的情况下（图 5.3(e)）[36]，某种扩散组分在孔中凝聚，流动相将充满整个孔，并在通孔的另一端蒸发[36]。构型扩散（图 5.3(f)）多出现在孔径非常小，只允许单分子通过，而大分子无法进入孔的情况下[10,21]。

构型扩散这一概念是专门用来描述沸石及其相关材料中的扩散行为的，该行为具有扩散率低（$10^{-12} \sim 10^{-18}$ m²/s）、分子选择性高（与分子尺寸和形状有关）、活化能高（$10\sim100$ kJ/mol）等特点，且与气体浓度密切相关[9]。沸石及其相关材料是一种微孔晶体材料，常作为催化剂或者吸附剂在化学工业和石油化工中应用。在这些应用中，吸附分子在晶体孔道和笼状结构中的迁移和扩散非常重要。

实际应用中，扩散通常发生在较高温度条件下，扩散率随着孔径变化而改变，可将其划分为三个区间（见图 5.4[9]）。对于大孔（孔径 ≥50 nm）而言，分子之间的碰撞频率比分子与孔壁之间的碰撞高得多，分子扩散是主要的传递机理。随着孔的减小，分子与孔壁的碰撞概率增加，努森扩散占主导，分子运动逐渐由孔尺寸决定。当孔径减小到 2 nm 或更小时（孔径近似于分子大小时），分子将与孔表面发生连续碰撞，正如前面提到的沸石及其相关材料微孔中的扩散，主要发生在构型扩散范围内[10]。

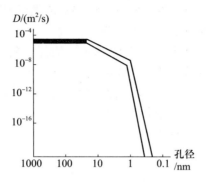

图 5.4 扩散率与孔径之间的关系

5.6 黏性流、努森流和过渡流

将理想气体假设为刚性球体，其分子平均自由程可以表示为温度（T）和压力（P）的函数，即[2,3,43,44]

$$\lambda = \frac{kT}{\sqrt{2}\sigma_c^2 P} = \frac{1}{\sqrt{2}\sigma_c^2 C} \tag{5.34}$$

式中：σ_c 是分子的碰撞直径；k 是玻耳兹曼常数；C 是气体浓度。

为了对气相流动扩散类型进行划分，提出了努森数 K_n，它是平均自由程与通孔特征长度（L）的比率，即[39,43,44]

$$K_n = \frac{\lambda}{L} \tag{5.35}$$

根据 K_n 的大小，可将流动分为三个区间：黏性流区（$K_n \ll 1$）、努森流动区（$K_n \gg 1$）和过渡流动区（$K_n \approx 1$）[39]。

确切地讲，当 $K_n < 10^{-2}$ 时，连续性假设成立，但当 $K_n > 10$ 时，连续性就完全不适用了，在这一范围内可以用自由分子流来描述[43,44]。这时，分子平均自由程比特征长度大得多，以致于分子将碰撞到固体表面并被反射回来。平均而言，某一分子在与其他分子碰撞之前，其行程已经是特征长度的许多倍了[43,44]。可以看出，当 K_n 较大时，诸如纳维 - 斯托克斯方程等连续流动模型已不适用[14,45]，也就是说，当 λ 与 L 相当时，质量、扩散、黏度、热导率之间的线性传递关系将不再成立[45]。因此，提出了用于表征稀薄气流运动行为的离散模型[45]，其中之一就是直接模拟蒙特卡罗（DSMC）法来处理高 K_n 区域。DSMC 在未假设分布函数形式的前提下，给出了玻耳兹曼方程的解[46]。

在此，还要分析一下从气相流转变到努森流的物理原因。为了计算平均自由程，气体动力学假设分子碰撞主要发生在分子之间，而不是分子与容器壁之间。但是，只有在气体浓度足够高时，这一假设才是合理的，如果气体非常稀薄，假设不再成立。

设单位时间的总碰撞率（$1/\tau_T$）为[2]

$$\frac{1}{\tau_T} = \frac{1}{\tau} + \frac{1}{\tau_s} \tag{5.36}$$

式中：$1/\tau$ 为单位时间内分子之间的碰撞率；$1/\tau_s$ 为单位时间内分子与容器壁的碰撞率。

由气体动力学理论可知[2,3]

$$\frac{1}{\tau} = \frac{\langle \nu \rangle}{\lambda} \tag{5.37}$$

同时[2]

$$\frac{1}{\tau_s} = \frac{\langle \nu \rangle}{L} \tag{5.38}$$

式中：L 为容器的最小尺寸亦或前述提到的特征尺寸。如果将组合平均自由程（λ_0）定义为

$$\lambda_0 = \langle \nu \rangle \tau_T \tag{5.39}$$

将式（5.37）、式（5.38）、式（5.39）代入式（5.36）中，得到

$$\frac{1}{\lambda_0} = \frac{1}{\lambda} + \frac{1}{L} = \sqrt{2}\pi C \sigma_c + \frac{1}{L}$$

在理想气体黏度公式中，有[2]

$$\eta = \frac{1}{3} C \langle \nu \rangle M \lambda = \frac{M\langle \nu \rangle}{3(2)^{1/2}\sigma_c} = \frac{M\langle \nu \rangle}{3\sqrt{2}\sigma_c} \tag{5.40}$$

显然 η 与 C 无关。如果在式（5.40）中用 λ_0 代替 λ，就能够近似描述分子与容器壁的碰撞情况了。当 $C \to 0$ 时，$\lambda_0 \to L$，则 $\eta \propto C$，这就意味着，对气体的努森流动而言，粘滞性基本没有意义[2]。

5.7 多孔模型体系中的黏性流和努森流

5.7.1 柱形直孔中的黏性流

由于 $\langle \nu^2 \rangle = \langle \nu \rangle^2$，且 $\langle \nu \rangle \tau = \lambda$，气体自扩散系数可表示为（见 5.4.2 节）[2,3]

$$D^* = \frac{1}{3}\langle \nu^2 \rangle \tau = \frac{1}{3}\langle \nu \rangle \lambda$$

平均速度为

$$\langle \nu \rangle = \left(\frac{8kT}{\pi M}\right)^{1/2}$$

式中：M 是气体分子量；λ 为分子平均自由程，即

$$\lambda = \frac{kT}{2^{1/2}2\pi\sigma_c^2 P} = \frac{1}{2^{1/2}\pi\sigma_c^2 C} \rightarrow \frac{kT}{\sqrt{2}\pi\sigma_c^2 P} = \frac{1}{\sqrt{2}\pi\sigma_c^2 C}$$

则有[2,10]

$$D^* = \frac{2}{3\pi\sigma_c^2}\left(\frac{kT}{P}\right)\left(\frac{kT}{\pi M}\right)^{1/2} = D^* = \frac{2}{3\pi\phi_c^2}\left(\frac{kT}{P}\right)\left(\frac{kT}{\pi M}\right)^{1/2} \quad (5.41)$$

式中：Φ_c 为分子直径。

如果柱状大孔满足前述的黏性扩散条件（孔径大于 50 nm），只要孔径远大于分子的平均自由程，分子之间的碰撞就比分子与孔表面的碰撞频率高得多[2,10,43-45]。在此条件下，孔表面对扩散的影响就可以忽略，此时孔内的扩散与大气中气体的扩散机理基本一致。因此，孔内扩散率等于气体分子扩散率（式（5.41））。

由于前面论述的气相流动状态对于液相也总是适用的[12]，因此液相中的扩散系数为

$$D^* = \left(\frac{8kT}{\pi M}\right)^{1/2}(\alpha_T \sigma_m T) \quad (5.42)$$

式中：σ_m 是扩散分子的兰纳－琼斯（Lennard-Jones）长度常数；α_T 是热膨胀系数。孔内的扩散率等于分子液相扩散率（式（5.42））。

5.7.2 柱形直孔中的努森流

在努森扩散区域，分子与孔壁之间的动量传递速率高于扩散分子之间的动量传递速率，分子与单位面积孔壁碰撞的速率为[2]

$$\omega = \frac{c\langle \nu \rangle}{4}$$

如果在流动方向的平均速度为 $\langle \nu_z \rangle$，则 z 方向单位面积上单位时间内的动量通量为（图 5.5）[12]

$$F_z = \frac{c\langle \nu \rangle}{4} \left(m \langle \nu_z \rangle \right) (2\pi r \mathrm{d}z)$$

根据力学平衡的原理，此力应与下式相等：

$$F_z = -\pi r^2 \mathrm{d}P$$

式中：P 为所研究体积单元中的气压（见图 5.5）。可以计算得到孔隙中的通量为

$$J = C \langle v_z \rangle = -D_K \frac{\partial C}{\partial z}$$

式中：D_K 为努森扩散率[39]。根据气体动力学理论 $\langle \nu \rangle = \left(\frac{8kT}{\pi M} \right)^{1/2}$ 及 $P = kCT$[2,3]，容易计算得到

$$D_K^* = \frac{d_P}{2} \left(\frac{\pi kT}{2M} \right)^{1/2} \tag{5.43}$$

式中：d_p 为孔直径。如果中孔（孔径在 2~50 nm 之间）能够满足前面论述的各种努森扩散条件，柱形直孔中的努森流扩散系数就可以用式（5.43）表示。

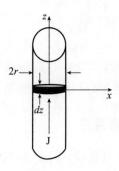

图 5.5　柱形直孔（直径 $d_p = 2r$）中的努森流

5.8 多孔膜材料中的传递

5.8.1 膜

膜材料已用于处理气体、废水、海洋水、牛奶、酵母液等各种流体[47-58]。在压力、浓度或电场梯度等驱动力作用下，流体可以透过膜，膜即是两相之间一种选择性通过的介质[49,50]。从材料生产方面而言，膜材料可以分为有机和无机两大类。膜还可以分为多孔膜与微孔膜、对称性与非对称性膜[36,48,50]。多孔膜是孔隙尺寸在微孔、中孔和大孔范围内的膜[49]。

多孔无机膜由氧化铝、二氧化硅、碳、沸石和其他材料构成[48]，通常采用滑动涂层、陶瓷技术和溶胶–凝胶法制备而成[49,50]。无机膜应用在气相分离[48-50]、催化反应器[36,52]、煤气化[49]、水分解[49]等方面[22,53,55,56]。多孔无机膜合成过程中要经过相变、结构变化和高温烧结等过程，因此，多孔无机膜的最高使用温度是 400~1000°[48]。

大孔膜和中孔膜能够作为微孔材料（如沸石薄膜[53]）的载体[48]，用于微滤和超滤中[49,50]。它们还可以作为合成含有高密度薄膜的非对称膜材料的载体[36,52]。通常，自支撑无机微孔膜的机械强度不足[48,53]，因此，用机械强度较高的多孔基体作为载体。微孔材料薄膜覆盖在载体的大孔和/或中孔上，载体提供机械强度，而沸石等微孔材料则用于选择性分离[48,53]。多种方法可以沉积微孔薄膜，包括溶胶–凝胶、高温分解、沉淀法等[36,48]。

选择性透过膜的合成和表征是材料科学界正积极开展的研究方向[47,52]，然而，要达到商业应用，许多工作还有待完善[52]。提高膜的透过率、解决膜的脆性问题、实现规模化生产、提高单位体积的膜面积等都是急需解决的问题[52]。同时，也非常有必要掌握和模拟气体通过大孔、中孔[10,36,49,50,56,59-62]和微孔[10,12,20,22,28,53,57,63-68] 膜的传递过程。

5.8.2 多孔膜中的渗透机理

多孔膜的渗透速率和选择性与其微孔结构（如孔大小、孔分布等）、曲率、渗透分子与膜孔壁的相互作用、渗透物的质量和尺寸等因素有关[48-50]。在气体通过多孔膜（大孔、中孔、微孔）的过程中，如果压力作为驱动力，气体分子将从膜的高压侧传递到低压侧（图 5.6[58]）。对于单一气体，且多孔介质中压力降呈线性变化的情况，传递过程遵循达西定律[49,56]：

$$J = B\left(\frac{\Delta P}{l}\right) = \Pi \Delta P \qquad (5.44a)$$

$$J = \frac{Q}{V_m A} \qquad (5.44b)$$

$$\Pi = \frac{B}{l} \qquad (5.44c)$$

式中：A 是有效膜面积；B 是渗透率（mol/m·s·Pa）；J 是摩尔气体流量（mol/m²·s）；l 是膜厚度；$\Delta P = P_1 - P_2$ 是膜压力降（Pa）；Π 是气体渗透性（mol/m²·s·Pa）；Q 是气体流量（m³/s）；V_m 是流动相气体的摩尔体积（m³/mol）。对于理想气体，有

$$V_m = \frac{V}{n} = \frac{RT}{P}$$

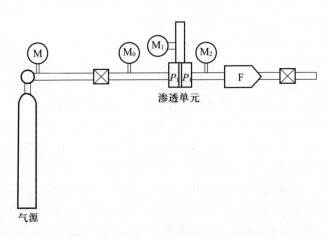

图 5.6　渗透测试装置示意图（渗透单元连接两个压力传感器（M_1 和 M_2），用于测量渗透前端压力 P_1 和后端压力 P_2；质量流量计（F）用来测量通过膜的流量（J））

　　如前所述，气体通过多孔膜过程中，将发生不同的传递机理，主要由温度、压力和膜孔径决定。气体层流发生在宽孔径中，努森流发生在窄孔径中，还有表面扩散、多层扩散、毛细凝聚等[36,49]。在微孔膜中，传递机理为构型扩散[57]。

　　在孔中存在气相流时，如果孔两端存在气压差，并且满足某些条件时，就会建立层流[12,14,69]。黏性流可以分为层流和湍流[69]。层流是一种除分子运动外，没有明显的相邻流动相粒子混合的流动。对于湍流，流动参数随时间和空间变化而随机波动。

雷诺数（Re）用来预测流动状态，它是一个无量纲量[69]：

$$Re = \frac{\nu L}{\eta}$$

式中：L 表示特征长度，如管径，是流动区域的长度尺度；ν 表示流速；η 是动力黏度。如果 Re < 2000，则流动为层流。

对于孔中的努森流动，$K_n = \lambda/L$[39,43,44]，λ 是平均自由程，L 是 $K_n \gg 1$ 时流体几何特征长度。微孔材料中的流动将在 5.9 节进行阐述。

5.8.3　膜中的黏性流动

对于最简单的情况：柱形直孔中的流动，达西定律在 Hagen-Poiseuille 方程的基础上通过以下方程描述了流动过程[14]：

$$J_v = \left(\frac{r^2}{8\eta V_m} \right) \left(\frac{\Delta P}{l} \right)$$

式中：r 是孔半径。

对于实际的大孔膜中的层流，达西定律通过下式来描述[56]：

$$J_v = B_v \left(\frac{\Delta P}{l} \right) \tag{5.45a}$$

其中

$$B_v = \frac{k}{\eta V_m} \tag{5.45b}$$

式中：k 是渗透因子（m²）；η 是气体动力黏度（Pa·s）。由于无机大孔膜和中孔膜通常都是由准球形粒子堆积并烧结而成的，形成了随机孔结构，Hagen-Poiseuille 方程已不适于描述上述孔结构中的层流，可以用 Carman-Kozeny 方程来描述。对于球形颗粒压缩形成的多孔膜，Carman-Kozeny 方程将渗透因子表示为[56]

$$k = \frac{\varepsilon d_v^2}{16C} \tag{5.46}$$

其中

$$\varepsilon = 1 - \frac{\rho_A}{\rho_R}$$

式中：$C = 4.8 \pm 0.3$，为 Carman-Kozeny 常数；d_v 是膜孔直径；ε 是膜孔隙率；ρ_A 是膜表观密度（g/cm³）；ρ_R 是膜真实密度（g/cm³）[58]。

因此，得到[56]

$$k \approx \frac{\varepsilon d_v^2}{77}$$

Mason 等人提出的"含尘气体模型"（DGM）也考虑了真实孔体系中的粘滞性[59]。在这一模型中，黏性流体的渗透率表示为

$$B_v = \frac{\varepsilon d_p^2}{8\tau\eta V_m}$$

式中：ε 是孔隙率；τ 是曲率；d_p 是多孔介质的平均孔径。

由于粘流扩散机理对于液相中的传递过程仍然适用，如果在多孔膜（大孔或者中孔膜）中有液体过滤过程，可以应用 Carman-Kozeny 方程[49]：

$$J_v = \left(\frac{\varepsilon^2 \rho}{K\eta S^2(1-\varepsilon)^2} \right) \left(\frac{\Delta P}{l} \right)$$

式中：ε 是孔隙率；S 是孔表面积；K 是常数；ρ 是摩尔密度。

5.8.4 膜中的努森流

随着膜内孔尺度的减小，或者分子平均自由程的增加，渗透粒子更倾向与孔壁发生碰撞，而非粒子之间的相互碰撞[2,10,39,43,44]，从而在孔内形成了努森流。此时，长度 l、通孔压降为 $\Delta P = P_1 - P_2$ 的垂直柱形中孔内的摩尔气体流量 J 的表达式为[39]

$$J_K = D_K \left(\frac{\Delta P/kT}{l} \right)$$

此时式（5.43）为

$$D_K^* = \frac{d_P}{2} \left(\frac{\pi kT}{2M} \right)^{1/2}$$

表示了柱形中孔内努森气流扩散率[10,39]。对于真正的中孔膜而言，其孔排布呈复杂网状，穿过膜的渗透通量表示为[36]

$$J_K = \left(\frac{G}{(2MkT)^{1/2}} \right) \left(\frac{\Delta P}{l} \right) \tag{5.47a}$$

式中：G 为几何因子。若 M 以摩尔单位表示，则有

$$J_K = \left(\frac{G}{(2MRT)^{1/2}} \right) \left(\frac{\Delta P}{l} \right) \tag{5.47b}$$

假设通过因子 $\frac{\varepsilon_P}{\tau}$，多孔材料中的扩散率 D 能够与柱形直孔中的扩散率 D_k（孔径等于材料复杂网格中的平均孔径）建立关系，即[12,49]

$$D = \left(\frac{\varepsilon}{\tau}\right)(D_K) \qquad (5.48)$$

式 (5.48) 中，ε 是孔隙率，设置这一参数是因为对于膜材料而言，传递仅发生在孔中，在材料的固体网格内无传递现象发生；膜材料内影响扩散的其他几何因素用曲折因子 τ 来集中表现。因此，可以计算得到几何因子为

$$G = \frac{d_P\varepsilon(\pi)^{1/2}}{2\tau} \qquad (5.49)$$

5.8.5 过渡流

只要气体分子的平均自由程与孔径相近，那么扩散分子之间以及分子与孔壁之间的动量转换都非常重要。过渡流受粘流机制和努森机制的共同影响[39]。对于单一气体，且多孔介质中存在线性压力降，总通量 J_t 可表示为[39]

$$J_t = J_v + J_K = \left(\frac{kP}{\eta RT}\right)\left(\frac{\Delta P}{l}\right) + \left(\frac{G}{(2MRT)^{1/2}}\right)\left(\frac{\Delta P}{l}\right) \qquad (5.50)$$

$$V_m = \frac{V}{n} = \frac{RT}{P}$$

总渗透率 B_t 为

$$B_t = \frac{J_t}{\left(\dfrac{\Delta P}{l}\right)} = aP + b \qquad (5.51)$$

从式 (5.51) 可以看出，B_t 与 P 的关系曲线具有正截距，这与努森流渗透率有关；而斜率由气体黏性流动控制。因此，渗透率随压力的增加意味着黏性流是引起质量传递的主要因素[39]。

5.8.6 吸附相中的表面流

当气体的温度低至孔表面气体的吸附非常显著时，前面提到的气体流动定律就需要增加一个流动项了[39,70,71]。吸附相分子表面流的机理非常复杂，跳跃模型[71] 是解释表面流的主要机理之一，这一模型认为：气体分子在表面各点间以一定的速度跳跃实现运动，该机理主要使用了随机行走模型，体现为菲克定律的二维形式。流体力学模型则假设被吸附气体可

以被看作在压力梯度作用下沿吸附剂表面滑动的液体层[39]。对于较低的表面浓度而言,表面通量可表示为[39]

$$J_s = -D_s \left(\frac{\mathrm{d}C_s}{\mathrm{d}x} \right) \tag{5.52}$$

式中:D_s 表示表面扩散率,是表面浓度 C_s 的函数。表面扩散系数 D_s 符合阿仑尼乌兹方程,活化能为 $E_s^{[39]}$。由于假设被吸附分子在各点之间的跳跃而形成了扩散,扩散活化能与吸附热有关,这表明强吸附的分子比弱吸附分子运动性差[39]。

一般来讲,表面通量是气相传递的补充,总的渗透率是气体和表面渗透的线性叠加 [39,71,72]。在较低压力下,气体黏性流动非常小,吸附等温线为线性,那么总通量是努森通量和表面扩散通量之和,即[39]

$$J_{Ks} = J_K + J_s = \left(\frac{G}{(2MRT)^{1/2}} \right) \left(\frac{\Delta P}{l} \right) + D_s K \left(\frac{\Delta P}{l} \right) \tag{5.53}$$

相应的渗透率为[39]

$$B_{Ks} = \frac{J_s}{\left(\dfrac{\Delta P}{l} \right)} = \left(\frac{G}{(2MRT)^{1/2}} \right) + D_s K \tag{5.54}$$

图 5.7[72] 是气相和表面流共同构成的总渗透率与温度的关系图,可以看出表面扩散率随温度变化而减小的速度比努森扩散快得多[72],这是因为吸附热比表面扩散的活化能大,因此,如果要消除表面扩散,实验通常要在较高温度下进行[39]。

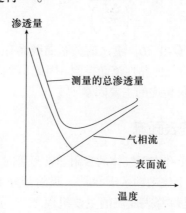

图 5.7　总渗透流量(气相流和表面流混合)随温度的变化示意图

5.8.7　沸石基多孔陶瓷膜渗透率的实验研究

沸石基多孔膜的合成采用陶瓷技术，由天然斜发沸石在 700~800°C 条件下通过热转变制成[58]。为了测试这些膜的渗透率，用达西定律关系式测试了 H_2 的渗透率（B）和透过性能（P）[58]。

如前所述，大孔、中孔和微孔膜中的气体传递机理有层流、努森流、表面扩散、多层扩散、毛细凝聚和构型扩散。就本节研究而言，由于斜发沸石在经过热处理形成陶瓷膜的过程中，其骨架结构发生了坍塌，因此认为不可能存在构型扩散[58]。另外，用于烧结制备测试膜的粒子为 220 μm 和 500 μm，因此，只有大孔存在于这些膜中。再者，在相对高温（300 K）和低压（0.2~1.4 MPa）条件下，膜表面的吸附和毛细凝聚将非常弱[58]，从而表面扩散、多层扩散和毛细凝聚现象也可以排除。所以，沸石基多孔陶瓷膜渗透率测试中只可能发生努森流和气相流。

图 5.8 和图 5.9 是使用两种直径（220 μm 和 500 μm）粒子制得的膜中 H_2 渗透系数测试结果，图 5.10 是所用的渗透测试单元示意图[58]。表 5.1 给出了两种温度条件下两种样品的渗透率（B）和渗透系数（P）测试结果。B 和 P 根据达西定律（式（5.44a））计算得到[58]。

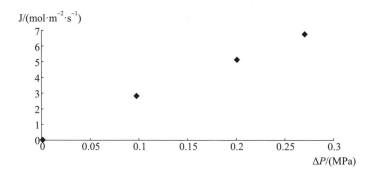

图 5.8　500 μm 斜发沸石粉末在 800°C 处理 1 h 所形成的膜 H_2 渗透性研究

表 5.2 给出了估算的膜孔直径（d_v）。表 5.3 是渗透实验中同一温度和不同压力下 H_2 的平均自由程（λ）。以上结果表明，由于 $d_v \gg \lambda$，不可能存在努森流，因此，现行条件下决定扩散过程的主要是通过膜孔的层流运动[58]，从而可以用达西定律（式（5.45a）和式（5.45b））对扩散过程进行描述。

另外，由于所研究的膜是通过烧结堆积的类球形粒子而制得的，Hagen-

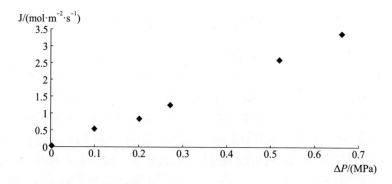

图 5.9 220 μm 斜发沸石粉末在 800°C 处理 1 h 所形成的膜 H_2 渗透性研究

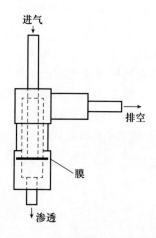

图 5.10 渗透测试单元示意图

表 5.1 沸石基多孔陶瓷膜氢气的渗透率 (B) 和渗透系数 (P)

样品 d_p/μm	样品处理 温度/°C	样品处理 时间/h	$B \times 10^8$/ (mol/(m·s·Pa))	$\Pi \times 10^6$/ (mol/(m²·s·Pa))
220	700	2	1.1	4.1
500	700	2	4.9	18.1
220	800	1	1.4	5.2
500	800	1	6.8	25.1

Poiseuille 方程不再适用，而应该用 Carman-Kozeny（式（5.46））描述此流动。用式（5.45a）、式（5.45b）、式（5.46）测试所得的膜孔直径（d_v）（见

表 5.4），其结果与表 5.2 所列的估算结果非常吻合[58]。

表 5.2   膜孔径 (d_v) 的估算

样品 d_p/μm	样品处理温度/°C	样品处理时间/h	d_v/μm
220	700	2	35
500	700	2	79
220	800	1	36
500	800	1	82

表 5.3   氢气 300 K 不同压力下的平均自由程 (λ)

压力/MPa	λ/nm
0.2	55.4
0.4	27.7
0.6	18.4
0.8	13.9
1.0	11.1

表 5.4   氢气渗透性 (k) 和膜平均孔径 (d_v)

样品 d_p/μm	样品处理温度/°C	样品处理时间/h	$k \times 10^{12}$/m^2	d_v/μm
220	700	2	4.41	32
500	700	2	12.7	69
220	800	1	5.5	38
500	800	1	27.0	83

5.9   沸石及相关微孔材料中的扩散

沸石类材料是无机、微孔、晶态固体，作为催化剂、吸附剂和离子交换剂，广泛地应用在化学和石油工业[73,74]。在这些应用中，吸附分子和交换离子在催化剂晶体内孔道中及笼式结构内的迁移和扩散，是一个非常重要的问题[7,9,10,12,21,23−35,63−68,75−78]。沸石的晶格由四个 T 原子三维框架组成, 并依靠 O 原子相互连接 (其中, TO_4 四面体中的 T 是铝、硅、磷及类似的原子) [79-82]。这些结构元素构成了带有分子尺度大小的孔道及空穴的框架结构[82]。大多数框架呈负电性[81]。为补偿结构体系中的负电荷, 沸石孔道及空穴中分布着正离子[81]。上述特点使沸石成为许多新型工业过程中十分重要的材料[73-75,83]。然而, 目前我们对沸石内部分子水平的相互作用机理, 以及该作用对宏观现象的影响规律, 掌握得还很少[75], 从而制约了在特定工艺中选择和应用分子筛的能力。

很多工艺流程都会用到沸石, 吸附分子在沸石孔道内的扩散速率, 对于整个工艺过程十分重要, 有时甚至起到决定性的作用[73,83]。然而, 由于沸石内的扩散极易受扩散分子的尺寸、沸石的孔道及空穴结构、吸附质分子与分子筛骨架以及电荷补偿离子之间强烈的相互作用等因素的影响, 目前对扩散机理的了解严重不足[75]。特别是多组分扩散还没有像单组分系统那样得到充分的研究, 尽管多组分的扩散行为在沸石类材料的实际应用中至关重要[26,27,30,75]。

5.9.1 沸石类材料的扩散模型

在微孔材料特别是沸石中, 构型扩散是专门用来描述分子传递的术语[10]。这种扩散方式的扩散率很小 ($10^{-12} \sim 10^{-18} \text{ m}^2/\text{s}$), 扩散率受吸附分子的大小、形状, 活化能的大小 ($10 \sim 100 \text{ kJ/mol}$), 吸附质浓度等因素影响[9,10,28]。吸附物质与沸石之间强烈的相互作用, 会导致构型扩散[75]。

微孔介质中的物质传递发生在吸附相。当一个分子在沸石孔道中扩散时, 它将受到各种相互作用能的吸引或排斥, 例如色散能、排斥能、极化能、偶极场势能、梯度四极场、吸附质分子间相互作用等, 如果沸石中包含羟基, 还应包括酸碱相互作用[20,84]。上述扩散现象可以描述为分子在各个固定吸附位之间的跳跃[10,28,85-87]。因此, 基于沸石的气体传递, 可以看作是固定吸附位间的扩散与活化气体传递扩散的加和[10,28,85-87]。

在沸石分子筛内部不同的吸附位, 吸附剂和吸附质相互作用, 即吸附分子与沸石骨架、补偿阳离子的相互作用存在最小势能点。一个沸石 – 吸附质系统的简单模型为相互连接的吸附位点呈周期性排列, 吸附分子在这些相连的吸附位间的迁移, 受热激发作用, 从一个吸附位跳跃到相邻的吸附位, 吸附态分子可以想象成晶格气体 (lattice-gas)。

为描述沸石中这种晶格气体的吸附和扩散, 必须考虑到沸石的晶体结构, 吸附分子间的相互作用, 吸附分子在同一结构单元内不同位点间的传递，以及吸附分子在不同结构单元之间的传递。以下扩散模型在前面已经有所提及了[28,88]。

在现有扩散模型的框架中，沸石被看作 N 个相同单元 i 组成的三维序列，每个单元的中心为 R_i，包含 N_0 个相同的吸附位，分别位于 $R_{i\alpha} = R_i + U_\alpha$，该处吸附势能最小（见图 5.11[88]）。如果一个分子位于 $R_{i\alpha}$，其能量为 $-\varepsilon$，不同吸附位（如 $R_{i\alpha}$ 和 $R_{i\beta}$）间分子的作用能为 $-U_{\alpha\beta}$（见图 5.11[88]）。分子在吸附位间的移动（如单元内的分子跳跃）以及通过沸石孔道在单元之间的传递同样被考虑在内[28,88]。求解分子在当前系统中的运动方程，会得到能量值 E_2，表示分子吸附于一个吸附位，该能态包括 $N(N_0 - 1)$ 的简并度，以及能量值 E_1，包括 N 个简并度，该能量的分子处于非吸附态，分子通过沸石孔道和空穴，跳跃到了相邻空穴中[88]。在吸附和非吸附态（如扩散态）之间存在着能隙[28,88]。对于低覆盖率的吸附空间（如低压条件下，符合亨利定律的吸附），$E_g = E_1 - E_2$，因此，在该模型下扩散是一个活化的过程[28,88]。

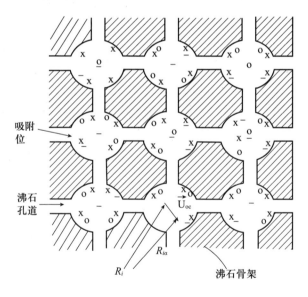

图 5.11 沸石及相关材料的结构示意图

非吸附态可以看作过渡态，使用过渡态理论[89]来描述，该理论是计算动力学事件的著名理论[12,28,90-92]。当前模型在描述沸石中的扩散时，过渡态理论用于计算由线性孔道及不同维度孔道系统组成的沸石结构中的自扩散系数[28]。

在求解分子运动方程时，定义了过渡态，即吸附在沸石上的分子脱离吸附位，处于非吸附状态。吸附过程通过汉密尔顿模型来描述，该模型认为沸石是由 N 个相同的单元组成的三维序阵，每个单元包含 N_0 个同样的吸附位[88]。计算结果很有趣，在沸石中发现了吸附和扩散两个状态。

吸附位在线性孔道中排布，每个吸附位相对于相邻空间而言，都处于能量最低态[28]。吸附分子的数量远小于吸附位的数量，因此每个吸附分子可以看作独立的子系统，具有充足的空位点易于分子跳跃[28]。一个能量为 E_2 的处于吸附位的分子，可以被看作独立的子系统，其正则配分函数为（见第 1 章 1.5 节、1.8 节、1.9 节）[91,92]：

$$Z_a = Z_x^a Z_y^a Z_z^a Z_i^a \exp\left(-\frac{E_2}{RT}\right) \tag{5.55}$$

式中：Z_x^a、Z_y^a 和 Z_z^a 分别为吸附分子在 x、y、z 三个方向上运动的正则配分函数；Z_i^a 为分子的内部自由度的配分函数；E_2 为吸附态的能量。

现在要解决分子在 z 方向上，经过渡态即非吸附态的迁移问题。分子在过渡态的配分函数为[12]

$$Z^* = Z_x^* Z_y^* \left(\frac{2\pi MRT}{h^2}\right)^{1/2} \Delta z Z_i^* \exp\left(-\frac{E_1}{RT}\right) \tag{5.56}$$

式中：Z_x^* 和 Z_y^* 是分子在过渡态沿 x、y 方向移动的配分函数；Δz 是过渡态移动的距离，$\Delta z = l$，其中 l 是跃迁距离；M 是分子重量；R 是气体常量；h 是普朗克常量；T 是热力学绝对温度。

对于经典的过渡态理论，假设分子的基态（吸附态）和过渡态（非吸附态）处于平衡，这一平衡过程的平衡常数可以表示为[12,93]

$$K = \frac{N^*}{N_a} = \frac{L^*}{L} \exp\left(-\frac{E_g}{RT}\right) \left(\frac{2\pi MRT}{h^2}\right)^{1/2} \frac{\Delta z}{Z_z^a} \tag{5.57}$$

如果

$$\left(\frac{Z_x^* Z_y^*}{Z_x^a Z_y^a}\right) \left(\frac{Z_i^*}{Z_i^a}\right) \approx 1$$

式（5.57）是一个合理的约数，N^* 是处于过渡态分子的数量，N_a 是处于吸附态分子的数量，L^* 是处于过渡态的分子数量的最大值，L 是吸附位最大值，Z_z^a 是处于吸附态的分子沿 z 方向运动的配分函数[12,28]。

过渡态分子的平均传递速率是[89]

$$\langle v_z \rangle = \left\{\frac{2RT}{\pi M}\right\}^{1/2}$$

因此，过渡态分子的保留时间为[28]

$$T = \left(\frac{\langle v_z \rangle}{\Delta z} \right) = \frac{\langle v_z \rangle}{l}$$

现在可以确定，单位时间内经过的过渡态分子的数量为[28]

$$\vartheta = \left(\frac{\mathrm{d} N^*}{\mathrm{d} t} \right) = \frac{N^*}{T} \tag{5.58}$$

此外，过渡态分子的跃迁频率为[28]

$$\Gamma = \frac{\vartheta}{N_a} \tag{5.59}$$

由于吸附态和扩散态之间是动态平衡的，分子在吸附位间的跃迁频率为[12]

$$\Gamma = \frac{L^*}{L} \left(\frac{2RT}{h} \right) \exp \left(-\frac{E_g}{RT} \right) \frac{1}{Z_z^a} \tag{5.60}$$

式中：$L^*/L = 1$、2 或者 3，取决于孔道系统的维度[12]。沸石中分子的自扩散系数为[4]

$$D^* = \left(\frac{l^2}{2k\tau} \right) \tag{5.61}$$

式中：l 是跃迁距离；$k = 1, 2, 3$ 为维度；$\tau = \frac{1}{\Gamma}$ 为跃迁间隔的时间[4,13]。

我们必须考虑两个极限状态，首先是作用力较强的吸附，即定位吸附，在吸附位上沿 z 方向运动的配分函数，是分子在某一能阱内的振动配分函数，即[94]

$$Z_z^a = \left(\frac{kT}{h\nu} \right)^{1/2} \tag{5.62}$$

式中：ν 是振动频率；k 是玻耳兹曼常量。另一个极限状态是吸附分子为非定位，特别是分子可以在相邻吸附位间移动，沿吸附位 z 方向移动的配分函数是平动配分函数，即[93,95]：

$$Z_z^a = \left(\frac{2\pi M R T}{h^2} \right) l \tag{5.63}$$

将式（5.60）中描述的 τ 及式（5.62）中的振动配分函数 Z_z^a，引入式（5.61）中，可以得到吸附位上发生定位吸附的扩散系数，即[28]

$$D_i^* = \nu l^2 \exp \left(-\frac{E_g}{RT} \right) \tag{5.64}$$

将式（5.60）中描述的 τ 及式（5.63）的平动配分函数 Z_z^a，引入式（5.61）中，可以计算非定位吸附的扩散系数，即[28]

$$D_i^* = \frac{1}{2} \left(\frac{RT}{\pi M} \right)^{1/2} l \exp \left(-\frac{E_g}{RT} \right) \tag{5.65}$$

计算自扩散系数的方程，形式上与式（5.64）、式（5.65）相似，其过程不尽相同，结果为[10]

$$D^* = gu \exp \left(-\frac{E}{RT} \right) \tag{5.66}$$

其中

$$g = \frac{1}{z}$$

z 是配位数，u 分子运动的速率，对于定位吸附 $u = vl$，而对于非定位吸附

$$u = \left(\frac{8RT}{\pi M} \right)^{1/2}$$

最后，l 是跃迁距离或扩散长度[10]。

5.9.2 非常规扩散

如果扩散分子所处的孔道具有一定的几何特征，使得单个分子无法绕过其他分子通过，那么就会发生单行扩散（SFD），这一过程会增大扩散分子间相互作用的程度。SFD 使得实际扩散情况与正常扩散（基于菲克定律和爱因斯坦关系式的扩散）相去甚远[12,15,29,30,65-68,96-112]。这种非菲克或非常规扩散行为，是由体系的几何约束引起的，迫使分子以高度相关的方式运动。这一扩散方式可以看作为直径约等于分子筛孔道宽度的分子，在一维孔道网格结构的分子筛中进行的扩散。以下材料均具有这种结构：$AlPO_4$-5，$AlPO_4$-8，$AlPO_4$-11，SSZ-24，Omega，ZSM-12，ZSM-22，ZSM-23，ZSM-48，VPI-8 以及 MCM-41[30]。

观测时间 t 和均方位移 $<x^2>$ 的比例关系（见爱因斯坦方程 $<x^2>= 2D*t$，其中 $D*$ 是自扩散率），对正常扩散成立。准确地讲，假设总观测时间可以分为几个相同的时间间隔，那么每个时间间隔内，分子位移的分布概率是相等的，此外，某时的位移概率与之前的位移无关[15]。因此，每个独立粒子的随机运动可以用马尔可夫过程来描述，即过程的下一个状态仅由当前状态决定，而与之前的状态无关[15]。

另一方面，某体系中进行非常规扩散时，连续迁移会相互影响，因此，MSD 将不会随着时间 t 成比例地增加[65,101]。对于单行扩散，这种相互影响会增大后续迁移方向倒转的概率[15]。大量研究表明，长时间的单行扩散，MSD 的增长与观测时间 t 的平方根相关（$<x^2>=2Ft^{1/2}$），其中 F 是指单行运动速率[65,101,107,108]，其概率分布符合高斯函数。如果分子扩散传递过程中始终按照同样的顺序运动，排除分子双向随机运动的可能，那么 SFD 的均方根位移（$<x^2>$）与观测时间的平方根（$t^{1/2}$）成正比[65,101]。这一趋势可以理解为，SFD 的分子位移发生在同一个方向，其前方粒子的浓度要大于后方[15]。

在众多工艺过程中，单行扩散往往是整个过程的速率控制步骤[97]。基于此，沸石系统（假设为 SFD 环境）的扩散研究采用了脉冲梯度场核磁共振（PFG-NMR）[97]、准弹性中子散射（QENS）[110]、零长柱示踪（T-ZLC）[110]、频率响应[112] 等诸多方法。但是还需要更多的实验结果来证实这一现象。例如，甲烷在 $AlPO_4$-5 上的吸附经 PFG-NMR 测试，证实了其单行扩散的特点[97]。然而，某些研究结果不支持这一观点，认为该体系中进行的是正常扩散[29,109,110]。另外，丙烷在 $AlPO_4$-5 的自扩散，采用示踪 ZLC 法得到的结果是快速一维菲克扩散，无法给出单行运动的证据[111]，与 PFG-NMR 法得到的结论相悖。

总之，各种研究方法得到的结果有一部分是相互矛盾的，远未达到完善的程度。其原因在于，上述技术在时间和空间的观测中存在不一致，以及被研究的系统与理想结构之间存在差别[15,29]。

如果沸石的孔道网格包含相互连接的笼和通道，例如 MFI、MEL、LTA、FAU 骨架类型[82]，分子可以通过传递过程互换位置[65,101]，于是在扩散过程中就会出现分子的混合[29,30]。从统计意义上讲，分子有足够的时间进行交换，这也是 MSD 与时间等比例的先决条件，因此，传递机制是正常扩散[30]，不是 SFD 型扩散。

另一方面，沸石孔道结构包含不连接的孔道，如 AFI、AET、AEL、MAZ、MTN、TON、MTT 骨架类型[82]，分子在传递过程中无法互换位置[65,101]，那么就不会产生分子混合和反扩散[29,30]。这正是产生 SFD 扩散的先决条件，我们必须用实验的方式观察这一现象。但是，由于这些材料的晶体结构是有限的，从统计意义上讲，分子在传递过程中有足够的时间进行相互交换，因此实际观察到的传递机理为正常扩散[30]。综上所述，沸石类材料中单行扩散是很少见的现象。

总结正常和非正常扩散可以发现，在各类物理体系中，像菲克扩散这样的简单等比例关系（如 $\langle x^2 \rangle \propto t$）是不正确的[113,114]；MSD 的变化规律为 $\langle x^2 \rangle \propto t^\alpha$，其中 $\alpha \neq 1$[115]。普适化的扩散方程通常是对空间坐标的二阶微分，对时间的分数次微分，例如：

$$\frac{\partial^\alpha P(\bar{r},t)}{\partial t^\alpha} = \kappa_\alpha \nabla^2 P(\bar{r},t) \qquad (5.67)$$

式中：$P(\bar{r},t)$ 是扩散粒子出现在点 $(\bar{r},t)$ 的概率，该点的粒子浓度是 $C(\bar{r},t)$，且 $P(\bar{r},t) \propto C(\bar{r},t)$。因此如果将概率换为粒子浓度，等式依然成立。如果 $\alpha < 1$，表示反常扩散具有次级扩散，$\alpha > 1$ 则具有超扩散[115]。

式 (5.67) 中的时间是分数次导数，其恰当的数学定义是非整数微积分[116,117]。对变量 x 的非整数 α 次积分，定义为[115-117]

$$_aD_x^{-\alpha} = \frac{1}{\Gamma(\alpha)} \int_0^x (x-y)^{\alpha-1} f(y)\mathrm{d}y, \quad x > a$$

式中：$\Gamma(\alpha)$ 是 Gamma 函数。非整数次导数定义为[115-117]

$$_aD_x^\alpha = \frac{\mathrm{d}^n}{\mathrm{d}x^n}(_aD_x^{\alpha-n})$$

另一个写法是

$$_0D_x^{-\alpha}(f(x)) = \frac{\mathrm{d}^{-\alpha}}{\mathrm{d}x^{-\alpha}}(f(x)), \quad x > 0$$

和

$$_0D_x^\alpha(f(x)) = \frac{\mathrm{d}^\alpha}{\mathrm{d}x^\alpha}(f(x))$$

式 (5.67) 用常规对应的方法解决了边界条件问题[115]。因此，在处理复杂系统的扩散问题时是一个很有价值的工具。

在前期的研究中，作者采用高斯概率分布，基于正常扩散的菲克关系式，将与时间成比例改为与时间的平方根成比例，得到了单行扩散问题的分析解，即[30]

$$\frac{\partial C(x,t)}{\partial t^{1/2}} = F\frac{\partial^2 C(x,t)}{\partial x^2} \qquad (5.68)$$

式中：F 是 SFD 迁移率[65]。式 (5.68) 是由式 (5.67) 导出的。但是，式 (5.68) 只适用于无限拓展的单行扩散系统，只要无限拓展的条件不成立，就会出现边界条件问题，这一分析将会导致错误的结论[15]。尽管如此，如果式 (5.67) 是扩散传递的通式，正如之前提及的[115]，那么它就是非正常扩散的真实物理体系的一个表达式。相应地，上述体系作为真实体系，必定是有限的，因此需要为式 (5.67) 和式 (5.68) 加上边界条件。

如前所述，由于沸石晶体普遍较小，在实际情况下很难满足 SFD 的条件，因此沸石中的 SFD 效应很少见。但是对于足够大的晶体来说，满足 SFD 的时间、空间条件都可能达到，如此，式 (5.67) 和式 (5.68) 配合适宜的边界条件，就可以用于描述该系统。

5.9.3 研究沸石中扩散的实验方法

如前所述，研究沸石中扩散的实验方法有多种[9,12,21,26-28,97,110-112]。例如，菲克扩散系数可以通过稳态法测量，如膜渗透（MP）；也可以用非稳态法，如吸收法[9,12,21]，包括零长柱示踪（ZLC）法[23]、频率响应（FR）[24,25,112]，以及傅里叶变换红外光谱（FTIR）测试吸着动力学[26-32]。另外，自扩散系数的测量可以直接借助脉冲梯度场核磁共振或准弹性中子散射（QENS）[12,21,33,97,110]。

MP、ZLC、FR、PFG-NMR 及 QENS 在文献中均有详细介绍[9,12,21,33]，在此就不再赘述了。FTIR 法在文献中介绍得不多。因此，本书详细讨论一下利用 Karge 和 Niessen 提出的 FTIR 法测量菲克扩散系数[26,27]。

利用 FTIR 研究菲克扩散系数的实验仪器（见图 5.12[28,30]），整体上包含一个 IR（红外）池，并用不锈钢管将其连接至恒温饱和器。系统具有两个进气口，运送载气（氩气[26,27] 或氦气[28-32]，纯度为 99.99%）。通过进气口 1，载气鼓入装有吸附质的恒温饱和器。进气口 2 的载气已预先与相应的烃类饱和，再以一定流速与进气口 1 的纯载气混合。两个进气口均使用精密质量流量计。同时调控气流将烃类的分压控制在 $0.01 < P/P_0 < 0.9$ 范围内。

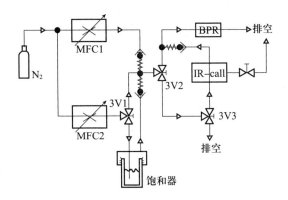

图 5.12 FTIR 测量菲克扩散系数的实验装置图

　　概括来讲，测量方式为：将待测物质（吸附质）装入不锈钢饱和器，温度维持在 25°。将载气分为两路，分别通过流量控制器[28,118]；其中一路通过底端装有烧结板的管道，通入饱和器，载气在其中的液相吸附质中鼓泡；该气路（通过饱和器，带有饱和的待测物）随后在饱和器末端，与纯载气混合，得到混合气体再通入 IR 池[118]。

　　测试过程中需要测量 FTIR 光谱仪中吸附质分子在各个波段处的吸收强度的变化情况，每个吸收光谱扫描一次，每次 0.85 s，两次扫描无间隔，分析出待测吸附质的适合的吸收波段范围。例如：在 1450~1550 cm^{-1} 范围内，1480 cm^{-1} 附近表示苯的吸收波长；1477~1517 cm^{-1} 范围内，1497 cm^{-1} 附近表示甲苯和乙苯的吸收波长；1550~1650 cm^{-1} 范围内，1613 cm^{-1} 附近表示 m-二甲苯；1420~1520 cm^{-1} 范围内，1467 cm^{-1} 和 1497 cm^{-1} 处的双峰代表 o-二甲苯[28]。

　　测试系统中关键的设备是水冷 IR 高温池（见图 5.12[28,30]）。IR 高温池中可拆解的部分通常装有氟橡胶材质的 O 形环，可做到最大程度的气密。样品槽的温度由电热装置控制，波动范围很小，$\Delta T < 1°$C[28-32]。将密度为 $7 \sim 9$ mg/cm^2 的沸石粉末在 400 MPa 压强下，压成小薄片，置于样品槽，放入 IR 池。这些薄片不存在大孔，保证吸附过程为分子传递，从而可以测试沸石晶体内的扩散[26-28]。

　　在测试扩散系数之前，固体样品必须在纯载气氛围下，450°C 脱气 2 h。脱气后，样品降至适宜温度，并利用控温器维持这一温度。调整气体流量，得到规定的吸附质分压。先测得载气在脱气后样品上的吸收光谱作为参考背景，随后从饱和器中流出，并与纯载气混合后的气流，在精确设定的分压下通入 IR 池。扩散分子进入 IR 池的同时，IR 光谱开始记录，得到的谱图在扣除背景后加以保存[26,32]。

　　对于满足实验设备要求的适当几何结构，通过求解菲克第二定律，能够得到菲克扩散系数[26-32]。对于球形几何体，例如压成薄片的沸石晶体近似球状，如图 5.13(a) 所示，其表面浓度不断变化，球内部的初始浓度为零，对应的菲克第二定律为

$$\frac{M_t}{M_\infty} = 1 - 3\frac{D}{\beta\alpha^2}\exp(-\beta t)\left\{1 - \left(\frac{\beta\alpha^2}{D}\right)^{\frac{1}{2}}\cos\left(\frac{\beta\alpha^2}{D}\right)^{\frac{1}{2}}\right\}$$

$$+ \left(\frac{6\beta\alpha^2}{D\pi^2}\right)\sum_1^\infty \left(\frac{\exp\left(\dfrac{-Dn^2\pi^2 t}{a^2}\right)}{n^2\left(n^2\pi^2 - \dfrac{\beta\alpha^2}{D}\right)}\right) \tag{5.69}$$

式中：M_t 表示时间 t 时的吸附质的量，与吸收值 A（为任意单位）成正比，即 $M_t \sim A_t^T$；M_∞ 是平衡吸附质的量，同样与 A 成正比，即 $M_\infty \sim A_\infty^T$；D 是单组分扩散的菲克扩散系数[26-28]；$r = a$ 是沸石晶体的半径；β 是时间常数，用于描述 IR 池内死空间中吸附质分压的变化情况，即

$$P = P_0[1 - \exp(-\beta t)]$$

式中：P_0 是稳态分压；P 是时间 t 时的分压[5,26,27]。因此，气流中吸附质初始过程中不稳定分压通过参数 β 进行计算[5,26,27]。

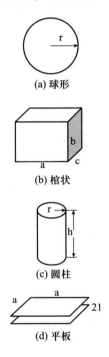

(a) 球形

(b) 棺状

(c) 圆柱

(d) 平板

图 5.13　晶体几何形式

在式（5.69）中，使用前四项，切割剩余项，就会得到式（5.69）的近似式，该式的计算结果与实验数据拟合得很好[28,30]（见图 5.14(a) 和图 5.14(b)[30]）。

对于每个实验，菲克扩散系数 D 的数值解，需要用非线性回归法计算[119]。拟合过程所用到的程序基于最小二乘法[119]，可以得到式（5.69）近似式的最佳拟合参数，即菲克扩散系数 D、平衡吸收量 A、参数 β 以及标准差[28]（见表 5.5）。

式 (5.69) 仅能用于半径为 a 的均匀球形颗粒，例如 β 型沸石[28]。但是，这一情况必须通过扫描电子显微镜的确认。例如，β 沸石早已经过研究揭示了其圆形晶体结构，$a = 0.45\ \mu m$[28]。对于 ZSM-5 和 ZSM-11 分子筛，可以通过下列公式计算其等效半径[80]：

$$r = \frac{2}{3}\left(\frac{1}{a} + \frac{1}{b} + \frac{1}{c}\right) \tag{5.70}$$

ZSM-5 和 ZSM-11 沸石的晶体整体上呈现出规整的"棺状"形貌，其平均尺寸为 $a \times b \times c$[28,30]。

对于圆柱形结构，即压片的沸石晶体呈近似柱状结构 (图 5.13(c))，其扩散通过圆柱形颗粒的表面，表面浓度不断变化，内部初始浓度等于零，对应的菲克第二定律为[5]

$$\frac{M_t}{M_\infty} = 1 - \frac{2J_1\left[\left(\frac{\beta\alpha^2}{D}\right)^{1/2}\right]\exp(-\beta t)}{\left(\frac{\beta\alpha^2}{D}\right)^{1/2}J_0\left[\left(\frac{\beta\alpha^2}{D}\right)^{1/2}\right]} + \left(\frac{4}{a^2}\right)\sum_1^\infty\left[\frac{\exp(-D\alpha_n t)}{\alpha_n^2\left\{\frac{D\alpha_n^2}{\beta} - 1\right\}}\right] \tag{5.71}$$

式中：$J_0(x)$ 是第一类零阶贝塞尔函数；α_n 是 $J_0(a\alpha_n) = 0$ 的根；$J_1(x)$ 是一阶贝塞尔函数；M_t 表示时间 t 时的吸附质的量，与吸收量 A（为任意单位）成正比，即 $M_t \sim A_t^T$；M_∞ 是平衡吸附量，同样与 A 成正比，即 $M_\infty \sim A_\infty^T$；D 是单组分扩散的 Fickean 扩散系数[26-28]；$r = a$ 是沸石晶体柱的半径；β 是时间常数，用于描述 IR 单元死空间内吸附质分压的变化情况。

对于片层结构，即压片的沸石晶体近似为平行板状 (图 5.13(d))，其扩散通过片状颗粒的表面（表面浓度不断变化），内部初始浓度等于零，对应的菲克第二定律为[5]

$$\frac{M_t}{M_\infty} = 1 - \exp(-\beta t)\left(\frac{D}{\beta l^2}\right)^{1/2}\left\{\tan\left(\frac{\beta l^2}{D}\right)^{1/2}\right\}$$
$$+ \left(\frac{8}{\pi^2}\right)\sum_1^\infty\left[\frac{\exp\left(\frac{-(2n+1)^2\pi^2 Dt}{4l^2}\right)}{(2n+1)^2\left[1 - (2n+1)^2\frac{D\pi^2}{4\beta l^2}\right]}\right] \tag{5.72}$$

式中：M_t 表示时间 t 时的吸附质的量，与吸收量 A（为任意单位）成正比，即 $M_t \sim A_t^T$；M_∞ 是平衡吸附量，同样与 A 成正比，即 $M_\infty \sim A_\infty^T$；D 是单

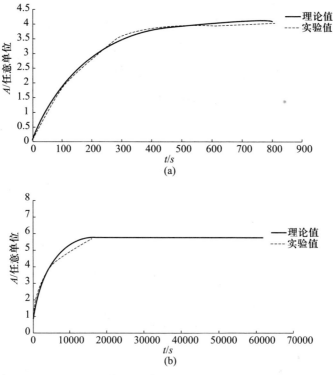

图 5.14　（a）400 K 对二甲苯在 H-ZSM-11 上的扩散动力学（b）400 K 邻二甲苯在
H-ZSM-11 上的扩散动力学

组分扩散的菲克扩散系数[26−28]，$2l$ 是沸石晶体板的长度（图 5.13(d)）；β
是时间常数，用于描述 IR 单元死空间内吸附质分压的变化情况。

　　对于 MCM-22 沸石，晶体一般呈片状结构，尺寸为 $a \times a \times l = 0.5 \times$
$0.5 \times 0.05 \ \mu m^{3[28]}$（见图 5.13(d)）。这种沸石对应 MWW 骨架结构，由双
6 元环连接而成，晶体的 [001] 方向为堆积的孔穴，因而扩散无法沿着该
方向进行[82]。这种情况下，我们认为 [001] 方向有两种可能排列，即平行
（平行板状模型，图 5.13(d)）或垂直（圆柱模型，图 5.13(c)）于片状晶体
的表面[28]。如果 [001] 方向平行于晶体面（面积为 $a \times a = 0.5 \times 0.5 \ \mu m$，
图 5.13(d)），扩散将通过板状结构的表面。使用厚度为 $2l = 0.05 \ \mu m^{[28]}$ 的
平行板状模型所对应的菲克第二定律（式 (5.72)），得到的扩散系数值很
小[28]。然而，如果 [001] 方向与面积为 $a \times a$ 的晶面相互垂直，就要用到
圆柱扩散模型式 (5.71)，其半径 $r = a/2 = 0.25 \ \mu m$；或用式 (5.69)，等效
球形半径 $a = (3/2)0.25 = 0.375 \ \mu m$，计算结果与 H-ZSM-5 上的扩散实验

表 5.5 不同温度下苯、甲苯、乙苯在 HZSM-5 及 H-Bata 分子筛上的修正扩散系数 $(D_0 \times 10^9 (\text{cm}^2/\text{s}))$

吸附质	HZSM-5	H-Bata	T/(°)
苯	0.5	0.6	300
	2	3.2	350
	8	8.2	400
		13	450
甲苯	1	0.2	300
	4	0.9	350
	6	10	400
	16	18	450
乙苯	0.6	0.1	300
	1.5	0.2	350
	5	2.5	400
	17	26	450

数据一致[28]。先前的结果表明，MCM-22 表面存在截断的孔穴，这表示通过扩散数据可以得到结构方面的信息[28,32]。

无论何种条件，菲克扩散系数 D 必须通过式 (5.14)[35] ($D* = D(1 - \theta)$，其中：$\theta = n_a/N_a$ 为吸附剂的饱和度；n_a 为吸附量；N_a 为最大吸附量）进行修正，得到自扩散系数 $D*$。θ 的计算可以借助渗透吸附等温方程，即

$$\frac{n_a}{N_a} = \frac{K_0 P^B}{1 + K_0 P^B}$$

式中：K 和 B 是常数，与 A（平衡吸附量，与 n_a 成正比，见第 3 章 3.2 节）一起用于拟合实验等温线[28]。

表 5.5[28] 中是苯、甲苯、乙苯、邻二甲苯、间二甲苯在 H-ZSM-5 及 H-Beta 沸石上的修正扩散系数 D_0，使用式 (5.69)、式 (5.14) 计算，其中实验数据来自 FTIR 光谱仪的测试结果，并考虑了沸石晶体的空间结构。

需要注意的是，实验数据对上述系统进行描述时，并未提及其他传递机制，它们与晶体内部的扩散是相互叠加的[9]。

另一方面，Eyring 方程为

$$D^* = D_0^* \exp\left(-\frac{E_a}{RT}\right)$$

用于计算活化能 E_a 和指前因子 D_0^*。扩散活化能 E_a 和指前因子的计算值列于表 5.6。

表 5.6　使用 Eyring 方程计算的活化能及指前因子（苯、甲苯、乙苯在 H-ZSM-5 及 H-Beta 沸石上扩散）

沸石	吸附质	E_a/(kJ/mol)	$D_0^* \times 10^4$/(cm²/g)
H-ZSM-5	苯	28	0.3
	甲苯	21	0.05
	乙苯	26	0.2
H-Beta	苯	32	2.2
	甲苯	36	3.3
	乙苯	41	9

式（5.64）和式（5.65）中所有项均有准确的界定，因此其指前因子可以数学计算：$R = 8.3\,\mathrm{kJ/(mol\ K)}$，$T = 300 \sim 400\,\mathrm{K}$，$M = 80 \sim 100\,\mathrm{g/mol}$，$l = 10\,\text{Å}$[28]，$\nu = 10^{12} \sim 10^{13}\,\mathrm{s^{-1}}$[35]。定位吸附的指前因子的范围是 $10^{-1}\,\mathrm{cm^2/s} < D_0^* < 10^{-2}\,\mathrm{cm^2/s}$，非定位吸附的指前因子的范围是：$4 \times 10^{-4}\,\mathrm{cm^2/s} < D_0^* < 6 \times 10^{-4}\,\mathrm{cm^2/s}$[28]。

如果近似处理，将 $D* = D_0$[34]，就可以将计算值与表 5.6 中的值进行比较。结果表明，定位吸附的指前因子与实验得到的指前因子不相等，因此我们确定芳香烃在高硅酸性沸石上的吸附不是强吸附过程[28]。其他研究者通过苯、乙苯在 ZSM-5 沸石上的扩散，也得出了同样的结论[120,121]。

参考文献

[1] Jost, W., Diffusion in Solids, Liquids and Gases, Academic Press, New York, 1960.

[2] Reif, R., Fundamentals of Statistical and Thermal Physics, McGraw-Hill, Boston, 1965.

[3] Kauzmann, W., Kinetic Theory of Gases, Addison-Wesley, Reading, 1966.

[4] Manning, J.R., Diffusion Kinetics for Atoms in Crystals, Van Nostrand, Princenton, 1968.

[5] Crank, J., The Mathematics of Diffusion, 2nd ed., Oxford University Press, Oxford, 1975.

[6] Bokstein, B.S., Mendelev, M.I. and Srolovitz, D.J., Thermodynamics and Kinetics in Materials Science, Oxford University Press, Oxford, 2005.

[7] Ruthven, D.M., Principles of Adsorption, and Adsorption Processes, John Wiley & Sons, New York, 1984.

[8] Yang, R.T., Gas Separation by Adsorption Processes, Butterworths, Boston, 1987.

[9] Post, M.F.M., Stud. Surf. Sci. Catai, 58, 391, 1991.

[10] Xiao, J. and Wei, J., Chem. Eng. Sci, 47, 1123, 1992.

[11] Chen, N.Y, Degnan, T.F., Jr., and Smith, CM., Molecular Transport and Reaction in Zeolites, VCH Publishers, New York, 1994.

[12] Karger, J. and Ruthven, D.M., Diffusion in Zeolites and Other Microporous Solids, J. Wiley & Sons, New York, 1992.

[13] Kizilyalli, M., Corish, J., and J. Metselaar, J., Pure Appl. Chem., 71, 1307, 1999.

[14] Bird, R.B., Stewart, W.E., and Lightfoot, E.N., Transport Phenomena, 2nd ed., J. Wiley & Sons, New York, 2002.

[15] Brauer, P., Fritzsche, S., Karger, J., Schutz, G., and Vasenkov, S., Lect. Notes Phys., 634, 89, 2004.

[16] Heitjans, P. and Karger, J., (Eds.), Diffusion in Condensed Matter, Springer, Berlin, 2005.

[17] Fick, A., Ann. Phys., 94, 59, 1855.

[18] Onsager, L., Phys. Rev., 37, 405, 1931; and 38, 2265, 1932.

[19] Einstein, A., Ann. Phys., 17, 549, 1905.

[20] Roque-Malherbe, R., Mic. Mes. Mat., 41, 227, 2000.

[21] Karger, J., Vasenkow, S., and Auerbach, S.M., in Handbook of Zeolite Science and Technology, Auerbach, S., Carrado, K.A. and Dutta, P.K., Eds., Marcell Dekker Inc., New York, 2003, p. 341.

[22] Burggraaf, A.J., J. Membrane Sci, 155, 45, 1999.

[23] Ruthven, D.M. andEic, U.,ACSSymp. Sen, 388, 362,1988; and Zeolites, 8, 40, 1988.

[24] Yasuda, Y., J. Phys. Chem., 86, 1913, 1982.

[25]　Van den Begin, N.G. and Rees, L.V.C., Stud. Surf. Sci. Catai, 49B, 915, 1989.

[26]　Karge, H.G. and Niessen, W., Catai Today, 8, 451, 1991.

[27]　Niessen, W. and Harge, H.G., Stud. Surf. Sci. Catai, 60, 213, 1991.

[28]　Roque-Malherbe, R., Wendelbo, R., Mifsud, A., and Corma, A., J. Phys. Chem., 99 14064, 1995.

[29]　Roque-Malherbe, R., Mic. Mes. Mat., 56, 321, 2002.

[30]　Roque-Malherbe, R. and Ivanov, V, Mic. Mes. Mat., 47, 25, 2001.

[31]　Sastre, G., Raj, N,, Richard, C., Catlow, C., Roque-Malherbe, R., and Corma, A.. J. Phys. Chem. B, 102, 3198, 1998.

[32]　Wendelbo, R. and Roque-Malherbe, R., Mic. Mat., 10, 231, 1997.

[33]　Pfeifer, H., in NMR Basic Principles, Diehl, P., Fluck, E., and Kosfeld, R., Eds., Springer, Berlin, 1972, p53

[34]　Karger, J., Surf. Sci, 36, 797, 1973.

[35]　Barrer, R.M. and Jost, W., Trans. Faraday Soc, 45, 928, 1949.

[36]　Saracco, G. and Specchia, V, Catai Rev. Sci. Eng., 36, 305, 1994.

[37]　Satterfield, C.N., Heterogeneus Catalysis in Practice, Mc Graw-Hill, New York, 1980.

[38]　Wang, M.R. and Li, Z.X. Phys. Rev. E, 68, 046704, 2003.

[39]　Choi, J.-G., Do, D.D., and Do, H.D., Ind. Eng. Chem. Res., 40, 4005, 2001.

[40]　Hwang, S.-T. and Kammermeyer, K., Techniques in Chemistry: Membranes in Sep¬aration, J. Wiley & Sons, New York, 1975.

[41]　Kapoor, A., Yang, R.T., Wong, C, Catai Rev. Sci. Eng., 31, 129, 1989.

[42]　Ulhorn, R.J.R., Keizer, K., and Burggraaf, A.J., /. Membrane Sci, 66, 271, 1992.

[43]　Barber, R.W. and Emerson, D.R., Advances in Fluid Mechanics IV, Rahman, M., Verhoeven, R., and Brebbia, C.A., Eds., WIT Press, Southampton, UK, 2002, p. 207.

[44]　Schaaf, S.A. and Chambre, PL., Flow of Rarefied Gases, Princeton University Press. 1961.

[45]　Mizuseki, H,, Jin, Y, Kawazoe, Y, and Wille, L.T., J. App. Phys., 87, 6561, 2000.

[46]　Bird, G., Annu. Rev. Fluid Mech, 10, 11, 1978.

[47]　Hsieh, H.P., Inorganic Membranes for Separation, and Reaction, Membrane Science and Technology Series 3, Elsevier, Amsterdam, 1996.

[48]　Morooka, S. and Kusakabe, K., MRS Bulletin, March 25, 1999.

[49] Mulder, M., Basic Principles of Membrane Technology, Kluver Academic Publishers, Dordrecht, The Netherlands, 1996.

[50] Baker, R.W., Membrane Technology and Applications, Wiley, New York, 2004.

[51] Goosen, M.F., Sablani, S.S., and Roque-Malherbe, R., in Handbook of Membrane Separations: Chemical, Pharmaceutical, and Biotechnological Applications, Pabby. A.K., Sastre, A.N., and Rizvi, S.S., Eds., Marcel Dekker, New York, 2007.

[52] Saracco, G., Neomagus, H.W.J.P., Versteeg, G.F., and Swaaij, W.P.M., Chem. Eng-Sci, 54, 1997, 1999.

[53] Sankar, N. and Tsapatsis, M., in Handbook of Zeolite Science, and Technology. Auer¬bach, S., Carrado, K.A., and Dutta, P.K. Eds., Marcell Dekker, New York, 2003, p867

[54] Vankelecom, I.F.J., Chem. Rev., 102, 3779, 2002.

[55] Boissiere, C, Martines, M.A.U., Kooyman, P.J., de Kruijff, T.R., Larbot, A.. an' Prouzet, E,, Chem. Mater., 15, 460, 2003.

[56] Mauran, S., Rigaud, L., and Coudeville, O., Transp. Porous Media, 43, 355, 2001.

[57] Krishna, R., in Handbook of Zeolite Science and Technology, Auerbach, S., Carrado-K.A., and Dutta, P.K., Eds., Marcell Dekker Inc., New York, 2003, p. 1105.

[58] Roque-Malherbe, R., del Valle, W., Marquez, E, Duconge, J., and J. Goosen, J- Sep. Sci. Tech., 41, 73, 2006.

[59] Mason, E.A. and Malinauskas, A.P., Gas Transport in Porous Media. The Dusty Gas Model, Elsevier, Amsterdam, The Netherlands, 1983.

[60] Papavassiliou, V, Lee, C, Nestlerode, J., and Harold, M.P., Ind. Eng. Chem. Res.,36, 4954, 1997.

[61] Rutherford, S.W. and Do, D.D., Ind. Eng. Chem. Res., 38, 565, 1999.

[62] Nicholson, D. and Cracknell, R., Langmuir, 12, 4050, 1996.

[63] Wei, J., Ind. Eng. Chem. Res., 33, 2467, 1994.

[64] Weisz, P.B., Ind. Eng. Chem. Res., 34, 2692, 1995.

[65] Hahn, K. and Karger, J., J. Phys. Chem. B, 100, 316, 1996.

[66] Bhide, S.Y. and Yashonath, S., J. Phys. Chem. B, 104, 11977, 2000.

[67] Tepper, H.L., Hoogenboom, J.P., van der Vegt, N.F.A., and Briels, W.J., J. Chem. Phys., 110, 11511, 1999.

[68] Nelson, P.H. and Auerbach, S.M., J. Chem. Phys., 110, 9235, 1999.

[69] Potter, M.C. and Wiggert, D.C., Mechanics of Fluids, 3rd ed., Brooks/Cole-Thomson Learning, Pacific Groove, CA, 2002.

[70] Okazaki, M., Tamon, H., and Toei, R., AIChE J., 27, 262, 1981.

[71] Uhlhorn, R.J.R. and Burggraaf, A.J., in Inorganic Membranes, Bhave, R.R., Ed., Van Nostrand Reinhold, New York, 1990, p. 155.

[72] Burggraaf, A.J. and Cot, L., Fundamentals of Inorganic Membrane Science and Technology, Elsevier, New York, 1996.

[73] Corma, A., Chem. Rev., 97, 2373, 1997.

[74] Marquez-Linares, F. and Roque-Malherbe, R., Facets-IUMRS J., 2, 14, 2003; and 3, 8, 2004.

[75] Snurr, R. and Karger, J., J. Phys. Chem. B, 101, 6469, 1997.

[76] Ramanan, H, Auerbach, S.M., and Tsapatsis, M., J. Phys. Chem. B, 108,17171,2004.

[77] Skoulidas, A.I. and Sholl, D.S., J. Phys. Chem. B, 105, 3151, 2001.

[78] Valyon, J., Onyestyak, G. and Rees, L.V.C., Langmuir, 16, 1331, 2000.

[79] Breck, D.W., Zeolite Molecular Sieves, J. Wiley & Sons, New York, 1974.

[80] Barrer, R.M., Zeolite and Clay Minerals as Sorbents and Molecular Sieves, Academic Press, 1978.

[81] Mortier, W.J., Compilation of Extraframework Sites in Zeolites, Butterworth, London, 1982.

[82] Baerlocher, Ch., Meier, W.M., and Olson, D.M., Atlas of Zeolite Framework Types, 5th ed., Elsevier, Amsterdam, 2001.

[83] Chen, N.Y., Degnan, T.F, Jr., and Smith, CM., Molecular Transport and Reaction in Zeolites, VCH: New York, 1994.

[84] Corma, A., Chem. Rev., 95, 559, 1995.

[85] Theodorou, D.N. and Wei, J., J. Catai, 83, 205, 1983.

[86] Nelson, PH., Kaiser, A.B., and Bibby, D.M., J. Catai, 127, 101, 1991.

[87] Snurr, R.O., Bell, A.T., and Theodorou, D.N., J. Phvs. Chem., 97, 13742, 1993.

[88] de la Cruz, J., Rodriguez, C, and Roque-Malherbe, R., Surf. Sci, 209, 215, 1989.

[89] Glasstone, S., Laidler, K.J., and Eyring, H., The Theory of Rate Process, McGraw-Hill, New York, 1964.

[90] Karger, J., Heifer, H., and Haberlandt, R., Chem. Soc. Faraday Trans.,

76,1569, 1980.

[91] Ruthven, D.M. and Derrah, R.I., J. Chem. Soc, Faraday Trans., 68, 2322, 1972.

[92] Larry, R.L., Bell, A.T., and Theodorou, D.N., J. Phys. Chem., 95, 8866, 1991.

[93] Hill, T.L., An Introduction to Statistical Thermodynamics, Dover Publications Inc., New York, 1986.

[94] Rudzinskii, W. and Everett, D.H., Adsorption of Gases on Heterogeneous Surfaces, Academic, New York,1992.

[95] Ross, S. and Olivier, J.R, On Physical Adsorption, J. Wiley & Sons, New York, 1964.

[96] Karger, J., Petzold, M., Pfeiffer, H,, Ernst, S., and Weitkamp, J., J. Catai., 136, 283 1992.

[97] Kukla, V, Kornatowski, J., Demuth, D., Girnus, I., Pfeifer, H., Rees, L.V.C., Schunk S,, Unger, K, and Karger, J., Science, 272, 702, 1996.

[98] Brandini, S., Ruthven, D.M., and Karger, J., Microporous Materials, 9, 193, 1997.

[99] Qureshi, W. and Wei, J., J. Catai., 126, 147, 1990.

[100] Tsikoyannis, J.G. and Wei, J., Chem. Eng. Sci., 46, 233, 1991.

[101] Hahn, K. and Karger, J., J. Phys. A, 28, 3061, 1995.

[102] Shen, D. and Rees, L.V.C., J. Chem. Soc. Faraday Trans., 92, 487, 1996.

[103] Rodenbeck, C. and Karger, J., J. Chem. Phys., 110, 3970, 1999.

[104] Hahn, K. and Karger, J., J. Phys. Chem. B. 102, 5766, 1998.

[105] Hoogenboom, J.R, Tepper, H.L., Van der Vegt, N.F.A., and Briels, W.J., J. Chem. Phys., 113,6875, 2000.

[106] Radajhyaksksha, R.A., Pitale, K.K., and Tambe, S.S., Chem. Eng. Science, 45, 1935, 1990.

[107] Karger, J., Phys, Rev. A, 45, 4173, 1992.

[108] Karger, J., Phys. Rev. E, 47, 1427, 1993.

[109] Nivarthi, S.S., Mc Cormick, A.V, and Davis, H.T., Chem. Phys. Lett., 229, 298, 1994.

[110] Jobic, H., Hahn, K, Karger, J., Bee, M., Tuel, A., Noak, M, Girnus, I., and Kearly, G., / Phys. Chem., 110, 5834, 1997.

[111] Brandani, S., Ruthven, D.M., and Karger, J., Micropor. Mater., 9, 193, 1997.

[112] Song, L. and Rees, L.V.C., Micropor. Mesopor. Mater, 41, 193, 2000.

[113] Bouchard, J.R and Georges, A., Phys. Rep., 127, 127, 1990.

[114] Schlesinger, M.F., Zaslavsky, G.M., and Klafter, J., Nature, 363, 31, 1993.

[115] Sokolov, I.M., Klafter, J., and Blumen, A., Physics Today, 55, 48, 2002.

[116] Oldham, K.B. and Spanier, J., The Fractional Calculus, Academic Press, San Diego. CA, 1974.

[117] Miller, K.S. and Ross, B., An Introduction to Fractional Calculus and Fractional Differential Equations, J. Wiley & Sons, New York, 1993.

[118] Roque-Malherbe, R. and Wendelbo, R., Thermochimica Acta, 400, 165, 2003.

[119] Draper, N.R. and Smith, H., Applied Regression Analysis, Third Edition, Wiley. New York, 1998.

[120] Xiao, J. and Wei, J., J. Chem. Eng. Sci., 47, 1143, 1992.

[121] Karge, H. and Niessen, W., Mic. Mat., 1,1, 1993.

第 6 章

活塞流吸附反应器

6.1 动态吸附

在大多数情况下,用于实现动态吸附过程的反应器均由吸附剂紧密装填而成。用于此种用途的吸附剂一般包括活性炭、沸石及相关材料、硅胶、介孔分子筛、氧化铝、二氧化钛、氧化镁、黏土以及柱撑黏土。

动态吸附是个传质问题,可以使用复杂传质模型来描述,该模型所需众多参数必须通过独立的间歇动力学研究来确定,或者通过合适的关系式进行估算[1,2]。

在此,本书将探讨动态吸附的最简单的实例,即使用如图 6.1 所示的活塞流吸附反应器(PFAR),通过装填的吸附剂去除气体或液体中含有的低浓度杂质,进而实现净化的目的。反应器出口的尾气呈图 6.2 所示的穿透曲线[3-18]。在图 6.2 中,C_0 为初始浓度,C_e 为穿透浓度,V_e 为溶质 A 穿透时溶液累计进料体积,V_b 为达到饱和点时的累计体积。该曲线表明了填充床吸附反应器出口浓度与累计体积(也就是时间)之间的关系。

含有初始浓度 C_0(质量/体积)示踪溶质 A 的水溶液或者含有低浓度 C_0(质量/体积)组分 A 的气体以一定的体积流量通过反应器,有

$$F = \frac{\Delta V}{\Delta t} = \frac{体积}{时间}$$

床层内未占用体积为 $V_B = \varepsilon V$,其中,V 为床层体积,ε 为床层的孔隙率。流体的表观流速 u 定义为[15]

$$u = \frac{F}{S}$$

式中：S 为反应器横截面面积。另外，流体流经反应器的接触或停留时间 τ 通过下式进行计算[15]：

$$\tau = \frac{V_B}{F}$$

为保证正确工作，动态吸附反应器应满足以下条件[12]：

（1）停留时间：既然吸附是个缓慢过程，那么流体的接触或停留时间应足够长，以保证分子传递至吸附位。根据经验，这种情况，一般可以试着将停留时间限定在以下范围：气体动态吸附，$0.05\,\text{s} < \tau < 0.1\,\text{s}$；液相动态吸附，$0.5\,\text{s} < \tau < 1\,\text{s}$。

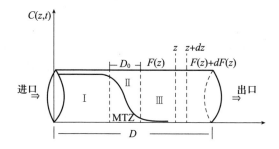

图 6.1　填充床吸附反应器

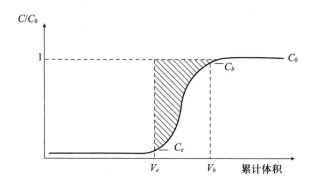

图 6.2　穿透曲线

（填充床吸附反应器出口浓度与累计体积（也就是时间）之间的关系）

（2）颗粒尺寸：如果颗粒尺寸过小，反应器的压力降会过大。因此，应使用足够大尺寸的颗粒。颗粒尺寸取决于反应器的尺寸，因此，一般来说，反应器的实际尺寸可按以下大概比例设计：$d_R/d_P \geqslant 10$，其中，d_R 为反应器直径，d_P 为颗粒尺寸。对于材料的实验室测试而言，也是本书的主要目标，$d_R/d_P \approx 10$ 是个不错的选择。

（3）反应器长度：既然停留时间相对较长，有时为了获得所需的处理能力而必须使用较大的装置。为了保证反应器各尺寸之间的比例，可以使用以下规则：$D/d_R \geqslant 10$，其中，D 为反应器长度，d_R 为反应器直径。对于材料的实验室试验来说，$D/d_R \approx 10$ 是个很好的选择。

显而易见，以上各点只是非常粗略的设计准则，仅仅适用于材料的实验室试验，对于非本书研究目标的工业反应器的设计并不适用。

6.2 活塞流吸附反应器模型

活塞流模型是指流体速度分布为活塞状（也就是在所有径向位置上速度一致），一般也包含湍流情况，在该情况下，流体中各组分充分混合[3]。同时，该模型还假设固定床吸附反应器使用全新或刚再生过的吸附剂颗粒随机填充而成[8]。另外，由于系统的各个独立部分反应极其迅速，从实用角度出发，可以假设局部处于平衡状态，也就是说，假设吸附分离过程处于热动力学平衡状态[3]。吸附过程相对于对流和扩散过程要快得多，因此，吸附剂颗粒附近存在局部平衡[6,8]。另外一个假定是吸附床内不发生化学反应，只有对流引起的质量传递最为显著。

最后，有必要强调的是吸附剂接触的是二元混合物，其中一个组分会被固体吸附剂选择性吸附。也就是说在流动的流体中易被吸附的组分从惰性载气中被吸附。另外，热效应可以忽略，因此，可以使用等温条件[3,8]。气体以固定的流速流入床层顶端，传质阻力可以忽略不计[6,8]。

反应器横截面为 S，柱长 D，吸附剂质量为 M，见图 6.1。活塞流吸附反应器中吸附剂床层可以分为三个区域：①平衡区；②长度为 D_0 的传质区（MTZ）；③未使用区[4,10,11]。传质区长度 D_0 可使用下面的表达式进行计算（见图 6.2）[11]：

$$D_0 = 2D\frac{V_b - V_e}{V_b + V_e} \tag{6.1}$$

吸附的物理过程相对于固体内部的扩散等其他较为缓慢的过程来说还是非常迅速的。固体吸附剂表面和附近，吸附平衡等温关系的一般形式为[3]

$$q = KC^* \tag{6.2}$$

式中：q 为吸附质浓度的平衡值，表示为每单位体积固体颗粒吸附的摩尔溶质；C^* 表示平衡时每单位体积流体中溶质的摩尔数；K 为线性配分系数。

考虑前面所有的假设，则 PFAR 的质量守恒方程为

$$IN-OUT=ACCUMULATION$$

可以表示为下式[6,8]

$$FC(z) - FC(z+\mathrm{d}z) = \varepsilon\frac{\partial C}{\partial t}S\mathrm{d}z + (1-\varepsilon)\frac{\partial q}{\partial t}S\mathrm{d}z$$

第一项与流体流动有关，等式另一边的两项则分别与流动相和固相中的累积有关。然后，使用 $S\mathrm{d}z$ 去除上式，则可以得到[6]

$$\frac{\partial C}{\partial t} + u\frac{\partial C}{\partial z} + \frac{1-\varepsilon}{\varepsilon}\frac{\partial q}{\partial t} = 0 \tag{6.3}$$

式中：ε 为床层孔隙率（颗粒之间的体积），$(1-\varepsilon)$ 是固体所占用的体积分数；u 是载流体的空隙速度；t 为时间；z 为到移动相入口的距离；$C(z,t)$ 为流动相中溶质浓度；q 为固定相中溶质浓度。

为完成必要的方程组，需要引入溶质或污染物的吸附速率，可以根据整体液相传质系数，使用线性推动力模型来描述，即[6,8,9]

$$\frac{\partial q}{\partial t} = k'(C - C^*) \tag{6.4}$$

式中：C^* 为与固定相浓度 q 平衡的移动相浓度；k' 为速率系数，为总包传质系数，即

$$k' = \frac{k_c a}{(1-\varepsilon)}$$

式中：k_c 为单位表面积的传质系数；$k_c a$ 为每单位体积的传质系数；a 为单位填充柱体积上的总表面积[3,8]。

系统模型包括三个方程，即式（6.2）、式（6.3）、式（6.4）。三个方程三个未知数（q、C 和 C^*）。使用式（6.2）可以消除 q，进而得到

$$\frac{\partial C}{\partial t} + u\frac{\partial C}{\partial z} + \frac{1-\varepsilon}{\varepsilon}K\frac{\partial C}{\partial t} = 0 \tag{6.5a}$$

$$\frac{\partial C^*}{\partial t} = \frac{k_c a}{(1-\varepsilon)K}(C - C^*) \tag{6.5b}$$

描述活塞流吸附反应器工作过程的偏微分方程的初始和边界条件如下[3,8]：

（1）$C(z,0) = 0$，$C^*(z,0) = 0$，$0 < z < D$，初始时刻孔隙充满洁净流体；

（2）$C(0,t) = C_0$，即床层进口成分固定。

为得到穿透曲线，使用拉普拉斯变换可得到式（6.5a）和式（6.5b）的解析解[3]（见附录 6.1）。

拉普拉斯方法可以直接用来解联立耦合偏微分方程组式（6.5a）和式（6.5b）。为简化求解，最好变换方程的形式[3]。首先，引入一个新的变量：

$$\theta = t - \frac{z}{u}$$

该变量为实际时间与局部流体停留时间的差。将该变量引入方程，则得到

$$C(z,t) = C(z,\theta) \tag{6.6a}$$

$$C^*(z,t) = C^*(z,\theta) \tag{6.6b}$$

因为[3]

$$\left.\frac{\partial C}{\partial z}\right|_t \mathrm{d}z + \left.\frac{\partial C}{\partial t}\right|_z \mathrm{d}t = \left.\frac{\partial C}{\partial z}\right|_\theta \mathrm{d}z + \left.\frac{\partial C}{\partial \theta}\right|_z \mathrm{d}\theta \tag{6.7}$$

和

$$\mathrm{d}\theta = \mathrm{d}t - \frac{\mathrm{d}z}{u} \tag{6.8}$$

然后将式（6.8）代入式（6.7），令 $\mathrm{d}t$ 和 $\mathrm{d}z$ 的系数相等，则得到[3]

$$\left.\frac{\partial C}{\partial z}\right|_t = \left.\frac{\partial C}{\partial z}\right|_\theta - \frac{1}{u}\left.\frac{\partial C}{\partial \theta}\right|_z \tag{6.9}$$

和

$$\left.\frac{\partial C}{\partial t}\right|_z = \left.\frac{\partial C}{\partial \theta}\right|_z \tag{6.10}$$

同样，可以得到

$$\left.\frac{\partial C^*}{\partial t}\right|_z = \left.\frac{\partial C^*}{\partial \theta}\right|_z \tag{6.11}$$

将式（6.9）、式（6.10）、式（6.11）代入式（6.5a）、式（6.5b），可以得到

$$u\left.\frac{\partial C}{\partial z}\right|_\theta = -\frac{k_c a}{\varepsilon}(C - C^*) \tag{6.12a}$$

$$(1-\varepsilon)K\frac{\partial C^*}{\partial \theta} = k_c a(C - C^*) \tag{6.12b}$$

为使联立式（6.12a）和式（6.12b）更加简化，定义以下两个变量：

无量纲距离：

$$\xi = \frac{k_c a}{\varepsilon}\left(\frac{z}{u}\right)$$

无量纲相对时间：

$$\tau = \frac{k_c a}{K(1-\varepsilon)}(\theta)$$

将这些变量代入式（6.12a）和式（6.12b），可得到下列联立方程：

$$\frac{\partial C}{\partial \xi} = -(C - C^*) \tag{6.13a}$$

$$\frac{\partial C}{\partial \tau} = (C - C^*) \tag{6.13b}$$

此时的初始和边界条件为 $C(\xi,0) = 0$，$C*(\xi,0) = 0$ 以及 $C(0,\tau) = C_0$。

对 τ 进行拉普拉斯变换（见附录 6.1），得到

$$\frac{\mathrm{d}C(\xi,s)}{\mathrm{d}\xi} = -[C(\xi,s) - C^*(\xi,s)] \tag{6.14a}$$

$$sC^*(\xi,s) = [C(\xi,s) - C^*(\xi,s)] \tag{6.14b}$$

从式（6.14b）中解出 C^* 为

$$C^*(\xi,s) = \frac{C(\xi,s)}{1+s}$$

代入式（6.14a），可得

$$\frac{\mathrm{d}C(\xi,s)}{\mathrm{d}\xi} = -C(\xi,s) + \frac{C(\xi,s)}{1+s} = -C(\xi,s)\frac{s}{s+1} \tag{6.15}$$

积分式（6.15），得到

$$C(\xi,s) = A(s)\exp\left(-\frac{s}{s+1}\xi\right) = A\exp(-\xi)\exp\left(\frac{\xi}{s+1}\right) \tag{6.16}$$

式中：$A(s)$ 为积分常数。

床层入口处的变换为[3]

$$L[C(0,\tau)] = L[C_0] = \frac{c_0}{s} \tag{6.17}$$

由此可以判定积分常数 $A(s)$ 为

$$A(S) = \frac{c_0}{s} \tag{6.18}$$

则函数变为

$$C(\xi,s) = \left(\frac{c_0}{s}\right)\exp(-\xi)\exp\left(\frac{\xi}{s+1}\right) \tag{6.19}$$

除了 $1/s$ 项外，可以使用移相定理来对函数进行变换[3]。在拉普拉斯变换表中[19,20]，可以找到下面的变换式：

$$L[\mathrm{J}_0(2\sqrt{kt})] = F(s) = \frac{\mathrm{e}^{-\frac{k}{s}}}{s} = \int_0^\infty \mathrm{e}^{-st}\mathrm{J}_0(2\sqrt{kt})\mathrm{d}t \qquad (6.20)$$

式中：J_0 为第一种类型的零阶贝塞尔函数[21]，适用于解当前的问题，只需将等式（6.19）中的 s 替换成 $s+1$，这可以通过下面的方程实现：

$$\int_0^\xi \exp(-\beta)\exp\left(\frac{\beta}{s+1}\right)\mathrm{d}\beta = \left(\frac{s+1}{s}\right)\left[1-\exp(-\xi)\exp\left(\frac{\xi}{s+1}\right)\right]$$

这样就可以将式（6.19）中的指数部分使用积分形式表示，即

$$C(\xi,s) = C_0\left[\frac{1}{s} - \int_0^\xi \frac{\exp(-\beta)\exp\left(\frac{\beta}{s+1}\right)}{s+1}\mathrm{d}\beta\right]$$

最后，使用变化定律（见附录 6.1），注意到

$$\mathrm{J}_0(2\sqrt{-kt}) = \mathrm{J}_0(2i\sqrt{kt}) = \mathrm{J}_0(2\sqrt{kt})$$

可以得到（见图 6.2）[3]

$$C(\xi,s) = C_0 u(\tau)\left[1-\exp(-\tau)\int_0^\xi \exp(-\beta)\mathrm{I}_0(2\sqrt{\beta\tau})\mathrm{d}\beta\right]$$

式中：I_0 为修正的贝塞尔函数；$u(\tau)$ 为步函数[20]。

以上针对描述活塞流吸附反应器工作过程的联立双偏微分方程组得到了解析解，该过程是使用拉普拉斯方法解偏微分方程的完美实例。更重要的是，在吸附应用过程中，吸附剂中吸附质浓度平衡值 q 与流体中溶质浓度 C^* 之间呈线性关系，很有价值（见式（6.2））。然而，数值方法得出结果会更精确，因为在原始模型中引入了的简化较少，并且使用条件更灵活，因为这种应用不受吸附等温线类型或者初始和边界条件限制[22]。

作为使用活塞流吸附反应器气体净化的动态吸附过程的一个实例，图 6.3 所示为从 CO_2-H_2O 混合物中动态吸附水的穿透曲线，吸附剂为 Laporte 提供的 Na-X 合成分子筛[23,24]。

水蒸气的初始浓度为 0.32 mg/l，在经过吸附反应器之后，降为 0.02 mg/l。反应器的横截面积为 $S = 10.2\ \mathrm{cm}^2$，柱长 $D = 6.9\ \mathrm{cm}$，吸附剂质量为 $M = 30\ \mathrm{g}$，床层体积为 70 cm^3，床层空隙体积为大约 35 cm^3，体积流量为 $F = 7\ \mathrm{cm}^3/\mathrm{s}$[23,24]。

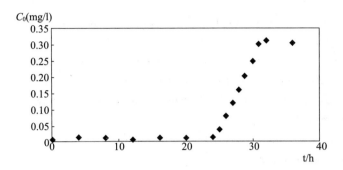

图 6.3　Na-X 合成分子筛上 CO_2-H_2O 混合物气体中 H_2O 的穿透曲线

参考文献

[1] Slaney, A.J. and Bhamidimarri, R., Water Sci. Technol., 38,227,1998.

[2] Wolborska, A., Chem. Eng. J.,37,85,1999.

[3] Rice,R.G., and Do, D.D., Applied Mathematics and Modeling for Chemical Engineers, John Wiley & Sons, New York, 1995.

[4] Droste, R., Theory and Practice of Water and Wastewater Treatment, John Wiley & Sons, New York, 1997.

[5] Scott-Fogler, H., Elements of Chemical Reaction Engineering, Prentice-Hall, Upper Saddle River, New Jersey, 1999.

[6] Ruthven, D.W., Principles of Adsorption and Adsorption Processes, Wiley, New York, 1984.

[7] Helfferich, F.G. and Klein, G., Multicomponent Chromatography: Theory of Interference, Marcel Dekker, New York, 1970.

[8] Chern, J.M., and Chien, Y.W. ind. Eng. Chem. Res., 40,3775,2001.

[9] Sherwood, T.K., Pigford, R.L., and Wilke, C.R., Mass transfer, McGraw-Hill, New York, 1975.

[10] Pansini, M., Mineral. Deposita, 31,563,1996.

[11] Michaels, A.C., ind. Eng. Chem.,44,1922,1952.

[12] Rodriguez-Reinoso, F. and Sepulveda-Escribano, A., in handbook of Surfaces and Interfaces of Materials, Volume 5, Nalwa, H.S., Ed., Academic Press, New York, 2001,p. 309.

[13] Helfferich, F., ion Exchange, Dover Publications Inc., New York, 1962.

[14] Suzuki, M., Adsorption Engineering, Elsevier Science, Amsterdam, 1990.

[15] Levenspiel, O., Chemical Reaction Engineering, 3rd ed., J. Wiley & Sons, New York, 1998.

[16] Thomas W.J. and Crittenden, B., Adsorption Technology, and Design, Elsevier Science and Technology, Amsterdam, 1998.

[17] Seader, J.D. and Henley, E.J., Separation Process Principles, J. Wiley & Sons, New York, 1998.

[18] Bansal, R.C. and Meenakshi, G., Activated Carbon Adsorption, CRC Press, Boca Raton, FL, 2005

[19] Oberhettinger, F. and Badii, L., Tables of Laplace Transforms, Springer-Verlag, New York, 1980.

[20] Churchill, R.V., Operational Mathematics, Mc-Graw-Hill, New York, 1958.

[21] Arfken, G.B. and Weber, H.J., Mathematical Methods for Physicists, 5th ed., Academic Press, New York, 2001.

[22] Tien, C., Adsorption Calculation and Modeling, Butterworth-Heineman, Boston, 1994.

[23] Roque-Malherbe, R., Lemes, L., Autie, M., and Herrera, O., in Zeolite or the Nineties, Recent Research. Reports, 8th International Zeolite Conference, Amsterdam, July 1989, Hansen, J.C., Moscou, L., and Post, M.F.M., Eds., IZA, 1989,p.137.

[24] Roque-Malherbe, R., Lemes, L., Lpez-Cloado, L., and Montes, A., in Zeolite '93 Full Papers Volume, Ming, D. and Mumpton, F.A., Eds., International Committee on Natural Zeolites, Brockport, New York, 1985, p.299.

附录 6.1 拉普拉斯变换

拉普拉斯变换能够将积分和微分方程转换为代数方程，在某些情况下可以简化微分方程的解析计算。有两种变换形式：单边和双边变换。通常，单边变换应用在因果系统和信号领域。此处即使用单边变换。这个例子中，假设 $t < 0$ 时，$f(t) = 0$[3]。则 $f(t)$ 的拉普拉斯变换表示为函数 $L[f(t)] = F(s)$，复数变量 $S = \sigma + \mathrm{i}\omega$，变换定义如下[20,21]：

$$L[f(t)] = F(s) = \int_0^\infty \mathrm{e}^{-st} f(t)\mathrm{d}t \tag{A6.1-1}$$

当然，这些变换在针对 s 能够积分收敛的情况下才成立。收敛的条件

是

$$\int_0^\infty |\mathrm{e}^{-st}f(t)|\mathrm{d}t < \infty$$

满足上式的 s 的值称为拉普拉斯变换的收敛域（ROC）。

拉普拉斯变换为线性，所以[20,21]

$$L[ag(t) + bh(t)] = aL[g(t)] + bL[h(t)], \tag{A6.1-2}$$

可以使用拉普拉斯变换的最基本的函数，常数，即 $f(t) = C$：

$$L[C] = \int_0^\infty C\mathrm{e}^{-st}\mathrm{d}t = C\left(\left.\frac{\mathrm{e}^{-st}}{-s}\right|_0^\infty\right) = \frac{c}{s} \tag{A6.1-3}$$

另一个简单函数为 $f(t) = t$，则

$$L[Ct] = \int_0^\infty Ct\mathrm{e}^{-st}\mathrm{d}t = C\left(\left.\frac{\mathrm{e}^{-st}}{s^2}(-st - 1)\right|_0^\infty\right) = \frac{c}{s^2} \tag{A6.1-4}$$

我们可以想到的一个高等函数为指数函数，$f(t) = Ct^n$，n 为自然数。则

$$L[Ct^n] = \int_0^\infty Ct^n\mathrm{e}^{-st}\mathrm{d}t = \frac{Cn!}{s^{n+1}} \tag{A6.1-5}$$

令 $f(t) = C\mathrm{e}^{kt}$，有

$$L[C\mathrm{e}^{kt}] = \int_0^\infty C\mathrm{e}^{-st}\mathrm{e}^{kt}\mathrm{d}t = C\left(\left.\frac{\mathrm{e}^{-(s-k)t}}{-(s-k)}\right|_0^\infty\right) = \frac{c}{s-k} \tag{A6.1-6}$$

类似的有[20,21]

$$L[C\mathrm{e}^{-bt}] = \int_0^\infty C\mathrm{e}^{-st}\mathrm{e}^{-bt}\mathrm{d}t = C\left(\left.\frac{\mathrm{e}^{-(s+b)t}}{-(s+b)}\right|_0^\infty\right) = \frac{c}{s+b} \tag{A6.1-7}$$

因为

$$f(t) = C\cosh kt = C\left(\frac{1}{2}(\mathrm{e}^{kt} + \mathrm{e}^{-kt})\right)$$

并且

$$f(t) = C\sinh kt = C\left(\frac{1}{2}(\mathrm{e}^{kt} - \mathrm{e}^{-kt})\right)$$

则可以得到

$$L[C\cosh kt] = \int_0^\infty C\mathrm{e}^{-st}(\cosh kt)\mathrm{d}t = \frac{cs}{s^2 - k^2} \tag{A6.1-8}$$

以及

$$L[C\sinh kt] = \int_0^\infty Ce^{-st}(\sinh kt)\mathrm{d}t = \frac{ck}{s^2 - k^2} \tag{A6.1-9}$$

同样，可以得到[20,21]

$$L[C\cos \omega t] = \int_0^\infty Ce^{-st}(\cos \omega t)\mathrm{d}t = \frac{cs}{s^2 + \omega^2} \tag{A6.1-10}$$

以及

$$L[C\sin \omega t] = \int_0^\infty Ce^{-st}(\sin s\omega t)\mathrm{d}t = \frac{c\omega}{s^2 + \omega^2} \tag{A6.1-11}$$

另外还有[20,21]

$$L\left[\frac{\mathrm{d}f}{\mathrm{d}t}\right] = sF(s) - f(0) \tag{A6.1-12}$$

和[20,21]

$$L\left[\frac{\mathrm{d}^2 f}{\mathrm{d}t^2}\right] = s^2 F(s) - sf(0) - f'(0) \tag{A6.1-13}$$

在对变量 t 求偏导时，有[3]

$$L\left[\frac{\partial f(x,t)}{\partial t}\right] = sF(x,s) - F(x,0) \tag{A6.1-14}$$

其中

$$F(x,s) = \int_0^\infty e^{-st}f(x,t)\mathrm{d}t$$

在对变量 x 求偏导时，拉普拉斯变换为[3]

$$L\left[\frac{\partial f(x,t)}{\partial t}\right] = \frac{\mathrm{d}F(x,s)}{\mathrm{d}x} \tag{A6.1-15}$$

同样有

$$L\left[\int_0^t f(\tau)\mathrm{d}\tau\right] = \frac{F(s)}{s} \tag{A6.1-16}$$

另一个重要的结论是移位定理，即[20,21]

$$L[e^{-at}f(t)] = F(s + a) \tag{A6.1-17}$$

对于单一阶梯函数，即 $t > 0$ 时，$u(t) = 1$。其拉普拉斯变换为

$$L[u(t)] = \frac{1}{s} \tag{A6.1-18}$$

如果为延迟阶梯函数, 即 $t > T$ 时, $u(t - T) = 1$, 则其拉普拉斯变换为

$$L[u(t - T)] = \int_0^T 0e^{-st}\mathrm{d}t + \int_T^\infty 1e^{-st}\mathrm{d}t = \frac{\mathrm{e}^{-Ts}}{s} \tag{A6.1-19}$$

最后, 有必要定义一下拉普拉斯逆变换 L^{-1} 如下所示[21]:

$$f(t) = L^{-1}\{F(s)\} = \frac{1}{2\pi i}\lim_{\omega \to \infty}\left[\int_{\sigma_0-\mathrm{i}\omega}^{\sigma_0+\mathrm{i}\omega} \mathrm{e}^{st}F(s)\mathrm{d}s\right] \tag{A6.1-20}$$

第 7 章

无定形多孔吸附剂：
二氧化硅和活性炭

7.1 无定形二氧化硅的基本特征

　　一直以来，作为一种稳定的惰性材料，二氧化硅的研究是一个很具吸引力的领域[1]。从 19 世纪 20 年代发现硅溶胶和凝胶及 19 世纪 40 年代发明热解硅胶之后，高分散多孔二氧化硅成为一个热门的研究课题[1-9]，多孔二氧化硅是一种特别形式的非晶硅，碱性硅酸盐溶液通过酸化处理，适当调整反应条件，就能制成多孔二氧化硅凝胶[1]。如果将含水二氧化硅凝胶中的水从孔隙中蒸发出来，就能制得多孔干凝胶[6,9]。使用这种方法能商业化制备高表面积催化剂和催化剂载体、色谱固定相和吸附剂[6,9]。

　　另一种生产非晶型二氧化硅的方法是使用醇盐和水发生反应。硅酸最初是由硅的醇盐（正式的名称为硅酸醚）水解制备的[1]。用这种方法制得的硅酸通常要经过自我缩合或者与醇盐缩合。总反应持续进行，通过缩合和聚合过程，形成大分子量的聚硅酸盐。聚硅酸盐相互连接起来形成一个网状空间，空间内孔填充溶剂分子即形成凝胶[3,9]。因此，通过醇盐的溶胶 - 凝胶聚合形成了硅胶。

　　二氧化硅的其他形式，如气相二氧化硅和矿物蛋白石是没有孔隙的[8]。气相二氧化硅是具有非常窄粒径分布的二氧化硅粒子，在电弧或等离子射流条件下将二氧化硅气化，或者将硅的化合物氧化即可得到[7]。

　　人造蛋白石中含有二氧化硅微球，是通过自组装的方法（即呈现周期性排列形成紧密堆积结构）制得的[10]。作为一种胶状"晶体"，人造蛋白石经常成为研究的热点，二氧化硅微球高度有序的排列吸引了众多研究者的兴趣。实际上，人造蛋白石是一种周期性结构的介电材料，其折射率可以三维变化[10]。

7.2 无定形二氧化硅的形貌和表面化学

二氧化硅（包括晶体和非晶体，即无定形）是地球上含量最丰富的化学物质之一。其中，石英、方石英、鳞石英属于晶体结构[11]。沉淀二氧化硅、硅凝胶、二氧化硅溶胶和热解硅胶属于无定形（非晶体）结构[11]。无定形二氧化硅材料在许多不同领域都发挥着重要作用，如制成吸附剂、催化剂，合成超滤膜，纳米材料载体以及其他需要应用高比表面积及孔隙率材料的领域[1,4,6,9,12−16]。

多孔二氧化硅是无定形二氧化硅的一种，通过碱性硅酸盐溶液的酸化得到，而当反应条件适当时，就可以得到多孔硅凝胶[1]。溶胶 – 凝胶反应[3] 是在液体和低温条件下进行的一种合成固体材料的方法，即溶液中的溶质，通常称为前驱体[3]，通过化学反应转化产生无机固体，主要是氧化物或氢氧化物。固体材料是由聚合反应生成的，主要是前驱体中的金属原子 M 之间形成 M-OH-M 或 M-O-M 结构[6]。

凝胶形成以后，将其在相对低温条件下进行干燥，可以形成干凝胶[6,13]（见图 7.1）。在热力干燥或室温蒸发过程中，毛细效应引发凝胶受力。这种效应增加了凝胶粒子的配位数，促使空间结构网格产生塌陷（凝胶粒子凝集在一起）[13]。相比之下，气凝胶（图 7.1），即具有高孔隙率的干凝胶，虽然是由传统的溶胶 – 凝胶化学合成的，但是采用了超临界干燥的工艺，因此保持了其干燥前多孔的结构[6]。由于超临界流体不存在溶剂和蒸气之间界面，从凝胶中超临界萃取溶剂便不会诱发毛细作用[13]，因此，相对于干凝胶形成过程，施加在凝胶结构网格上的压缩力显著减少[13]。也因此，与干凝胶相比，气凝胶与原来的凝胶网络结构相似性更强，具有比干凝胶材料更低的表观密度和更大的比表面积[13]。多孔干凝胶和气凝胶被用作催化剂、催化剂载体、色谱固定相和吸附剂[6,9]。对于干凝胶，毫无疑问，其非晶结构是由 10~20Å 的球状微粒组成的，这些微粒通过二次聚合紧密地结合在一起[6]；相比之下，气凝胶的结构更加开放，初级粒子也并不紧密堆积[6]。

热解硅胶是一种非孔材料，它是通过在电弧或等离子射流条件下将

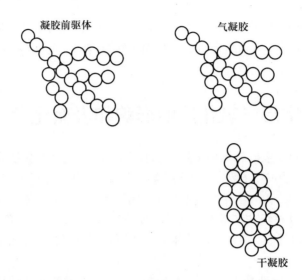

图 7.1　干燥过程中气凝胶和干凝胶的形成

二氧化硅气化，或者将硅的化合物氧化得到的[7]。这种形式的二氧化硅是由具有非常窄的粒径分布的二氧化硅粒子组成的。从吸附的角度来观察气相二氧化硅的电子显微镜图，可以发现热解硅胶是由离散的直径为100~1000Å球状颗粒组成的，这些球状颗粒则是由更小的直径约为 10Å的微粒组成的。而那些球状颗粒相互配位作用很强，以至于在次级微粒中一般观察不到微孔结构的存在[7]。

其他形式的二氧化硅包括矿物和人造蛋白石[8,10,17,18]。这些材料的特点是，其内部含有通过自组装方式形成的二氧化硅微球[17-19]，微球周期性地排列，形成密堆积结构[10,17-19]。人造蛋白石作为胶体"晶体"，一直受到众多研究者的关注，其内部二氧化硅微球高度有序的排列吸引了众多研究者的兴趣。实际上，人造蛋白石是一种周期性结构的介电材料，其折射率可以三维变化[10]。

为制备合成人造蛋白石，合成二氧化硅微球（图 7.2(a)）采用的是 SFB (Stobe-Fink-Bohn) 法，该方法包括两个步骤：①水解反应：以乙醇、甲醇、正丙醇或正丁醇为溶剂，以胺类物质为催化剂，水解正硅酸乙酯（TEOS）；②聚合反应：聚合生成硅氧烷（Si-O-Si）键，这个过程先是形成直径约100~150Å的小核，然后成长为二氧化硅粒子[2]。

如果将 SFB 法稍做修改[14-16]，正硅酸乙酯的水解和缩合反应由三乙胺（TEA）作为催化剂，那么胺将有一个模板的效果，通过无机－有机组

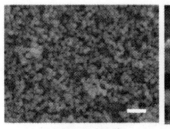

(a) 68C(10,000 倍)   (b) 70bs2(5000 倍)

图 7.2 扫描电镜照片样本[16]

分的聚合，提高二氧化硅颗粒的分散性，导致二氧化硅原有的微球结构被破坏（图 7.2(b)），材料的表面积增加[16]。

不同形式二氧化硅材料的共同点是都具有硅－氧四面体结构[11]。由鲍林（Pauling）离子半径规则可知，$R(Si^{4+})/R(O^{2-})$ 的比值在 0.225～0.414 之间，因此在二氧化硅中，硅原子以四面体对称形式与氧原子结合[20]。将每个四面体单元有规律、有序的排列，就形成了不同的多晶型的晶体二氧化硅[20]；而如果每个四面体结构被随机的、无周期性的堆积，就会形成各种各样的无定形二氧化硅[1,11]。这种四面体结构的随机堆积，使得无定形二氧化硅具有纳米级尺度、中孔形貌复杂的孔分布体系[21]。

任何多孔介质都可以描述成一个由实体和空隙构成的三维空间。对于无定形二氧化晶硅而言，实体和空隙之间的界面几乎是无限的[21]。这些形态复杂的界面可以大概分为三类[21]：

（1）在原子和分子层面上，任何表面都是粗糙的。

（2）从大一点的尺度来讲，建立孔隙的大小和形状的概念是非常适合的。

（3）在更大的尺度来讲，建立孔隙网络拓扑结构才更有意义。

当然，这只是作者的个人观点，而不是关于物质形态的理论探讨。通过实验研究，特别是物理吸附的方法获得实验数据，进而计算出表面积、孔体积和孔径分布等明确定义的参数，如前面所解释的（见第 3、4 章），是一种更好的研究二氧化硅表面形态的方法。然后，通过扫描电镜（SEM）、透射电镜（TEM）、扫描探镜（SPM）或原子力显微镜（AFM）的研究，补充一些关于材料形态的研究。再通过傅里叶变换红外光谱（FTIR）、核磁共振光谱（NMR）、热分析以及一些其他分析方法来表征材料的分子和超分子结构。

二氧化硅的分子特性主要受其表面位点性质的影响[22-28]。溶胶－凝胶法合成的多孔二氧化硅表面存在不饱和化学键，主要通过表面羟基达到饱和，如图 7.3 所示，根据焙烧温度的不同，存在三种情况：①临近共享的硅羟基（氢键硅羟基）；②成对的硅羟基（一个硅原子连接两个羟基）；③孤立的（没有氢键）硅羟基[23,25,26]：

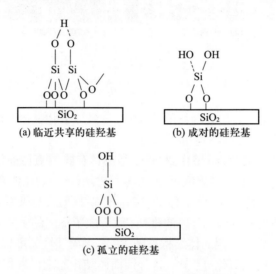

图 7.3   二氧化硅表面的三种硅羟基

二氧化硅表面上的 OH 基中氢键的相互作用大小，是由 Si-O-Si 键环的大小和开放度，以及每个硅位点上羟基的数目和表面的曲率所决定的[3]。多孔二氧化硅表面的 OH 基团的浓度大概为 $4 \sim 5 \times 10^{18} OH/m^2$，并且该密度值几乎与二氧化硅的合成方法无关[3]。这些硅羟基是各种分子的优先吸附位，事实上，表面的羟基会与 H_2O 或者其他极性分子（如 NH_3）发生反应，也可能是与上述分子发生物理吸附，进而形成多氢键层[3]。

7.3   沉淀无定形二氧化硅的合成

多孔二氧化硅是无定形二氧化硅的一种，它是通过碱性硅酸盐溶液的酸化得到的，当反应条件适当时，就可以得到多孔硅凝胶[1]。二氧化硅凝胶可由碱性硅酸盐溶液酸化得到，如下[1]：

$$Na_2SiO_3 + 2H^+ \xrightarrow{H_2O} SiO_2 + H_2O + 2Na^+$$

只要反应条件控制得当, 就可以制得多孔硅凝胶[1,9]。反应机理分为两步: 先是硅酸盐中和反应产生硅酸, 然后是硅酸缩聚反应产生硅凝胶。如果将上述方式制得的二氧化硅凝胶孔隙中的水蒸发掉, 就得到了多孔干凝胶[1,6]。这就是商业制备高比表面积催化剂、催化剂载体、色谱固定相以及吸附剂的方法[1,6]。

溶胶 – 凝胶工艺[3] 是一种在溶液中和低温 (通常为 $T < 100°C$) 条件下合成固体材料的方法, 被称为前驱体的溶质通过化学转化合成无机固体[6]。就合成二氧化硅的工艺来说, 溶胶 – 凝胶法是指将碱性硅酸盐前驱体 (如正硅酸乙酯 (TEOS)、$Si(OC_2H_5)_4$) 进行水解和缩合反应。溶胶 – 凝胶法最早出现于 19 世纪[13], 但是并没有得到广泛的关注, 直到在 20 世纪 30 年代后期, 溶胶 – 凝胶法被用来制备氧化物薄膜, 并且在彩色玻璃生产中得到成功应用, 这种方法才开始广泛使用。

其他形式的二氧化硅, 如气相二氧化硅和矿物蛋白石是没有孔隙的[8]。气相二氧化硅是具有非常窄粒径分布的二氧化硅粒子, 通过在电弧或等离子射流条件下将二氧化硅气化, 或者将硅的化合物氧化制得[7]。人造蛋白石含有二氧化硅微球, 是通过自组装法 (排列形成紧密堆积结构) 制得的[10]。

为制备合成人造蛋白石, 合成二氧化硅微球 (图 7.2(a)) 采用的是 SFB 法, 如前面所述, SFB 法包括: 以乙醇、甲醇、正 – 丙醇或正丁醇为溶剂, 以氨为催化剂, 水解正硅酸乙酯 (TEOS、$Si(OC_2H_5)_4$); 以氨为催化剂, 以乙醇 (或者甲醇、异丙醇) 为溶剂, 在没有双蒸水的存在下, 用 TEOS 聚合反应生成二氧化硅微球, 每一批次, 各种原料用量见表 7.1。

表 7.1　水解正硅酸乙酯合成二氧化硅微球各种原材料用量

样品	正硅酸乙酯/mL	双蒸水/mL	甲醇/mL	异丙醇/mL	NH_4OH/mL
68F	0.75	0	30	0	3.0
80	1.5	0	30	0	6.0
81C	1.5	8.4	30	0	6.0
68C	1.5	4.5	30	0	6.0
69B	1.5	0.6	0	30	6.0
10	1.5	0.6	0	30	6.0
68E	2.4	0	30	0	6.0

表 7.1 的合成原材料有正硅酸乙酯（TEOS）、双蒸水（DDW）、甲醇（MeOH）、异丙醇和氨水（40%）。将这些材料按照表 7.1 中要求的量混合，然后进行合成反应，方法如下[2,14-16,29]：

（1）将适量酒精 + 催化剂（碱性）+ DDW（视情况而定）强力搅拌混合。

（2）将一定量的 TEOS 添加到反应混合物中。

（3）将混合物在室温下搅拌 1.5 h。

（4）最后，将制得的样品在 70°C 下加热 20 h。

表 7.2　扫描电子显微镜测定微球直径

样品	D_{SEM}/Å
68F	500
80	2000
81C	2250
68C	2750
10	3750
68E	4500

通过上述合成方法得到一系列无定形二氧化硅样品，使用扫描电子显微镜测定各样品中二氧化硅微球的直径（D_{SEM}），列于表 7.2 中。表 7.3 中，列举了合成样品以及 MCM-41 介孔材料的 BET-比表面积、DFT- 孔容积和 DFT-孔宽度[14,15]。

表 7.3　合成样品及 MCM-41 介孔材料的 BET-比表面积，DFT-孔体积和 DFT-孔宽度

样品	S/(m²/g)	W/(cm³/g)	d/Å
68F	625	1.18	81
80	440	0.49	39
81C	438	0.58	35
68C	320	0.46	21
69B	300	0.52	35
68E	18	0.04	61
MCM-41	820	1.69	35
注：表中数据有 20% 的相对误差			

此外，近年来对 SFB 法做出了一些改进，使得合成的二氧化硅材料

的比表面积有了显著提高[16,29]。具体来说，一些情况下使用异丙醇作为合成溶剂和合成介质，而另一些情况下，合成过程中不加入 DDW[14,15]，此外，有时为了增大合成材料的比表面积，将有机胺溶入水或强碱中代替 NH_4OH 作为催化剂[16,29]。这些改进的方法，同样按照上述程序进行合成，具体各种成分的比例见表 7.4[16,29]。

本书的第 3、4 章中提到的微孔容积 (W_{Mic})（表 3.6）、BET 比表面积 (S)（表 3.7）、DFT-孔容积 (W)（表 4.3）和 DFT-孔宽度 (d)（表 4.3），与表 7.4 中各配方制得的高比表面二氧化硅材料相对应[16,29]。

表 7.4   水解正硅酸乙酯合成二氧化硅微球各种原材料用量
（甲醇或乙醇溶液、胺为催化剂）

样品	TEOS/mL	双蒸水/mL	NH_4OH/mL	胺/mL	甲醇/mL	乙醇/mL	T/K
70bs2	0.25	0	0	2	0	10	300
68bs1E	0.25	0	0	1	10	0	300
75bs1	0.35	0	0	2.5	10	0	300
79bs2	0.45	0	0	2.5	0	10	300
74bs5	0.35	2	0	2.5	9	1	300
68C	0.50	1.5	2	0	10	0	300

7.4 二氧化硅改性

二氧化硅中含有大量的硅羟基，通过简单的消去反应可使其功能化[1,28,30-33]。这种后处理技术可以改变二氧化硅材料的孔径大小和孔壁的疏水性[24]。正如前面所说的，二氧化硅的表面是由硅羟基基团构成的，这些基团易被化学改性，因此，可以掺入疏水性末端基团，从而大幅改善与非极性分子之间的相互作用。

二氧化硅表面改性，最有效的办法是通过共价键结合一些有机官能团[28]，多数情况下为 Si-O-Si 键，其中的一个硅原子来自二氧化硅的表面，另一个则来自于有机硅化合物，二氧化硅表面上的 Si-OH 与有机硅化合物上活性较高的硅原子发生反应，形成了 Si-O-Si 键[28]。

最常用的有机硅化合物往往含有烷氧基离子基团[28,31,33]，硅原子上卤化物和氨基基团，也常被用于形成 Si-O-Si 键[30]。但是，这些官能团水解活性很高，以至于它们既不能参与水解反应，也不能用硅胶柱色谱法进行纯化[30]。

图 7.4 中描述的是二氧化硅表面功能化反应机理的一种猜想：含有高活性烷氧基硅烷的有机添加剂，在二氧化硅表面的硅羟基 (-Si-OH) 上接枝分子基团[30]。

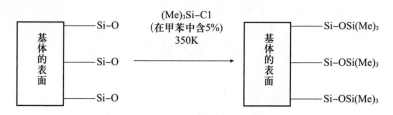

图 7.4 二氧化硅表面功能化反应机理

(含有高活性烷氧基硅烷基团的有机添加剂，在二氧化硅表面的硅羟基上接枝分子基团)

另一方面，实际运用中，许多催化剂在高比表面的载体上负载一种或几种活性组分[34]。高度分散的过渡金属氧化物负载在氧化物（如二氧化硅）上，在许多领域被广泛应用，例如非均相催化、陶瓷、微电子器件制造等[35,36]；金属被广泛用作催化剂，参与重整、消减汽车排放、氧化、加氢等反应[35-44]。由于用作催化剂的金属通常比较昂贵，因此它们通常以微粒的形式分散到高比表面的载体上，确保大部分金属原子能直接接触到反应物分子[35,42]。制备过渡金属催化剂的常用方法是，先将成型载体在含金属前驱体的溶液中浸渍，然后进行煅烧、还原[34]。完美分散的过渡金属催化剂在工业中广泛应用。

7.5 活性炭的基本特性

活性炭[45-57]是一种无定形的固体吸附剂，几乎所有含碳量高的材料都可以制成活性炭，包括木材、果核、泥炭、褐煤、无烟煤、果壳等其他原料。活性炭的性能同时取决于制备活性炭的方法和原材料。尽管自然界含碳的物质种类十分丰富，但一般情况下制备活性炭主要采用的是木质纤维材料，占活性炭原料比例的 47%[48]。

活性炭一般是有机材料通过炭化得来的（惰性气体保护下进行高温热解），热解后的炭还需要进行活化，即高温下使用氧化剂氧化，也可以在脱水剂的作用下同时进行炭化和活化。通过炭化和活化的过程，活性炭形成了无定形微孔结构，这些结构使活性炭拥有了巨大的吸附容量，有的比表面甚至高达 3000 m^2/g，能够对吸附质混合物产生高效的吸附分离效果[53]。比表面积大，孔隙和表面官能团分布广泛，以及机械强度较大等特点，造就了活性炭独特的吸附性能[45,49]。因此，许多工业生产过程经常使用活性炭去除气体和液体中的杂质，例如气体的分离和净化、汽车尾气的排放控制、溶剂回收、环保或高品质产品的制造[45,49]。另外，活性炭还可以作为催化剂载体[48]。

除了丰富的孔隙结构、小孔径、大比表面积等特点，活性炭还有一个优点，就是它的表面疏水性[50-55]。疏水性有利于活性炭对有机物的吸附，其表面疏水的原因在于：活性炭的石墨层中炭原子密度很高，不同石墨层通过特定的空间排列形成了狭缝状孔隙。上述结构能够显著增强活性炭的吸附容量，提高其去除流体中杂质和污染物的能力[57]。另一方面，除了碳元素以外，活性炭还包含氧元素以及少量的氮和硫等杂原子。这些原子以酸性或碱性的官能团的形式固定在活性炭的表面，使活性炭表面呈酸性或碱性[47,48]。活性炭表面的化学不均一性也主要是这些杂原子存在的结果[47]。

7.6 活性炭形态、表面化学和表面改性

活性炭的结构类似石墨，由碳原子形成的六边形平行排列堆砌组合而成（见图 7.5）[58,59]。确切来讲，碳原子通过 sp^2 杂化形成规则的六边形，进而组合成平面状石墨层。也就是说，每个碳原子通过一个 σ 键与另外三个碳原子相连，碳原子的 p_z 轨道含有一个电子，能够形成离域 π 键[58-61]。不同石墨层之间通过范德华力连接[58]。

正如前面所述，活性炭中含有众多的杂原子，包括氧、氢、氮、磷和硫，它们以单原子和/或官能团的形式存在于碳结构中[60]。这些杂原子和石墨平面层边缘的碳原子反应，形成各种不饱和键[58,60]。

氧是活性炭结构中主要的杂原子，许多官能团如羧基、羰基、酚羟基、烯醇基、内酯基和醌基的形成都有氧的参与（见图 7.6）[48,56,61]。在一些特定的相互作用中，因杂原子的存在所造成的碳表面的化学不均匀性，成为重要因素[47]。这些官能团可能是酸性、碱性或中性的，它们的极性是由活性炭中主要杂原子的性质以及它们在碳基体中的位置决定的[47]。

常见的、最重要的影响活性炭表面性质和吸附性能的基团都是含氧官

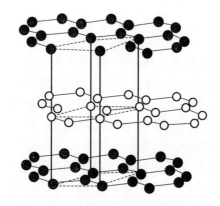

图 7.5 六边形石墨结构图

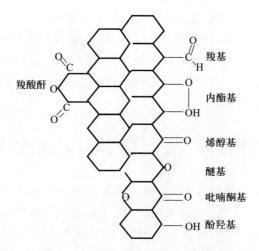

图 7.6 碳表面上重要的含氧官能团

能团，它们的存在增强了活性炭对极性物质的吸附能力[57]。这些碳表面的基团，主要在活性炭活化阶段产生，另外，也可以在活性炭制备完成后，通过氧化处理引入新的基团[48]。

不同类型的含氧官能团决定了碳表面的酸碱性[47]。羧基、内脂基和酚羟基一般属于酸性基团，吡喃酮基、醚基、羰基则属于碱性基团[50]。

炭表面所含的基团种类可以通过选择性滴定法来确定[55]。传统的滴定法为：使用已知准确浓度的溶液（标准溶液），逐滴加入到另一个未知浓度的待测溶液中，直至两种溶液之间的化学反应完全结束为止，即达到滴定终点。在表面滴定法中，一系列的反应瓶中各加入相同量的活性炭，然后分别加入一定量 0.05 ~ 0.1 mol/L 的碱性溶液（分别为 NaHCO₃、Na₂CO₃、NaOH 和 NaOC₂H₅）[48]，密封振荡。这种方法能够选择性地滴定各种表面含氧基团，因为某一特定电离常数 pK_a 的碱仅和 pK_a 值小于或等于自身的含氧基团发生中和反应[55]。以上述四种碱溶液以及表面酸性含氧官能团为例：NaHCO₃ 的碱性最弱，仅与羧基发生中和反应[56]；酚羟基的 pK_a 值在 8 ~ 11 之间，该基团及羧基都能与碱性略强的 NaOH 发生中和反应[48]；Na₂CO₃ 能够与中等酸度羧基、酚羟基以及内脂基发生中和反应；NaOC₂H₅ 为最强的碱，能够与所有的酸性基团发生中和反应，包括了最弱的酸[48]。

我们已知活性炭对有机物的吸附主要包括两个主要相互作用[46]，其中，物理作用主要是筛分和微孔作用的结果，化学作用主要依赖吸附剂表面、吸附质及溶剂的化学性质。例如，液相吸附中，活性炭的吸附容量受多方面的影响，包括吸附剂孔隙结构、灰分含量、官能团种类[62-64]，另外还有吸附质的性质，即酸度系数 (pK_a)、官能团种类、极性、分子量和分子大小[65-67]，以及反应溶液的 pH 值、离子强度和吸附质浓度[68,69]。

由于活性炭的吸附性能和反应活性受表面官能团影响较大，研究者采取了包括热处理、氧化、胺化、浸渍无机化合物等手段对活性炭进行修饰改性[46]。这些方法能够改变活性炭的表面性质以及结构和化学性质，通过各种表征手段可以测试出上述变化[56]。

7.7 活性炭制造技术

一般情况下，用来制造商业活性炭的原料都是一些碳含量很高的材料，如木材、褐煤、泥煤以及不同级别的煤[48]。但是近年来，一些使用成本低、来源丰富的农业产品越来越受到关注，如椰子壳、岩蔷薇、桉木硫酸盐、木质素、杏核、樱桃核和橄榄核都可以用来制备活性炭[70]。

制备活性炭通常有两种主要方法，物理和化学活化法。物理活化通常在高温 (800 ~ 1000°C) 下进行，包括两个步骤：①在惰性气体 (通常是氮气) 保护下进行炭化；②使用氧化剂 (通常为二氧化碳或水蒸气) 进行活化[48]。化学活化则是在 400 ~ 1000°C 之间，在脱水剂 (包括硫酸、磷酸、氯化锌、氢氧化钾等) 的作用下进行活化，然后反复清洗，去除残留的脱水剂[48]。

下面是一个关于活性炭物理活化的实例[70]：干燥后的原料被粉碎、过

筛至所需的大小；在炭化过程中，使用氮气作为保护气体，炭化炉的温度
从室温升高至 600°C，并保持 3 h；然后在 500 ~ 900°C 下，以适当的流速
通入纯二氧化碳气体 10 ~ 60 min 对炭化后的材料进行活化。这两个步骤
的升温速率均为 10°C/min。图 7.7 是物理活化法的流程图[48]。

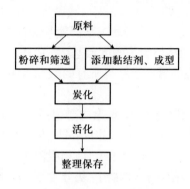

图 7.7 物理活化流程图

标准的化学活化过程为[48]：首先，干燥后的原料被粉碎、过筛至所需
的大小；将得到的粉末状原料与一定浓度的脱水剂（如硫酸）混合均匀，
然后在惰性气体 (纯氮气) 的保护下将混合物温度升高至 400 ~ 700°C，恒
温数小时；接着，将活化后的材料反复清洗，去除残留的活化剂（脱水剂）；
最后，将清洗过的活性炭进行分离、干燥，并妥善保存。图 7.8 是化学活
化法的流程图[48]。

图 7.8 化学活化流程图

7.8 沉淀二氧化硅在气相吸附过程中的应用

吸附分离过程是吸附质分子从气体或液体中传递到吸附剂网络孔隙中的过程[71-84]。

7.8.1 沉淀二氧化硅对 NH_3、H_2O、CO、N_2O、CO_2 和 H_2S 的吸附作用

在本节中,将讨论二氧化硅在气相吸附过程中的一些应用。正如前文中提到的,硅胶表面硅原子通常与 OH 基团连接(即硅羟基 SiOH,见图 7.3)[23,25,26]。硅胶表面的羟基浓度约达到 $4 \sim 5 \times 10^{18} OH/m^2$,并且与多孔二氧化硅的合成条件基本无关[3]。这些硅羟基特别易与水和其他极性分子(包括 H_2S、CO、N_2O、CH_3OH、CH_3F、HCl 和 NH_3 等[85-88])发生反应。这些分子可能是以物理吸附方式形成多重的氢键层[3,85-88],因为,当一个分子接触到固体表面时,它会受到具有不同势能的各个能量场的作用,主要如下(见第 2 章)[22,77,89]:

(1)色散能(φ_D),排斥能(φ_R);

(2)极化势能(φ_P),偶极场势能($\varphi_{E\mu}$),梯度四极场势能(φ_{EQ});

(3)吸附质之间相互作用能(φ_{AA});

(4)如果固体表面含有羟基位点,则存在酸碱相互作用的能量(φ_{AB})。

二氧化硅吸附非极性分子过程中,色散和排斥作用是基本作用力,这是因为非极性分子的偶极矩为零、四极矩很低且与羟基之间不存在相互作用。在吸附极性分子过程中,色散和排斥作用同样存在。然而,二氧化硅表面和极性分子之间的相互作用,如偶极矩及羟基作用力[85-88],与非极性分子相比要强烈很多[22]。

实验表明,二氧化硅对 NH_3 的吸附力主要来自于 SiOH 与 NH_3 中 N 原子之间形成的氢键作用[85]。也就是说,独立的羟基和氨分子中的 N 原子反应所形成的表面络合物具有氢键的特性[86]。氨分子极易被脱水无定形二氧化硅完全吸附且反应可逆[86]。此外,热量测量实验表明:脱水的无定形二氧化硅吸附 NH_3 分子的吸附热很高,平均达到了 -40 kJ/mol[87]。该数据说明,NH_3 与二氧化硅表面之间有较强的吸引力。

氨气是工业上应用较为广泛的化学物质之一,氨水、含氮肥料、尿素装置等其他来源,都会产生氨气挥发物,但它的排放浓度须低于 0.0001%[90],因此,需要对氨气进行净化。显而易见,二氧化硅是合适的氨气吸附剂[85-87]。

近期研究表明：硅胶吸附氨可以用于太阳能冷却循环，因而该方向成为关注的热点[91]。

对于 H_2O、CO 和 N_2O 的吸附，实验发现，其主要的吸附力同样来源于氢键，即 SiOH 分别与 CO 的 C 原子、N_2O 的 O 原子以及 H_2O 的 O 原子之间形成氢键作用[85]。由于上述特性，硅胶同样可以作为良好的水蒸气和污染气体的吸附剂。目前，最常见的吸附干燥剂就是沸石和硅胶，它们对水蒸气的吸附容量约为 $0.3 \sim 0.4 \, kgH_2O/kg$ 吸附剂[92]。

二氧化硅还可以用来吸附硫化氢和二氧化碳。酸性气体的去除过程，例如从天然气中去除二氧化碳和硫化氢的过程，通常称为"脱硫"，将开采来的天然气进行"脱硫"（除去二氧化碳和硫化氢等酸性气体），是天然气工业中的一个重要的流程[93,94]。一般情况下，"脱硫"是利用烷醇胺溶液，通过气液吸收法实现的。但是，使用这种脱硫方法，溶剂再生时耗能巨大，且设备腐蚀问题严重[94]。利用氧化亚铁化学吸附 H_2S 也被采用，但是，用于化学吸附的吸附剂无法再生，会造成环境污染[93]。

通过物理吸附方法脱硫的吸附剂可以再生[93,95]。但是，采用热空气吹脱吸附剂床层会增加耗能和投资成本[93]。随着天然气需求量的日益增加，发展低成本、高效率的去除天然气中酸性气体的新技术的需求越来越明显[94]。目前，对酸性气体具有高选择性和高吸附容量，并且可再生的固体吸附剂成为净化天然气的一个行之有效的选择。这类吸附剂环境友好、易处理、再生条件温和，因此更为节能[94]。可以想象，许多固体材料都可能成为二氧化碳和硫化氢的吸附剂，如活性炭和沸石，是目前使用最广泛的固体吸附材料。然而，工业上很少采用这类材料作为酸性气体吸附剂，这是因为活性炭对酸性气体选择性低，而沸石和二氧化硅却更容易吸水[94]。

但是，对二氧化硅表面进行改性，在其孔壁上添加特定的官能团，能够提高其从天然气混合物中选择性吸附酸性气体（CO_2 和 H_2S）的能力[94]。最近有研究表明，使用胺类物质对硅胶表面进行改性，改性后的材料能够高效地吸附净化天然气中的 CO_2 和 H_2S[94]。

将特定的官能团连接到二氧化硅的孔壁上，制备出新型的吸附剂和催化剂，是一种公认的很有前景的设计手段[27,28]。最近文献报道了胺改性硅胶吸附 CO_2 和 H_2S 的实验研究，结果表明，这种改性方法得到的吸附剂，能够极好地选择吸附天然气中的 CO_2 和 H_2S[95]。

7.8.2 沉淀二氧化硅在储氢方面的应用

作者认为，硅凝胶吸附还有一个可能的用途，就是用来储氢。在一般情况下，储氢是氢在运送和使用过程中的瓶颈环节，储氢过程包括常压及高压下存储氢气和液氢，以及系列可逆和不可逆操作系统[96-98]。过去的20年中，发展高容量、可运输、可逆的储氢系统越来越引起人们的兴趣，因为该技术是大型氢燃料电池技术应用的关键，特别是对于氢能汽车的发展[96,98]。新型更有效的储氢技术，必将加快我们进入氢能经济时代的步伐[98]，因此，必须考虑新的储氢方法[96-98]。用各种材料（碳、二氧化硅、氧化铝或沸石等）通过物理吸附储氢是一种非常有前途的方法[97]。

迄今为止，氢气储存的方法主要包括液态氢和金属氢化物系统[96,98]。液态氢一直是氢燃料汽车的主要燃料，但是，这种方法危险性大、能耗高，且需要一个很大的储氢罐[96]。采用晶隙氢化物存在高成本、高重量的弊端[96]，而非晶隙氢化物则存在其他问题，如稳定性差[96]，材料再生过程的可逆性需要控制[96]。此外，液态氢和氢化物的能量效率都比较低[97]。如果使用合适的吸附剂在 70 K 以上通过物理吸附浓缩，则可以得到能量效率较高的储氢手段[97]。追求这一目标的过程中，活性炭的研究已初见成效[48]。更令人欣喜的是，最近有报道称，碳纳米管在此方面效果更好[99]，但是随着进一步的研究，碳纳米管的效果开始被质疑[97]。也有研究者对沸石、二氧化硅、氧化铝等材料的相关性能做出研究，但是，吸附效果远不到 6.5% 的目标[97]。

实际应用中，理想的固体储氢系统需要满足以下标准[96]：

(1) 存储容量高，不得低于 6.5%；

(2) 氢的吸收和释放都应是可逆的；

(3) 成本低；

(4) 毒性低；

(5) 不易爆；

(6) 惰性。

可以预见，开发结构优化的高比表面积二氧化硅材料，通过物理吸附氨的方式进行储氢是一个很有前途的技术路线[16,29]。理想固体氢系统的首要标准是，固体存储系统内只包含轻元素，如 Li、Be、B、C、N、O、F、Na、Mg、Al、Si 和 P[96]。因此，二氧化硅可以用作固体存储系统。此外，二氧化硅是一种无毒、不易爆、惰性、廉价且氨吸附高度可逆的材料[90]。因此，可以设想，使用物理吸附的方法，将 NH_3 吸附在微/介孔二氧化硅颗粒填料上[16,29]，被吸附浓缩的氨可以通过催化剂（如 Ir）的作用分解为 H_2 和 $N_2^{[98]}$。

近年来制得的二氧化硅颗粒比表面积极大，最高可达 $2200\ m^2/g^{[29]}$。其表面羟基浓度为 $(4.5 \pm 0.5) \times 10^{18} OH/m^{2[3]}$，因此，按照一个羟基可以吸附一个 NH_3 分子的比例进行预测，二氧化硅的表面羟基浓度可达到 $9.9 \times 10^{21} OH/g$。因此，每克二氧化硅材料的表面可以吸附 0.44 g 的氢 （31%），远大于 6.5% 的指标，但是这属于理想状态，在实际中无法达到。我们根据实际中二氧化硅吸附氨的数据进行推算，每克二氧化硅材料的表面可以吸附 0.09 g 的 H(8.3%)，这也是一个相当大的量，明显高于储氢系统 6.5% 的实用化指标。

在此，值得一提的是，如前文所述，拥有极高比表面积的二氧化硅通常不稳定。因为随着时间的推移，形成的干凝胶颗粒会互相结合而减少表面积。然而，即使在这种情况下，由初始数据来看，二氧化硅对 NH_3 的吸附量也非常高[100]。

7.8.3 沉淀二氧化硅对挥发性有机物的吸附

挥发性有机化合物（VOCs）是在空气中传播最为广泛的污染物之一，化学化工、石油化工等相关工业生产中都会产生大量的 VOCs[48,101,102]。挥发性有机化合物是指在室温（饱和蒸气压大于 1 mmHg，即 133 Pa）下具有挥发性的有机化合物[102]，常见的 VOCs 有苯、甲苯、二甲苯、己烷、环己烷、噻吩、二乙胺、丙酮和乙醛等[48]。挥发性有机化合物是大气中光化学反应的主要参与者，造成了严重的环境危害[101]。大量的 VOCs 来自于使用溶剂的干燥、胶粘、涂层过程以及香料和织物的制造过程；还有一部分含氧碳氢化合物类的 VOCs 来自于印刷、油漆、溶剂工业[102]。吸附法是一种去除空气中 VOCs 的方法，活性炭、二氧化硅凝胶和沸石都是工业上常见的 VOCs 气体吸附剂[48,102−105]。在各类 VOCs 中，苯的衍生物对环境和人类健康危害尤其大，因此，各国政府都出台了严格的政策法规以控制 VOCs 的排放，如 1990 年美国出台的《清洁空气法案》修正案[103]。

下面列举了一些 VOCs 污染源[46,48,102]：

（1）汽油的不完全燃烧引起的汽车尾气排放（芳香烃、烯烃和链烷烃）；

（2）油漆、染料、涂料、清漆等行业溶剂蒸发（烷烃和环烷烃）；

（3）有机溶剂的储罐释放的烟气；

（4）喷涂、清洗、脱脂等过程中的溶剂挥发（正己烷、环己烷、由甲苯和二甲苯衍生得到的芳香族化合物）；

（5）胶粘剂（甲基乙基酮，石脑油类衍生物，三氯乙烷）；

（6）气溶胶；

（7）塑料行业排放（含氯化合物）。

吸附法是目前减少工业过程中 VOCs 排放的重要方法[106]。由于微孔固体材料特异的物化性能，在工业应用中常被用作选择性吸附剂。与正常介孔吸附剂不同，这些选择性吸附剂主要包括活性炭、沸石和微孔二氧化硅[8,103]。

出于环保方面考虑，在过去几年里，采用吸附方法消除气流中 VOCs 污染已经成为一个常规操作过程，越来越受到关注[103,107,108]。而在各种用于去除 VOC 气体的吸附剂中，微孔无机材料无疑是最好的选择[103]。目前，应用最广泛的当属具有高比表面积的活性炭材料[48]，这是因为，对比其他的固体吸附剂，活性炭表面的非极性特征使其对有机 VOCs 具有更高的亲和力[48,102,103]。但是，活性炭也有一定的缺点，它所吸附的 VOCs 分子并不能被破坏或分解，而仅是靠微弱的作用力停留在活性炭表面[109]。由于硅胶表面是极性的，它可以吸附气体分子，并把它们保留在表面上。因此，自 20 世纪 80 年代后期，研究者开始对硅胶吸附有机蒸气的能力进行系统的评估[102]。由于微孔硅胶与吸附质分子之间作用力更强，考察该材料的吸附性能是很有价值的[103]。

7.9 活性炭和其他含碳材料在气相吸附过程中的应用

7.9.1 用活性炭吸附 H_2O 和 CO_2 以及去除 H_2S 和 SO_2

在去除气体和液体中污染物方面，活性炭是应用最广泛的吸附剂。活性炭的吸附性能取决于其多孔结构和表面化学性质。活性炭表面的非极性使它能够选择性吸附非极性分子而不是极性分子[48]。为了选取合适的吸附剂，一般采用吸附平衡等温线计算最佳的吸附床体积及操作条件[110,111]。

对于气相吸附方面的应用，碳吸附剂通常采用硬颗粒状、硬球形、炭纤维、炭织物和块状制品，因为这些形状可以防止压力降过大[48]。

水蒸气和活性炭[112] 之间的相互作用是近几年来一个越来越受关注

的研究主题。活性炭表面对水分子的吸附现象，存在于各种相关的工业化生产过程中[113]。在某些活性炭的使用（如从潮湿的空气中去除 VOC，或者使用蒸气再生活性炭）过程中，经常出现水在活性炭上吸附的现象[112]。以前，这一现象或被忽视，或仅仅被视为一个不便之处。然而实验观察发现，冷凝过程和随后的水吸附过程对吸附装置的操作有重要的影响，决不能被忽略[112]。水蒸气的存在会影响燃料电池中碳负载的铂催化剂的效果[114]，研究者发现，吸附在碳上的水可以增强铂催化剂的作用，从而提高燃料电池的效率[115]。在吸附应用上，水的存在能增加活性炭对甲烷的吸附容量[116]。当然，水在活性炭上的吸附现象也存在不利的影响，例如工业上利用碳分子筛进行空气分离时，这一现象会缩短穿透时间，降低产率[117,118]。

除了商业应用以外，有关水分子在活性炭上的吸附机理，目前人们了解的还很少[22]。现有理论将水分子与活性炭之间的表面化学作用和炭孔隙结构影响都归结为水分子亲和系数[22]。碳吸附剂是由不规则排列的六边形薄片形成的纳米孔网络，其中包含含氧官能团[48,119]，这些含氧官能团形成了对水分子的基本吸附位[120]。在非常低的相对压力下，水分子的极性特征使得它与单个的含氧官能团成键。在非常低的压力下，吸附遵循亨利定律：吸附剂吸附水的量由吸附剂上的吸附位数量决定[114]。随着相对压力升高，自由的水分子和被吸附的水分子之间形成氢键，水分子簇开始形成，随着相对压力继续增大，水分子簇变大，簇与簇之间也开始形成氢键[114]。最后形成的吸附平衡等温线，不仅受到基本吸附位数量的影响，而且受其吸附位表面密度的影响[121,122]。可以说，活性炭上有水的存在，对工业吸附装置的性能影响很大，甚至降低其使用寿命高达 50%[123]。

活性炭吸附二氧化碳可用于表征吸附剂结构[49]。正如前文（见第 3、4 章）中提到的，通常在 77 K 下，使用 N_2 吸附来表征多孔固体的结构特性，氮气一般情况下作为推荐的吸附质。然而，在温度为 77 K 时 N_2 吸附最大的缺点在于，当它被用于表征微孔固体时，在狭窄的孔隙率范围（< 0.7 nm）内，存在分子内扩散速率太低的问题[124]。此外，在亚临界氮吸附时，还有一个实验问题，即实验过程需要保持非常低的相对压力，以扩大孔隙的研究范围[49]。为了克服这些问题，研究者开始寻找新型的吸附质。吸附研究表明，在 273 K 时 CO_2 吸附可以补充 77 K 时 N_2 吸附的缺点[125]。CO_2 分子临界尺寸与 N_2 分子相当，但是 CO_2 分子在较高的温度下吸附，因而分子动能更大，使得 CO_2 分子更容易扩散进入狭窄的孔隙[49]。然而，二氧化碳在 273 K 下反应需要使用高压吸附装置，才能覆盖

N_2 在 77 K 下同样的相对压力范围[49]。

另一方面,工业上目前使用的 CO_2 捕获技术价格昂贵且能耗较高[126]。变压吸附 (PSA) 可能是一种比较有前途的技术,能够有效地从气流中消除 $CO_2^{[126]}$。变压吸附主要基于多孔吸附剂对目标气体 (如 CO_2) 在高压下优先吸附以及低压下脱附再生[127−129],吸附剂可以重复利用[127,128]。从 CO_2 的吸附/脱附过程可以看出,再生吸附剂具有高选择性、高吸附量以及高脱附量,这说明 PSA 法是一种有效的方法[126]。在 25°C 和 300 psi①的条件下,活性炭会选择性地优先吸附 CO_2,且这种吸附是可逆的[126]。利用微型反应器研究活性炭对气体的竞争吸附过程表明,CO_2 可以非常完美地从 CO_2/N_2 和 CO_2/H_2 气体混合物中分离出来[126]。

在使用活性炭作为吸附剂吸附蒸气和气体时,由于活性炭微孔内吸附势的增强,污染物被吸附[50,120]。吸附质分子被存储在这些微孔中,吸附剂的吸附能力和吸附效率逐渐降低[130]。在使用活性炭从空气中除去硫化氢的过程中,由于碳表面的催化效果,H_2S 不仅被吸附,同时也被氧化[131−133]。表面反应的主要产物是元素硫和硫酸[133]。这种情况下,使用过的炭必须更换。吸附剂再生过程最好在原位进行[130],再生方法是使用大量的水或蒸气冲洗碳床[130]。

用活性炭去除 SO_2 与去除 H_2S 的方法相似,在 O_2 和 H_2O 的存在下,碳与 SO_2 在相对较低的温度 (20 ～ 150°C) 下发生一系列的反应,最终形成硫酸产物[134]。

总体反应如下[134]:

$$SO_2 + \frac{1}{2}O_2 + H_2O + C \rightarrow C - H_2SO_4$$

7.9.2　活性炭和其他碳材料用于储氢

正如前面所述,一个安全、有效、廉价的存储系统对未来的氢能源利用至关重要,目前使用的技术 (例如氢的液化、压缩气以及固体金属氢化物存储[96]) 的优点是安全,缺点是存储系统的总重量过高[135]。而碳的原子量较小,从而可以克服这些缺点[97,135−140]。

与金属氢化物储氢的化学吸收法不同的是,微孔活性炭是通过范德华力将未解离的氢分子吸附在其表面和孔隙网络中的,属于物理吸附。但是,由于这种结合力比较弱,在室温下物理吸附会被热运动所干扰。因此,想要大量的储氢,所用的活性炭材料必须冷却[135],但是,目前尚没有找到

①1 psi=6.89476 × 10³ Pa。

一种经济可行的低温氢存储方法[137]。

近年来，随着新型纳米碳材料的出现，例如富勒烯、碳纳米管和纳米纤维[97,135]，研究者开始使用碳进行氢的存储研究。碳纳米管的圆柱形结构可以增加管中心的吸附势能，引发毛细作用力，增强存储能力[99,135]。然而，尽管乐观者已经提交了应用碳纳米管[99] 和纳米纤维[138] 的报告，但进一步研究得到的结果却不容乐观[97]。研究证明，以目前碳基吸附剂的类型和吸附条件，使用碳材料储氢最大吸附量仅为 2.1%，大大低于美国能源部提出的 6.5% 的目标[97]。

有一种新型的碳质多孔材料，称为中间相炭微球（MCMBs），是由中间相沥青制作成的微碳球。这些材料目前主要用作涂料、橡胶和塑料的添加剂，以改变这些材料的机械和电气性能[53]。此类活性炭微球（a-MCMBs）的比表面积一般都大于 3000 m^2/g，因此称为超高比表面积碳或超级活性炭[53]。研究表明，a-MCMBs 在结构上比活性碳纤维（ACF）更有序，且它在 10 Mpa 的压力下，298 K 和 77 K 时对氢的吸附量分别达到 3.2% 和 15%，远高于其他的碳材料[53]。

7.9.3 活性炭和其他碳材料用于甲烷存储

近年来，人们越来越关注使用天然气作为汽车燃料的问题，因为不管是从环保角度还是天然存储量来说，使用天然气都要优于传统燃料[48]。但是，它也存在一个最大的缺点，即每单位体积的天然气所释放的燃烧热低于一般的燃料[141]。另外，与石化汽油、柴油相比，天然气的价格要低得多，这也是人们热衷于开发使用天然气的原因之一[142]。因此，各国都在逐渐减少对进口石油的依赖，转而研发使用其他燃料（如天然气）的新技术以满足运输系统的需要[142,143]。

遗憾的是，甲烷的存储密度不能像其他燃料一样高，导致甲烷（如24.8 MPa 下的压缩天然气（CNG））的能量密度只有汽油的三分之一[48,143]。此外，CNG 还存在一些缺点，如使用气瓶的成本较高[144]。

各种存储技术中，使用吸附剂（吸附天然气，ANG）是一种公认的、可在较低压力（3.5~4 MPa）下获取与 CNG 密度相同的甲烷的存储方式[48,142,144-147]。较低的存储压力降低了存储罐的成本，可采用单级压缩机，安全隐患较低[48,143,144]。美国能源部对于 ANG 的存储目标定为150 V/V（标准 STP 下，每升容器体积储存 150 L 的燃气，其中 STP 的条件是压力 $P = 101.325$ kPa，温度 $T = 298$ K）[142]。在现有的吸附剂中，活性炭对甲烷的存储能力是最高的[48,145,148]。近期有许多关于高容量碳质吸附剂的文献,显示了该领域的快速增长和重要意义[48,142-153],文献结果显示,活性炭是一种非常好的吸附剂,能够得到密度最高的 ANG[142-144,146]。

通过活性炭纤维(ACFs)[142,146] 和无烟煤化学法制备的活性炭[142]存储甲烷实验表明,这些吸附剂可以满足美国能源部发布的存储容量目标。此外,在 298 K 和 4 MPa 的条件下,使用中间相炭微球存储甲烷,吸附量高达 36%[53,154]。

7.9.4 活性炭对挥发性有机物的吸附

前文中提到过,挥发性有机化合物是在空气中传播最为广泛的污染物之一,化学化工、石油化工等工业生产中都会产生大量的 VOCs。常见的 VOCs 有苯、甲苯、二甲苯、己烷、环己烷、噻吩、二乙胺、丙酮和乙醛等[48]。《清洁空气法案》修正案严格规定了有机废气的排放控制标准[48,155,156]。随着各国对大气污染控制制定日益严格的法规,所带来的最严峻的挑战之一是如何寻找一种经济有效的控制 VOCs 排放的方法[157]。目前,用于有机气体消除/回收的方法有多种,如冷凝法、吸收法、吸附法、接触氧化法和焚烧法等[48,155,156]。其中最有效的控制技术就是活性炭吸附[48,156,158-167]。活性炭吸附是一种工业应用比较广泛的技术,可以有效去除及回收气流中的有机气体[48,155,156]。此外,与其他技术相比,活性炭吸附技术还有一些优点:首先,活性炭吸附得来的有机溶剂可以回收再利用;其次,这种技术对低浓度有机物回收率高、能耗低[155]。

活性炭的主要用途之一是回收工业排放物中的溶剂。干洗、涂料、黏合剂、聚合物制造以及印刷等行业产生的许多有机溶剂具有高挥发性,不能直接排放到大气中[156]。活性炭回收的典型溶剂有丙酮、苯、乙醇、乙醚、戊烷、二氯甲烷、四氢呋喃、甲苯、二甲苯、氯代烃类以及其他芳族化合物[48]。另外,汽车尾气排放也是造成城市乃至全球大气污染的重要原因[156]。行驶中的汽车通过排气系统和燃油系统向周围空气中排放 VOCs 和其他气态污染物[48],同样可以通过活性炭吸附控制这些排放[48,156]。

7.9.5 活性炭在空调中的应用

随着公众空气质量意识的提高,对一些公共场所(如机场、医院、剧院及办公场所等地方)的空气质量也提出了要求[156]。因此,研究人员开发出了一种与空调系统相结合的颗粒活性炭过滤器,可以有效地去除公共场所空气中的有害物质[156]。另外，活性炭材料还有一种新的应用方法，就是吸附式制冷技术，目前该技术正处于快速发展阶段[168]。吸附制冷技术原理提出和商业应用多年前就已经开始了[169]，但是却一直发展非常缓慢，主要是因为其制冷效率和功率远远达不到压缩式制冷的水平[168]。不过，1987年制定的《蒙特利尔议定书》和1990年伦敦会议中的新修订案[168]中对氟氯烃类（CFCs）制冷剂的使用限制，为吸附制冷技术的发展提供了良机。

吸附循环的利用有很大的潜力，可覆盖很宽的温度变化范围，例如，太阳能制冷、冷冻等[170]。从基本的非连续吸附循环入手，能够开发出许多实用的工艺过程，一方面达到了制冷的要求，另一方面提高了吸附系统的效率[168]。

参考文献

[1] Iler, R.K., *The Chemistry of Silica,* J. Wiley & Sons, New York, 1979.

[2] Stobe, W., Fink, A., and Bohn, E., *J. Colloids Interface Sci.,* 26, 62, 1968.

[3] Brinker, C.J. and Scherer, G.W., *Sol-Gel Science.* Academic Press, New York, 1990.

[4] Unger, K. and Kumar, D., in *Adsorption on Silica Surfaces,* Papirer, E., Ed., Marcel Dekker Inc., New York, 2000, p. 1.

[5] Burda, C, Chen, X., Narayanan, R., and El-Sayed, M.A., *Chem. Rev.,*105, 1025, 2005.

[6] Pierre, A.C. and Pajonk, G.M., *Chem. Rev.,* 102, 4243. 2002.

[7] El Shaffey, G.M.S., in *Adsorption on Silica Surfaces,* Papirer, E., Ed., Marcel Dekker Inc., New York, 2000, p. 35.

[8] Hernandez, M.A., Velazquez, J.A., Asomoza, M., Solis, S., Rojas, F, Lara, V.H., Portillo, R., and Salgado, M.A., *Energy Fuels,* 17, 262, 2003.

[9] Barton, T.J., Bull, L.M., Klemperer, G., Loy, D.A., McEnaney, B., Misono, M., Monson, P.A., Pez, G., Scherer, G.W., Vartulli, J.C., and Yaghi, O.M., *Chem. Mater.,* 11, 2633, 1999.

[10] Yang, S.M., Miguez, H. and Ozin, G.F., *Adv. Fund. Mater.,* 11, 425, 2002.

[11] Persello, J., in *Adsorption on Silica Surfaces,* Papirer, E., Ed., Marcel Dekker Inc., New York, 2000, p. 297.

[12] Soler-Illia, G.J.A.A., Sanchez, C, Lebeau, B., and Patarin, J., *Chem. Rev.,*

102, 4093, 2002.

[13] Cushing, B.L., Kolesnichenko, V.L., and O'Connor, C.J., *Chem.* flev.,104, 3893, 2004.

[14] Roque-Malherbe, R. and Marquez-Linares, F, *Mat. Sci. Semicond. Proc,* 7, 467, 2004.

[15] Roque-Malherbe, R. and Marquez-Linares, F, *Surf. Interf. Anal.,* 37, 393, 2005.

[16] Marquez-Linares, F. and Roque-Malherbe, R., *J. Nanosc. Nanotech.,* 6, 1114, 2006.

[17] Miguez, H., Messeguer, F, Lopez, C, Mifsud, A., Moya, J.S., and Vazquez, L., *Langmuir,* 13, 6009, 1997.

[18] Messeguer, F, Miguez, H., Blanco, A., and Lopez, C, *Recent. Res. Devel. App. Phys.,* 2, 327, 1999.

[19] Garcia-Santamaria, F, Miguez, H., Ibiste, M., Meseguer, F, and Lopez, C, *Langmuir,* 18, 1942, 2002.

[20] Porterfield, W.W., *Inorganic Chemistry: A Unified Approach,* Academic Press, New York, 1993.

[21] van Damme, H., in *Adsorption on Silica Surfaces,* Papirer, E., Ed., Marcel Dekker Inc., New York, 2000, p. 119.

[22] Rouquerol, J., Rouquerol, F, and Sing, K., *Adsorption by Powder and Porous Solids,* Academic Press, New York, 1999.

[23] Morrow, B.A. and Gay, I.D., in *Adsorption on Silica Surfaces,* Papirer, E., Ed., Marcel Dekker: New York, 2000, p.9.

[24] Goworek, J., in *Adsorption on Silica Surfaces,* Papirer, E., Ed., Marcel Dekker: New York, 2000, p.167.

[25] Duchateau, R., *Chem. Rev,* 102, 3525, 2002.

[26] Vansant, E.F, van der Voort, P., and Vranken, K.C., *Stud. Surf. Sci. Catai.,* 93, 59, 1995.

[27] Dijkstra, T.W., Duchateau, R., van Santen, R.A., Meetsma, A., and Yap, G.P.A., *J. Am. Chem. Soc,* 124, 9856, 2002.

[28] Shimada, T., Aoki, K., Shinoda, Y, Nakamura, T., Tokunaga, N., Inagaki, S., and Hayashi, T., *J. Amer. Chem. Soc,* 125, 4689, 2003.

[29] Roque-Malherbe, R. and Marquez-Linares, F, U.S. Provisional Patent Application No. 10/982,798, filed November 8, 2004.

[30] Zhao, X.S. and Lu, G.Q., *J. Phys. Chem. B.,* 102, 1556, 1998.

[31] Plueddemann, E.P., *Silane Coupling Agents,* 2nd ed., Plenum Press, New York, 1991.

[32] Voronkov, M.G., Kirpichenko, S.V., Abrosimova, A.T., Albanov, A.I., Keiko, V.V., and Lavrentyev, V.I., *J. Organomet. Chem.,* 326, 159, 1987.

[33] Tertych, V.A. and Belyckova, L.A., *Stud. Surf. Sci. Catai,* 99, 147, 1996.

[34] Gates, B.C., in *Handbook of Heterogeneous Catalysis,* Ertl, G., Knozinger, H., and Weitkamp, J., Eds., VCH, Weinheim, 1997, p. 793

[35] Thomas, J.M. and Thomas, W.J., *Principles and Practice of Heterogeneous Catalysis* VCH, Weinheim, 1996.

[36] Ma, Q., Klier, K., Cheng, H., Mitchell, J.W., and Hayes, K.S., *J. Phys. Chem. B,* 105 9230, 2001.

[37] Dunn, B.C., Covington, D.J., Cole, P., Pugmire, R.J., Meuzelaar, H.L.C., Ernst, R. Heider, E.C., and Eyring, E.M., *Energy Fuels,* 18, 1519, 2004.

[38] Ma, Q., Klier, K., Cheng, H., Mitchell, J.W., and Hayes, K.S., *J. Phys. Chem. B.* 104 10618, 2000.

[39] Ermakova, M.A., Ermakov, D.Yu., Cherepanova, S.V., and Plyasova, L.M., *J. Phys Chem. B,* 106, 11922, 2002.

[40] Kim, S.-W., Son, S.U., Lee, S.I., Hyeon, T, and Chung, Y.K., *J. Am. Chem. Soc* 122, 1550, 2000.

[41] Zhu, J. and Somorjai, G.A., *Nano Lett..* 1, 8, 2001.

[42] Chandler, B.D., Schabel, A.B., and Pignolet, L.H., *J. Phys. Chem. B.* 105, 149, 2001.

[43] Che, M. and Bennett, C, *Adv. Catai.* 36, 55, 1989.

[44] Savargaonkar, N, Uner, D., Pruski, M., and King, T.S., *Langmuir,* 18, 4005, 2002.

[45] Mattson, J.S. and Marck, H.B., *Activated Carbon,* Marcel Dekker, New York, 1971.

[46] Karanfil, T. and Kilduff, J.E., *Environ. Sci. Techno!.,* 33, 3217, 1999.

[47] Salame, I.I. and Bandosz, T.J., *Langmuir,* 16, 5435, 2000.

[48] Rodriguez-Reinoso, F. and Sepulveda-Escribano, A., in *Handbook of Surfaces and Interfaces of Materials,* Vol. 5, Nalwa, H.S., Ed., Academic Press, New York, 2001, p. 309.

[49] Lozano-Castello, D., Cazorla-Amoros, D., Linares-Solano, A., and Quinn, D.F, *J. Phys. Chem. B,* 106, 9372, 2002.

[50] Bansal, R.C., Donnet, J.B., Stoeckli, F, *Active Carbon,* Marcel Dekker, New

York, 1988.

[51] Bandocz, T.J., *Activated Carbon Surfaces in Environmental Remediation,* Elsevier, Amsterdam, 2006.

[52] Puri, B.R., in *Chemistry and Physics of Carbon,* Vol. 6, Walker, P.J., Ed., Marcel Dekker, New York, 1970, p. 191.

[53] Shao, X., Wang, W., Xue, R., and Shen, Z., *J. Phys. Chem. B,* 108, 2970, 2004.

[54] Dubinin, M.M., *Carbon,* 18, 355, 1980.

[55] Boehm, H.P., *Adv. Catai.,* 16, 179, 1966; and *Carbon,* 32, 759, 1994.

[56] Leon-Leon, C.A. and Radovic, L.R., in *Chemistry and Physics of Carbon.* Vol. 24, Thrower, P.A.. Ed., Marcel Dekker, New York, 1992, p. 213.

[57] Avgul, N.N. and Kiselev, A.V, in *Chemistry and Physics of Carbon,* Vol. 6, Walker, P.J., Jr., Ed., Marcel Dekker, New York, 1970, p.l.

[58] Housecroft, C.E. and Sharpe, A.G., *Inorganic Chemistry,* 2nd ed., Pearson-Prentice-Hall, Essex, England, 2005.

[59] Callister, W.D., *Materials Science and Enginering: An Introduction,* 5th ed., J. Wiley & Sons, New York, 2000.

[60] Turov, V.V. and Leboda, R., in *Chemistry and Physics of Carbon,* Vol. 27, Radovic, L.R., Ed., Marcel Dekker, New York, 2001, p. 67.

[61] Ege, S., *Organic Chemistry,* 4th ed., Houghton-Mifflin Co., Boston, 1999.

[62] Hsieh, C. and Teng, H., *J. Colloid Interface Sci.,* 230, 171, 2000.

[63] Leng, C.C. and Pinto, N.G., *Carbon,* 35, 1375, 1997.

[64] Laszlo, K. and Nagy, L.G., *Carbon,* 35, 593, 1997.

[65] Tamon, H. and Okazaki, M." *Carbon,* 34, 741, 1996.

[66] Arafat, H.A., Franz, M., and Pinto, N.G., *Langmuir,* 15, 5997, 1999.

[67] Franz, M,, Arafat, H.A., and Pinto, N.G., *Carbon,* 38, 1807, 2000.

[68] Radovic, L.R., Silva, I.F., Ume, J.I., Menendez, J.A., Leon, Y, Leon, C.A., and Scaroni, A.W., *Carbon,* 35, 1339, 1997.

[69] Haghseresht, F, Nouri, S., Finnerty, J.J., and Lu, G.Q., *J. Phys. Chem. B,* 106, 10935, 2002.

[70] Lua, A.C. and Guo, J., *Langmuir,* 17, 7112, 2001.

[71] Seader, J.D. and Henley, E.J., *Separation Process Principles,* J. Wiley & Sons, New York, 1998.

[72] Chatzopoulos, D. and Varma, A., *Chem. Eng. Sci.,* 50, 127, 1995.

[73] Slaney, A.J. and Bhamidimarri, R., *Water Sci. Technol,* 38, 227, 1998.

[74] Wolborska, A., *Chem. Eng. J.*, 37, 85, 1999.

[75] Droste, R., *Theory and Practice of Water and Wastewater Treatment*, J. Wiley & Sons, 1997.

[76] Scott-Fogler, H., *Elements of Chemical Reaction Engineering*, Prentice-Hall, Upper Saddle River, New Jersey, 1999.

[77] Ruthven, D.W., *Principles of Adsorption and Adsorption Processes*, Wiley, New York, 1984.

[78] Helfferich, EG. and Klein, G., *Multicomponent Chromatography: Theory of Interference*, Marcel Dekker, New York, 1970.

[79] Chern, J.-M. and Chien, Y.-W., *Ind. Eng. Chem. Res.*, 40, 3775, 2001.

[80] Sherwood, T.K., Pigford, R.L., and Wilke, C.R., *Mass Transfer*, McGraw-Hill, New York, 1975.

[81] Michaels, A.C, *Ind. Eng. Chem.*, 44, 1922, 1952.

[82] De Vault, D., *J. Amer. Chem. Soc*, 65, 532, 1943.

[83] Rice, R.G. and Do, D.D., *Applied Mathematics and Modeling for Chemical Engineers*, John Wiley & Sons, New York, 1995.

[84] Tien, C, *Adsorption Calculation and Modeling*, Butterworth-Heineman, Boston, 1994.

[85] Garrone, E. and Ugliengo, P., *Langmuir*, 7, 1409, 1991.

[86] Civalleri, B., Garrone, E., and Ugliengo, P., *Langmuir*, 9, 2712, 1993.

[87] Fubini, B., Bolis, V, Cavenago, A., Garrone, E., and Ugliengo, P., *Langmuir*, 15, 5829, 1999.

[88] Zhang, J. and Grischkowsky, D., *J. Phys. Chem. B*, 108, 18590, 2004.

[89] Sauer, J., Upliengo, P., Garrone, E., and Saunders, V.R., *Chem. Rev.*, 94, 2095, 1994.

[90] Helmenin, J., Helenius, J., and Paatero, E., *J. Chem. Eng. Data*, 46, 391, 2001.

[91] Kuo, S.-L., Pedram, E.O., and Hilnes, A.L., /. *Chem. Eng. Data*, 30, 330, 1985.

[92] Knez, Z. and Novak, Z., *J. Chem. Eng. Data*, 46, 858, 2001.

[93] Zhou, L., Zhong, L., Yu, M., and Zhou, Y, *Ind. Eng. Chem. Res.*, 43, 1765, 2004.

[94] Huang, H.Y., Yang, R.T., Chinn, D., and Munson, C.L., *Ind. Eng. Chem. Res.*, 42, 2427, 2003.

[95] Chou, T, Lin, T.Y., Hwang, B.J., and Wang, C.C, *Biotechnol. Prog.*, 2, 203,

1986.

[96] Grochala, W. and Edwards, P.E., *Chem. Rev.,* 104, 1283, 2004.

[97] Nijkamp, M.G., Raymakers, J.E.M.J., van Dillen, A.J., and de Jong, K.P., *Appl. Phys. A,* 72, 619, 2001.

[98] Crabtree, G.W., Dresselhaus, M.S., and Buchanan, M.V *Phys. Today,* 57(12), 39, 2004.

[99] Dillon, A.C, Jones, K.M., Bekkedahl, T.A., Kiang, C.H., Bethune, D.S., and Heben, M.J., *Nature,* 387, 377, 1997.

[100] Rogue-Malherbe, R., Morquez, F, dil Voile, W. and Thommes, M., paper in progress.

[101] Choung, J.H., Lee, Y.W., and Choi, D.K., *J. Chem. Eng. Data,* 46, 954, 2001.

[102] Wang, C.-M., Chung, T.-W., Huang, C.-M., and Wu, H., /. *Chem. Eng. Data,* 50, 811, 2005.

[103] Hernandez, M.A., Velasco, J.A., Asomoza, M., Sols, S., Rojas, F., and Lara, V.H Ind. Eng. Chem. Res., 43, 1779, 2004.

[104] Won, D., Corsi, R.L., and Rynes, M., Environ. Sci. Technol., 34, 4193, 2000.

[105] Lordgooei, M., Rood, M.J., and Abadi, M.R., Environ. Sci. Technol., 35, 613, 2001

[106] D. Bathen, H.S. Traub, and M. Simon, Ind. Eng. Chem. Res., 36, 3993, 1997.

[107] Benkhedda, J., Jaubert, J.N., and Barth, D.J., J. Chem. Eng. Data, 45, 650, 2000.

[108] Yun, J.H., Hwang, K.Y, and Choi, D.K., J. Chem. Eng. Data, 43, 843, 1998.

[109] Khaleel, A. and Dellinger, B., Environ. Sci. Technol., 36, 1620, 2000.

[110] Kim, M.-B., Ryu, Y.-K., and Lee, C.-H., J. Chem. Eng. Data, 50, 951, 2005.

[111] Yang, R.T., Gas Separation by Adsorption Process, Butterworth, Boston, MA, 1987.

[112] Huggahalli, M. and Fair, J.R., Ind. Eng. Chem. Res., 35, 2071, 1996.

[113] Yang, R.T., Adsorbents: Fundamentals and Applications, J. Wiley & Sons, New York, 2003.

[114] Rutherford, S.W. and Coons, J.E., Langmuir, 20, 8681, 2004.

[115] Maruyama, J. and Abe, I., J. Electroanal. Chem., 545, 109, 2003.

[116] Zhou, L., Sun, Y, and Zhou, Y.P., AIChE J., 48, 2412, 2002.

[117] Harding, A.W., Foley, N.J., Norman, R.P., Francis, D.C., and Thomas,

K.M., Langmuir, 14, 3858, 1998.

[118] O'Koye, I.P., Benham, M., and Thomas, K.M., Langmuir. 13, 4054, 1997.

[119] Marsh, H., Ed., Introduction to Carbon Science, Butterworths, London, 1989.

[120] Gregg, S.J. and Sing, K.S.W., Adsorption, Surface Area and Porosity, Academic Press, New York, 1982.

[121] McCallum, C.L., Bandosz, T.J., McGrother, S.C., Muller, E.A., and Gubbins, K.E., Langmuir, 15, 533, 1999.

[122] Brennan, J.K., Thomsom, K.T., and Gubbins, K.E., Langmuir, 18, 5438, 2002.

[123] Brennan, J.K., Bandosz, T.J., Thomson, K.T., and Gubbins, K.E., Colloids Surf. A: Physicochem. Eng. Aspects, 187-188, 539, 2001.

[124] Rodrguez-Reinoso, F. and Linares-Solano, A., Chem. Phys. Carbon, 21, 1, 1988.

[125] Cazorla-Amoros, D,, Alcaniz-Monge, J., and Linares-Solano, A., Langmuir, 12, 2820, 1996.

[126] Siriwardane, R.V., Shen, M.S., Fisher, E.P., and Poston, J.A., Energy Fuels. 15, 279, 2001.

[127] Sircar, S., Ind. Eng. Chem. Res., 41, 1389, 2002.

[128] Sircar, S., in The Engineering Handbook, Dorf, R.C., Ed., CRC Press, Boca Raton, FL, 1996, chap. 59.

[129] Dong, F, Lou, H., Goto, M,, and Hirose, T, Sep. Purif. Technol, 15, 31, 1990.

[130] Bagreev, A., Rahman, H., and Bandosz, T.J., Ind. Eng. Chem. Res., 39, 3849, 2000.

[131] Meeyoo, V., Trimm, D.L., and Cant, N.W., / Chem. Technol. Biotechnol, 68, 411, 1997.

[132] Meeyoo, V., Lee, J.H., Trimm, D.L., and Cant, N.W., Catai. Today, 44, 67, 1998.

[133] Adib, F, Bagreev, A., and Bandosz, T.J., Environ. Sci. Technol, 34, 686, 2000.

[134] Lizzio, A.A. and DeBarr, J.A., Energy Fuels, 11, 284, 1997.

[135] Rzepka.M., Lamp, P., and de la Casa-Lillo, M.A.,J Phys. Chem. B. 102, 10894, 1998.

[136] Zhou, L. and Zhou, Y, Ind. Eng. Chem. Res., 35, 4166, 1996.

[137] Hynek, S., Fuller, W,, and Bentley, J,, Int. J. Hydrogen Energy, 22, 601, 1997.

[138] Chambers, A., Park, C, Baker, T.K., and Rodriguez, N.M., J. Phys. Chem. B, 102, 4253, 1998.

[139] Amankwah, K.A.G. and Schwarz, J.A., Int. J. Hydrogen Energy, 14, 437, 1989.

[140] Jagiello, J., Bandosz, T.J., Putyera, K., and Schwarz, J.A., J. Chem. Soc, Faraday Trans., 91, 2929, 1995.

[141] Eberhardt, J.J., Gaseous Fuels in Transportations Prospects and Promise, presented at the Gas Storage Workshop, Kingston, Ontario, Canada, July 10-12, 2001; Royal Military College of Canada and the American Carbon Society.

[142] Lozano-Castello, D., Cazorla-Amoros, D., and Linares-Solano, A., Energy Fuels, 16, 1321, 2002.

[143] Cook, T.L., Komodromos, C, Quinn, D.F., and D.F., Ragan, D.F, in Carbon Materials for Advanced Technologies, Burchell, T.D., Ed., Pergamon, Amsterdam, 1999.

[144] Parkyns, N.D. and Quinn, D.F, in Porosity in Carbons: Characterization and Applications, Patrick, J.W., Ed., Edward Arnold, London, 1995, p. 302.

[145] Muto, A., Bhaskar, T, Tsuneishi, S., and Sakata, Y, Energy Fuels, 19, 251, 2005.

[146] Alcaniz-Monge, J., De la Casa-Lillo, M.A., Cazorla-Amoros, D., and Linares-Solano, A., Carbon, 35, 291, 1997.

[147] Bekyarova, E.,·Murata, K., Yudasaka, M., Kasuya, D., Iijima, S., Tanaka, H., Kahoh, H., and Kaneko, K., J. Phys. Chem. B, 107, 4682, 2003.

[148] Cracknell, R.F., Gordon, P., and Gubbins, K.E., J. Phys. Chem., 97, 494, 1993.

[149] Agarwal, R.K. and Schwarz, J.A., J. Colloid Interface Sci., 130, 137, 1989.

[150] Matranga, R.K., Myers, A.L., and Glandt, E.D., Chem. Eng. Sci, 47, 1569, 1992.

[151] Lozano-Castello, D., Alcaniz-Monge, J., De La Casa-Lillo, M.A., Cazorla-Amoros, D, and Linares-Solano, A., Fuel, 81, 1777, 2002.

[152] Alicaniz-Monge, J., De La Casa-Lillo, M.A., Cazorla-Amoros, D., and Linares-Solano, A., Carbon, 35, 291, 1997.

[153] MacDonald, J.A.F. and Quinn, D.F, Fuel, 11, 61, 1998.

[154] Ishii, C. and Kaneko, K., Prog. Org. Coatings, 31, 147, 1997.

[155] Benkhedda, J., Jaubert, J.N., Barth, D., and Perrin, L., / Chem. Eng. Data, 45, 650, 2000.

[156] Derbyshire, F, Jagtoyen, M., Andrews, R., Rao, A., Martin-Guillon, I., and Grulke, E.A., in Chemistry and Physics of Carbon, Vol. 27, Radovic, L.R., Ed., Marcel Dekker, New York, 2001, p. 1.

[157] Zhao, X.S., Ma, Q., and Lu, G.Q., Energy Fuels, 12, 1051, 1998.

[158] Rubby, E.N. and Carroll, L.A., Chem. Eng. Prog., 28, 1993.

[159] Stenzel, M.H., Chem. Eng. Prog., 36, 1993.

[160] Valenzuela, D.P. and Myers, A.L., Adsorption Equilibrium Data Handbook, Prentice Hall, Englewood Cliffs, NJ, 1989.

[161] Myers, A.L., Minka, C, and Ou, D.Y., AIChE J., 28, 97, 1982.

[162] Hall, P.G. and Williams, R.T., /. Colloid Interface Sci, 113, 301, 1986.

[163] Nabarawy, T, Petro, N.S., and Abdel-Aziz, S., Adsorpt. Sci. Technol, 15, 47, 1997.

[164] Yun, J.H. and Choi, D.K., J. Chem. Eng. Data, 42, 894, 1997.

[165] Gadkaree, K.P., Carbon, 36, 981, 1998.

[166] Benkhedda, J., Jaubert, J.N., Barth, D., Perrin, J., and Bailly, M., / Chem. Thermo-dyn., 32, 401, 2000.

[167] Shojibara, H., Sato, Y, Takishima, S., and Masuoka, H., J. Chem. Eng. Jpn., 28, 245, 1995.

[168] S., Follin, V, Goetz, and A., Guillot, Ind. Eng. Chem. Res., 35, 2632, 1996.

[169] Miller, E.B., Am. Soc. Refrig. Eng., 17, 103. 1929.

[170] Critoph, R.E., Carbon, 21, 63, 1989.

第 8 章

晶体及有序纳米多孔材料

8.1　概述

　　研发新材料是材料科学研究的基本目的。工业各领域的技术发展对新材料研制不断提出需求[1-10]。例如，电子工业的革新促使越来越小的元器件得以发展，这些组件的尺寸已经接近纳米级别。科学家发现，当材料的尺寸达到纳米级（长度为 $1 \sim 100\,nm$）时，其性质与块状材料相比，会有很大的不同[1-5]。

　　根据国际纯粹与应用化学联合会的定义，多孔材料按其孔径大小分为三类：微孔材料（孔径为 $3 \sim 20\text{Å}$）、中孔材料（孔径 $20 \sim 500\text{Å}$）、大孔材料（孔径 $> 500\text{Å}$）[11]。多孔材料的实际应用具有巨大的商业价值，同时其合成、加工和表征在科学研究中也充满了挑战。正因如此，它们得到了化学家及材料学家的广泛关注。多孔材料的粒径分布、形状和孔体积大小决定了其在一些特定领域的多种功能[10-31]。

　　将基础科学原理应用在多孔材料相关的重要技术领域中，是比较困难的。尽管如此，化学过程能够在相对较低的温度和压力下，将分子或胶体前驱物转化为特定结构的纳米材料，为纳米材料的制备提供了最初的途径[10,12-30]。例如，溶胶 – 凝胶法的温和条件，提供了动力学控制的化学反应体系。实验参数的微小改变，特别是 pH、浓度、温度、溶剂、平衡离子以及结构导向剂等的变化，会极大地影响超分子的组装结果。

　　在此，将沸石和类沸石材料称为晶体材料，把介孔分子筛称为有序纳米孔材料。人工合成的沸石是具有 $3 \sim 15\text{Å}$ 的孔和空穴的晶体材料，孔和空穴可以被水分子或其他客体分子占据。另外，有序介孔二氧化硅和铝硅酸盐中存在尺寸为 20 ～ 100Å 的介孔,呈现出具有有序孔道的非晶体结构,其孔道同样可以被水分子或其他分子占据。

8.2 沸石和介孔分子筛的基本特性

人工合成的沸石具有分子筛分能力,提供了新的选择性分离过程。酸化的沸石是最重要的工业非均相酸性催化剂[16,30]。世界上绝大多数汽油都是使用沸石催化剂,通过流化床催化裂解石油生产出来的,这是利用分子筛对被催化的分子有尺寸、形状的选择性,以及其潜在的强酸性。

另外,某些矿物具有带负电的网架结构,内部形成大量空穴、笼状孔及孔道,能够容纳水分子和无机阳离子(相当于电荷平衡离子)。例如,天然沸石属于一类晶状微孔铝硅酸盐,孔径小于 1 nm。这些材料广泛应用在废水净化、农业、化肥、水产业、动物健康、动物饲养、气体分离、太阳能制冷、气体净化、除臭、固体电解质、建材以及放射性污染的消除[31]。

为满足工业及基础研究不断扩展的需求,科研人员的研究兴趣逐渐集中在:如何将材料孔径增大,即从微孔级别拓展到介孔级别。1988 年,孔径大于 10Å 的晶状微孔材料问世。确切地说,这种铝磷酸盐 VPI-5 的合成,开拓了超大孔晶状材料研制的新领域[18,19]。随后,更多的超大孔晶体材料被开发出来,如 ALPO4-8、Cloverite、JDF-20、ULM-5、UTD-1、ULM-16、CIT-5、ND-1、FDU-4、NTHU-1[18]。

在超大孔晶状材料的研发工作开展的同时,美孚公司的科学家进一步发展了分子筛制备理论[12-20],并在原有成果的基础上制备出了新型无机材料[21,22]。其中成果之一是通过使用表面活性剂作为结构导向剂,发明了 M41S 系列有序介孔二氧化硅。这种材料呈六边形和立方体对称,其孔径为 20 ～ 100Å[21,22]。其介孔结构可以通过复杂参数的变换加以调控,如表面活性剂加入均三甲基苯等辅助有机试剂,改变溶液温度、组成等制备参数。

为合成介孔分子筛,具有 n-烷基长链的表面活性剂被用作结构导向剂。随着制备方法的不断发展,已经实现了对孔径的控制,孔直径在 2 ～ 100 nm 范围内可调,具有窄的孔径分布和高的比表面积、孔体积[21,22,28,32-34]。随后,一系列的介孔分子筛,六方相如 MCM-41、立方相如 MCM-48、层状相如 MCM-50 被开发出来[22]。对这些介孔材料形成机制的了解,为合成特定孔径分布的二氧化硅打下了基础,例如二氧化硅薄片[32,33]、纤维[34]

和球体[34]。

8.3 结构

8.3.1 晶体微孔材料

1756 年，瑞典科学家 Freiherr Axel Fredrick Cronsted 在位于瑞典 Lappmark 的铜矿中收集矿石时，首次发现了沸石（辉沸石）。Cronsted 发现，这种晶体在吹管试验时会膨胀，因此将其命名为沸石[12,31]。沸石的英文 zeolite 源于两个希腊语词根 zeo 和 lithos，它们的意思分别是沸腾和石头[12,31]。分子筛一词源自 McBain，他于 1932 年发现了一种矿石（菱沸石），该矿石对直径小于 5Å 的分子有选择性吸附作用[35]。沸石属于分子筛，至今已发现了 150 多种结构类型[36,37]。

铝硅酸盐沸石是一种三维微孔晶体（见图 8.1、图 8.2 和图 8.3）。框架是由铝氧四面体 $(AlO_2)^-$ 和硅氧四面体 (SiO_2) 组成的。TO_2 四面体通过共享氧原子相互连接[12,14,16,36-38]。由于每两个四面体共享一个氧原子，每个四面体框架中包含两个氧原子。因此用 TO_2 来表示四面体，而不是 TO_4。四个配位的 Al(Ⅲ) 使框架带有负电荷，这些负电荷必须和框架外的阳离子（每个 Al(Ⅲ) 对应一个）相互平衡。铝硅酸盐沸石的化学组成可以表达为

$$M_{x/n}\{(AlO_2)_x(SiO_2)\}zH_2O$$

式中：M 代表平衡阳离子（电荷数，$+n$），用于平衡 Al(Ⅲ) 的电荷；z 代表沸石孔中的水分子个数[12,14,31,36]。

平衡阳离子可以是金属或其他基团，如铵根离子。沸石具有离子交换的特性，如果阳离子位于沸石孔道或空穴的内部，就可以进行离子交换[10,12,31]。

Si 和 Al 在铝硅酸盐分子筛中都是 T 原子。但是其他元素也有可能是 T 原子，如 P、Ge、Ga、Fe、B、Be、Cr、V、Zn、Zr、Co、Mn 及其他金属[10,14-16]。这些元素以四面体的形式结合，构成沸石，结构中是否存在电荷平衡离子，则要遵循电中性原则[12,15,16,36-38]。现有的沸石大多数是人工合成的。这些材料种类超过 1000 种，而且还在不断增加[37]。另外，在地球表层还发现了 40 多种天然沸石[31]。

在沸石中发现了不同尺寸和形状的笼、孔道及空穴，这取决于沸石自

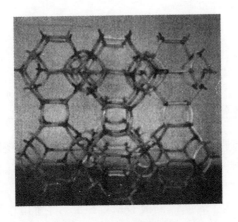

图 8.1　LTA 型框架结构

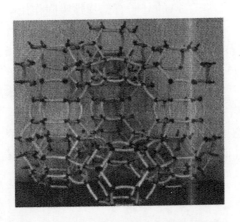

图 8.2　FAU 型框架结构

身的结构[31,36,37]。沸石的三维框架结构取决于 AlO_2^- 和 SiO_2 的排列方式，通常讲，TO_2 四面体形成次级结构单元，这些次级结构单元（如方钠石和五元环单元）与其他次级结构单元一起构建了丰富多样的沸石类材料[36-38]。

　　关于沸石类材料的结构，各种教科书、手册和文献中都给予了很好的介绍[12-14,37,38]，在此就不再赘述了。这里仅列出三种最重要的框架类型。首先是 LTA 框架结构（图 8.1），包括 A、LZ-215、SAPO-42、ZK-4、ZK-21、ZK-22 和 alpha 人工合成的分子筛材料[37]。

　　FAU 框架结构（图 8.2）包括天然的八面沸石[38] 以及人工合成的沸石类材料，如 X、Y、EMC-2、EMT、ZSM-3 和 ZSM-20[37]。最后，HEU 框架结

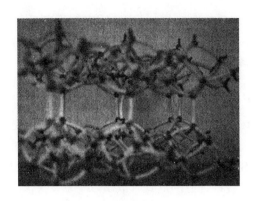

图 8.3　HEU 型框架结构

构（图 8.3）包括天然片沸石和斜发沸石[31] 以及人工合成沸石 LZ-219[37]。

方钠石笼以立方形式排列（$a \approx 11.9\text{Å}$），彼此间由双四元环链接形成 LTA 框架结构（见图 8.1）。框架中包含八元环（MR）窗口，形成 α 型超笼结构[12,38]。

FAU 框架也是由方钠石笼状结构组成的，方钠石笼间通过六方柱相连，位于面心立方晶格（FCC）中，FCC 晶格四面体位点的一半被占据，与钻石的结构相同。形成的立方体有一个轴，$a \approx 24.3\text{Å}$（见图 8.2）[37]。该框架结构包含十二元环（MR）窗口，形成 β 型超笼结构[12,38]。

斜发沸石的结构，即 HEU 框架结构[37]，具有三种孔道：一种是 8 元环孔道 [100]（孔道尺寸为 2.6Å×4.7Å），另两种是平行的孔道 [001]。其中一种为具有 8 元环窗口的孔道（孔道尺寸为 3.3Å×4.6Å），另一种为具有 10 元环窗口的孔道（孔道尺寸为 3.0Å×7.6Å）[37,38]，见图 8.3。

分子筛中最重要的一类是具有较高 Si/T 比的微孔固体，其中 T 代表三价 Al、Fe、B、Ga 或四价 Ti、Ge[10-20]。根据 Si/T 比的大小可以进行如下分类：Si/T<10 为沸石；10<Si/T<500 为高硅沸石；而 Si/T>500 称为全硅沸石[10,39-58]。最后提及的沸石基本上都是 Si 基分子筛。但是，与 Clathrasil（一种微孔硅酸盐包合物）相反，上述材料的孔是开放的。

绝大多数 ZSM 家族的分子筛和一些 SSZ 家族的分子筛都属于高硅沸石[37]。ZSM-5（MFI 框架结构类型）和 ZSM-11（MEL 框架结构类型）[37] 是沸石科学技术领域中最重要的材料。所有这些材料都是人工合成的。

脱铝作用可以使铝硅酸盐的 Si/Al 比增大[59]。这一过程可以通过水热处理（如高温蒸气）[59]、酸浸[60]、$SiCl_4$ 或六氟硅酸盐气氛 200～300°C 热处理等工艺来实现[59]。脱铝材料在催化剂和吸附剂中有不同的用途，特别是 USY 沸石（超稳定沸石 Y）被广泛用于催化裂解[30]。DAY 沸石是一种 FAU 型沸石，但是，与 Na-Y 沸石不同，DAY 在框架中完全不含 Al，因此不需要 Na 离子来平衡电荷[61,62]。

全硅沸石是三维微孔晶状固体，由 SiO_2 四面体构成，顶角相互连接并共享全部氧原子[16,37]。一种新型结构的二氧化硅于 1978 年被发现[39]，这种材料被称为硅烷，具有 MFI 结构。硅烷是由相互交叉的十元环孔道组成的三维结构[16,37]。MFI 框架类型具有两种组成结构：ZSM-5 分子筛（高硅结构，10<Si/Al<500）和硅烷（全硅结构，Si/Al>500）[16,37]。

迄今为止，已经以纯硅的形式合成了以下框架类型的沸石，大多数是在氟化物介质中合成的[58]：MFI[34]、MEL[40]、MTW[41]、AFI[42]、BEA[43]、IFR[44]、ITE[45]、AST[46]、CFI[47]、CHA[48]、MWW[49]、STF[50]、STT[51]、ISV[52]、CON[53]、MTT[54]、RUT[55]、ITW[56]、LTA[57]。

8.3.2　有序介孔材料

针对沸石类材料已进行了大量的研究工作，材料内部孔道的尺寸被限制在微孔级别，从而使沸石类材料的应用局限在小分子领域中。因此，近年的研究工作集中在制备更大孔径材料方面[10,16]。这方面工作最重要的成果是美孚公司的研究人员于 1992 年研制的 M41S 类介孔分子筛[21,22]。这种材料具有超大的均一孔道。

制备这种新的介孔二氧化硅或铝硅酸盐化合物，需要引入超分子组装技术，胶束聚合体取代分子基团用作结构导向剂。无机或复合框架结构的生长以组装的表面活性剂为模板，构筑了具有 2～100 nm 的新型纳米材料[10,21-24,32-34,63-68]。

超分子组装概念的提出促使一个新材料家族的诞生，在制备过程中，通过改变反应物化学剂量、表面活性剂分子的性质以及使用功能化后处理技术，均可以调控新材料的结构、组成和孔径[21-24]。表征结果显示，新制备固体材料为有序、非晶体、孔壁结构，并且孔径分布非常窄。由于在孔壁结构中缺乏准确的原子定位，新制备的介孔材料是有序非晶体，这一结论在核磁共振和拉曼光谱测试中已经得到确认[18]。由此生成的无机固体在形貌和结构方面具有极大的差异[10,23,24]。

上述介孔分子筛的组装机理由两个特性所决定。首先是表面活性剂分子形成特定分子结构（先形成胶束，最终为液态晶体形式[24]）的动力学特性。其次是无机氧化物经过聚合反应形成热稳定结构的能力[24]。最初的研究发现，利用烷基三甲胺阳离子表面活性剂在碱性条件下能够制备硅酸盐[24]。后来的研究表明，上述结构也可以在酸性介质中[69,70] 利用中性胺[71]、非离子表面活性剂[72] 以及二烷基二甲胺阳离子表面活性剂[73] 形成。另外，进一步的机理研究将最初的合成路线进行拓展，对有机/无机电荷平衡驱动促使这些结构的形成有了更加全面的认识[18,24,69−71,74−77]。

M41S 家族最初包括 MCM-41（六方相，见图 8.4）、MCM-48（立方相 Ia3d）和 MCM-50（稳定的层状结构，见图 8.5）[21−24]。

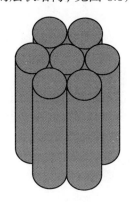

图 8.4　MCM-41 的六方相孔结构

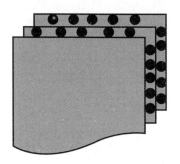

图 8.5　MCM-50 的层状结构

MCM-41 的 XRD 图谱在小角度（2 谱在小角度）具有三个以上的峰，属于六方晶格[23,24]。其结构是由相同直径的多孔管堆砌而成的六方结构，管尺寸在 15~100Å 之间 [24]。图 8.6 是 MCM-41 样品的 XRD 谱图[78,79]。

立方结构的 MCM-48，其 XRD 谱图中的衍射峰均表示 Ia3d 空间结构[24]。MCM-48 的结构被认为是一种双连续（简单说就是两个无限延伸的三维结构）、相互缠绕、互不连接的棒状网格结构[2,4,69,80]。

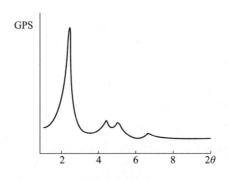

图 8.6　MCM-41 的 XRD 谱图

MCM-50 具有稳定的层状结构，在 XRD 谱图中一些小角度的峰，表明存在（h00）衍射[24]。这种材料是柱状分层结构，无机氧化物柱体将二维薄板分离，类似于层状硅材料如沥青烁石和水羟硅钠石[24]。此外，片层相由表面活性剂棒状结构堆砌而成，因而得到的无机氧化物的孔是层状排列的[24]。

另一种 M41S 型介孔材料是 SBA-1（立方 Pm3n 相）[24] 和 SBA-2（立方 p63/mmc 相）[81]。其他合成材料并没有详细的分类。这些材料通常具有有限的 XRD 图样（单峰）信息，透射电镜显示其孔道往往随机排列。这些介孔材料相对于微孔材料而言，其特征在于较窄的孔尺分布以及优异的烃类吸附能力（大于或等于其自身重量）。最开始合成的 M41S 类材料主要是硅酸盐和铝硅酸盐。

随后，很多新材料如 SBA-15 被相继开发出来。这些介孔硅表现出完美的六边形结构、比表面积大、水热稳定性高，在多种技术领域具有应用潜力[82-84]。这些介孔硅材料中，对 MCM-41[21,22] 和 SBA-15[81] 的研究最为充分，尽管它们都是二维六方结构（p6mm），但二者之间有很大的差异，具体如下：

（1）SBA-15 相比于 MCM-41，孔径更大，孔壁更厚[81]。

（2）MCM-41 是纯介孔材料，而典型的 SBA-15 则在孔壁中含有大量的微孔[85-87]。

（3）MCM-41 的孔道相互不连接，而 SBA-15 则通过微孔[86] 或二次介孔[67,88] 相连。

除了孔道系统的特性（孔径、孔形、连通性等）外，基于应用的要求，介孔材料的形貌也非常重要[89]。具有短且孔道通畅的简单形貌，如小球、类晶体材料以及短而直的棒状结构,对于那些受制于孔扩散过程的应用来说非常有用,如催化、分离、包裹客体分子和内表面改性[89]。正因如此,对介孔硅的形貌控制毫无疑问地成为了深入研究的重点方向[89-92]。绝大多数研究途径基于合成反应条件的变化,包括硅源、表面活性剂、助乳化剂、助溶剂、添加剂的性质以及反应体系的总体组成[89]。深入了解介孔材料的形成机制,为合成具有特定孔径分布(薄片[32,33]、纤维[34]、球体[34,82]、短棒状颗粒[82])的介孔二氧化硅材料提供了依据。利用有机添加剂和无机盐还可以制备出更多奇特形状的颗粒,如圆环状、饼状等[90]。

8.4 合成与改性

8.4.1 沸石合成

铝硅酸盐沸石通常利用水热法合成,溶液中含有氢氧化钠、硅酸钠或铝酸钠[12,13]。合成沸石的性质主要由反应物及反应条件(温度、pH、反应时间)决定[10-14,93]。铝硅酸盐沸石的合成分为三步:诱导、成核、结晶。晶核形成是指很小的聚合前驱体逐渐生长,并开始形成晶核中心。随后,结晶开始,这一过程由晶核中心和反应物中其他组分共同参与,受到很多条件影响。在合成过程中可以调控的参数包括反应物中的阳离子浓度、OH^-浓度、SiO_2/Al_2O_3 比例、H_2O 含量、温度、pH、反应时间、老化、搅拌情况、反应物添加顺序以及其他一些因素[12,13,44]。

Breck 和 Flanigen[12,16] 首先提出假设来解释铝硅酸盐沸石的晶化过程。他们认为合成过程经历了铝硅酸盐凝胶或反应物的形成、沸石晶体的成核以及在反应混合物中的成长。这个最初的模型实际上被否定了,并且被 Barrer 等人的假说所取代[13,16]。Barrer 认为沸石晶体的形成发生在溶液中。在这个模型中,晶核的形成和生长是可溶性粒子间缩合反应的结果,而凝胶实际上仅起到物质储藏的作用。

高硅、全硅以及其他一些非铝沸石的合成方法与铝硅酸盐沸石的合成方法类似,但是最初的凝胶的组成不尽相同[14-16,93-122]。沸石合成的基本目标是通过改变反应条件,构造新的沸石结构。为此,有机物作为结构导向剂(SDA)被加入到反应物中,大大增加了合成新结构的数量,并且被接受为新材料[10,14-16]。有机阳离子能够稳定沸石中与该离子尺寸相似的空穴及孔道结构[14,16,93]。目前为止,常用的有机模板剂包括 20 世纪胺及相关化合物（季铵阳离子），线状或环醚、配位化合物（金属有机化合物）等[10,14-16]。

第一类高硅沸石（如 eta、EU、NU 和 ZSM 系列）于 20 世纪 70 年代末、80 年代初获得专利授权[14,16,94,95]。第一种全硅沸石（硅质岩）合成于 1978 年[39]。微孔铝磷酸盐分子筛（AlPO、SAPO、MeAPO）由美国联合碳化物公司开发[15,96]。在 AlPO 骨架上嵌入 Si[96]，得到 SAPO 分子筛。如果 AlPO 骨架中含有 Me(Me=Co,Fe,Mg,Mn,Zn)，则称为 MeAPO 分子筛。微孔晶体磷酸盐的发展十分迅速，例如磷酸镓[97-99]、磷酸锌[100,101]、磷酸铍[102]、磷酸钒[103] 以及磷酸铁[104]。

全硅沸石主要在氟化物介质中利用不同的结构导向剂合成出来[58]。正如前面所说的，下面的框架类型都是这一类分子筛的成员：MFI[39]、MEL[40]、MTW[41]、AFI[42]、BEA[43]、IFR[44]、ITE[45]、AST[46]、CFI[47]、CHA[48]、MWW[49]、STF[50]、STT[51]、ISV[52]、CON[53]、MTT[54]、RUT[55]、ITW[56]、LTA[57]。

非铝硅酸盐类沸石一般由非均相凝胶（包括液相和固相）通过水热晶化制得[10]。反应介质包括阳离子源（用于形成骨架，T：Si,Al,P 等）、矿化剂（OH^-,F^-）、无机阳离子或有机基团（阳离子或中性分子）及溶剂（通常是水）。

制备铝磷酸盐沸石及其衍生物（SAPO，MeAPO 等），反应 pH 值一般控制在 3~10 之间[15]。阴离子（如氢氧化物、氟化物）能够溶解凝胶中的二氧化硅，并将其转移到晶体中[10]。另外 F^- 可以作为结构助剂，用来稳定无机框架结构[105]。无水合成路线[106,107] 或干燥合成法[109] 也已被开发出来。

结构导向剂通常会被包嵌在微孔孔道和空穴中，从而提高合成材料的稳定性。客体与骨架的稳定性主要通过库仑力、H 键或范德华力，客体与客体之间的相互作用也可以提高整体的稳定性[10,14-16]。有关结构导向剂需要考虑的因素有很多，例如尺寸[10,16,109]。结构导向剂的尺寸直接影响到沸石的孔径及孔穴大小，尽管这个效应会受到温度的影响。

除结构导向剂和温度外，在合成中其他因素或条件也非常重要[10,16]。例如，氢氧根离子通过控制聚合度来提高晶体的生长率，另外，OH^-/SiO_2 的比值与孔径息息相关（比值越大，孔径越大）[10,16]。

另一方面，很多合成反应利用氟离子代替氢氧根离子，与传统的只用氢氧根离子相比，得到的沸石类材料具有更大的晶体尺寸和更低的结构缺陷[110-118]。温度也是一个重要的因素，通常温度低于 350°C，温度较高会产生较多的凝聚相物种。合成时，混合物的 pH 值非常重要，pH 值通常是碱性的（pH>10），以便控制孔径大小。反应时间是另一个需要考虑的参数，即使反应物相同，反应时间不同也会产生不同的沸石或其他相，因此要对反应时间进行优化。搅拌反应混合物会影响沸石的结构和粒径尺寸。

全硅沸石可以通过水热法制备，利用氢氧化物或氟化物作为矿化剂。根据矿化剂的不同，制备方法可以分为 OH⁻ 法和 F⁻ 法 [110]。通常，正硅酸乙酯（TEOS）在合适的结构导向剂水溶液中水解，以氢氧化物的形式存在。得到的混合物持续搅拌，直到生成的乙醇全部蒸发（也就是说，通过 ¹H 质谱检测，经过蒸发的混合物中不含乙醇）。这表明，水/乙醇/二氧化硅/结构导向剂混合物体系不会出现共沸的情况，这一点与水/乙醇混合物体系完全不同。乙醇蒸发后，加入 HF（48%水溶液），将混合物搅拌均匀。该混合物是浆状液体，其黏度取决于使用的结构导向剂和最终的水含量 [110]。

制备纯硅相，可以在氟化物介质中使用不同的结构导向剂。结构导向剂的选择要遵循以下原则：具有较高的结构导向能力（刚性、尺寸、形状、C/N⁺ 比）[110,119]，以及阳离子或母胺的获得能力 [110]。相应地，具有多环组分的 SDA（含有更大、强度更高的分支结构）得到了广泛应用 [110]。

合成反应之后，需要对沸石进行焙烧处理，去除阻塞在孔内的有机化合物。合成后的沸石应在空气气氛中焙烧，温度一般控制在 350~400℃。

通常，沸石合成需要考虑很多因素。并且，众多的实验条件与合成产物性质之间的联系很难确定。为克服这一困难，人们提出了各种方案。其中，联合法是一种非常有潜力的方法，它使用小型化的多釜反应系统，实现了对大量实验条件的考察。

8.4.2 沸石改性

沸石改性的绝大部分方法都与铝硅酸盐沸石有关 [59]。例如，一种常见的改性方法是沸石结构的离子交换。人工合成的沸石通常以钠盐的形式得到，天然沸石以矿物的形式，其中含有 Na⁺、K⁺、Ca²⁺、Mg²⁺ 及其他阳离子 [31]。因此，有时需要将这些阳离子交换成其他阳离子，例如，在空气气氛中将钠离子交换成铵根离子，可以得到酸性沸石 [12,59]。

铝硅酸盐沸石有时需要脱铝。脱铝过程可以是水热处理（蒸气）、酸浸出以及在 SiCl₄ 或六氟硅酸盐环境下 200~300℃ 热处理 [59]。经过上述处理可以得到高硅分子筛。脱铝过程将 Al 从沸石晶格中剥离出来，会产生介孔，因此可能导致沸石骨架部分坍塌。这些脱铝分子筛具有不同的用途，例如催化。USY 沸石（超稳定的 Y 沸石）在催化裂解方面具有广泛的应用[30]。另外，疏水沸石，如 DAY 沸石（脱铝沸石，铝含量很低）对水中的有机物表现出很强的吸附能力[62,120−123]。

在沸石的孔穴内嵌入分子，是一种非常有趣的沸石改性方法。在适当的溶液中，中性分子通过一定搅拌可以吸附在沸石上。这一过程对于小分子来说十分有效。在沸石中嵌入大分子可以在溶液中实现，这取决于分子的尺寸以及分子在沸石孔道内的扩散能力[36,59]。例如，通过在正己烷溶液中吸附 [Ir(CO)_2(acac)] 络合物，可以使羰基铱沉积在沸石上[126]。将 [Rh(CO)_2Cl]_2 引入 NaY 或酸性 HY 沸石的笼中，在室温并含水的条件下，经 1 个大气压 CO 气氛处理，就可以得到铑中性团簇：$[Rh_6(CO)_{16}]$[127]。

然而，有时嵌入分子的尺寸大于沸石的孔道尺寸，例如，八面沸石中含有直径为 13Å 的超笼，而进入这些超笼的窗口的尺寸约为 7.4Å[36]，大于 7.4Å 的分子利用传统方法不能嵌入。为克服这一困难，可以在沸石超笼中完成大分子的合成，此种方法称为"瓶中造船"法[128]。迄今为止，嵌入大分子的实例有四丁基取代酞菁铁[129]、全氟酞菁铁[130]、钴铜[131,132]、锰[133] 以及四硝基酞菁铁。然而在嵌入硝基取代酞菁时，在沸石的外表面生成了一种络合物[133]。使用卟啉配合体，四甲基卟啉锰和铁被嵌入在 Y 沸石的超笼内[134]。

将过渡金属络合物嵌入到分子筛内部的另一个办法是：在预先成型的过渡金属络合物骨架上合成分子筛[128,135,136]。为实现这一过程，络合物在沸石合成环境中必须具有良好的稳定性（例如：pH、温度和水热环境），同时在合成介质中应具备一定的溶解性[128]。据报道，合成丝光沸石可以采用含有双吡啶、戊腈或酞菁络合物的凝胶[135]。但是络合物并未实现在分子筛内部的有效嵌入[128]。据说，在 X 沸石中可能会实现过渡金属络合物的均相嵌入[136,137]。

8.4.3 有序介孔硅材料的合成

在过去 20 年中，人们为制备更大孔的分子筛做了极大的努力[18]。采用超分子组装（胶束聚合体），而不是分子基团，作为结构导向剂，合成出一类新的介孔硅及铝硅酸盐化合物（M41S）[21,22]。新的合成理论将结构导向剂从小的有机物分子拓展到了长链的表面活性剂分子，从而合成出这类新的介孔分子筛 M41S[21,22]，不是逐个分子导向剂作用形成孔材料，而是分子组装使其形成这样的孔道系统[24]。这种超分子导向的概念引领了新材料的诞生。在制备过程中，通过改变反应物化学剂量、表面活性剂分子的性质以及使用合成后功能化技术，均可以调控新材料的结构、组成和孔径[24]。

制备介孔材料的典型方案中包括以下的合成条件：低温、有机和无机基团共存、前驱体的广泛选择[10]。大量新材料的涌现，从纳米结构到更复杂的分层结构材料，表明了该领域取得了科学意义上的成功[10]。合成分层结构的复杂材料，需要对结构助剂的化学、空间、结构特性进行谨慎的调控。通过调节合成反应条件，能够控制化学反应速率、界面特性以及嵌入无机相的生长。对有机矿物界面合理调控，是制备完美结构的关键。在协同构建无机 – 有机综合体系这一具有挑战性的工作中，对混合界面的化学、空间、时间的控制是一项主要任务[10]。

介孔类分子筛的形成机制有两个要点[24]：第一，表面活性剂分子形成分子聚合体，进而形成胶束，最终形成液晶的动力学过程；第二，无机氧化物经过聚合反应，形成具有延展的热稳定结构的能力。在介孔分子筛制备中，反应凝胶化学扮演重要角色。领会表面活性剂/硅酸盐溶液的化学行为是了解 MCM-41 和其他 MMS 合成机制的先决条件[10,24]。在简单的水 – 表面活性剂二元系统中，表面活性分子是非常活跃的成分，其结构因浓度的不同可以发生变化[23]。低浓度下，它们以单分子的状态存在；随着浓度的增加，表面活性分子开始团聚形成胶束，系统的熵值降低。单原子分子缔合形成各向同性胶束所需的最低浓度称为临界成胶浓度（cmc）[23]。继续保持此浓度，出现六方密堆积序列，从而形成六方相。下一步，相互毗邻而平行的圆柱形胶束凝聚，形成薄片相。在一些情况下，在形成薄片相前还会经历立方相[23]。

一定浓度下，表面活性剂水溶液中形成的相，不仅仅取决于浓度，还取决于表面活性剂的自身性质（疏水碳链长度、亲水的头部以及平衡离子）和如下参数：pH、温度、离子强度和其他添加剂[138]。上述因素对临界成胶浓度也会产生影响。通常，随着溶液中表面活性剂的链长、平衡离子化合价以及离子强度的增加，临界成胶浓度会降低[23]。相反，随着平衡离子半径、pH 和温度的增加，临界成胶浓度会升高。

例如，$25^\circ C$ 的水溶液中，表面活性剂 $C_{16}H_{33}(CH_3)_3N^+Br^-$，临界成胶浓度大约为 0.83 mM；在临界成胶浓度和 11% 之间，会出现小球状胶束；浓度介于 11%～20.5%，会形成柔性的长的棒状胶束[139]。六边形液晶相会出现在浓度范围 26%～65% 之间，随后，随着浓度增大，将生成立方、薄片和反转相[23]。90℃ 时，表面活性剂浓度大于 65% 就会出现六方相[140]。这种新的"软化学合成法"的重要性与日俱增[141]。这些材料在催化[142]、光学、光子学、传感器、分离、药物传输[62]、吸附、声学或电绝缘、超轻结构材料[143,144] 等领域的应用具有极大的潜力。

硅基材料是研究最多的体系，这是由于该体系结构形式多种多样、水解 – 缩聚反应能够精确控制、无定型骨架热稳定性高以及强大的有机官能团接枝能力[10]。

在碱性条件下，包含硅酸盐（或硅铝酸盐）的凝胶和三甲基季铵阳离子经过水热方法得到 M41S 材料[21-23]。最近，二氧化硅在碱性条件下，C_{16}TMABr 溶液中通过溶解 – 沉淀，能够合成出形貌可控的 MCM-41[145]，上述方法称为赝晶合成法。在 pH 中性条件下，通过运用两亲性分子伯胺 $C_nH_{2n+1}NH_2$（$n = 8 \sim 18$）的新方法，能够制备出六方介孔二氧化硅（HMS）化合物[146,147]。

针对孔径控制已经开展了大量研究工作。Beck 等人通过改变 C_nTMA$^+$链的长度（8~18 个碳原子）能够将孔径控制在 15~45Å[10,22]。加入有机分子如 1,3,5- 三甲基苯[22] 或烷烃[148] 可以将孔径增加到 100Å。这些溶胀剂可以溶解在胶束的疏水部分中，增加模板的体积[10]。这种方法理论上很简单，但是实现起来很困难，它难以重现，生成的有序介孔相也比较少。替代溶胀剂的一个有效方法是：在 TMA$^+$ 溶液中进行水热反应，这一方法增强了孔的有序性、扩大了孔径[149]。尽管如此，MCM-41 类材料的孔径依然受到胶束模板大小的制约，因此，通过自然膨胀来增大孔径需要使用更大的分子模板，例如聚合物或更复杂的结构助剂。

两亲嵌段共聚物（ABC）可用于有序介孔材料的合成。两亲嵌段共聚物代表一类新的功能性聚合物，具有较高的能量和对材料界面的结构控制能力[10,150]，应用潜力很大。通过对两亲嵌段共聚物化学结构的调控，能够改善具有不同化学性质、极性和内聚能材料间的界面特性。由两亲嵌段共聚物构成的聚合物组织系统（POS）是构建无机结构的完美模板[10,151]。它们也被用作离散矿物质粒子的生长控制[151]。二嵌段（AB）或三嵌段（ABA）共聚物经常被使用，其中 A 代表亲水基团（聚乙烯氧化物（PEO）或聚丙烯酸（PAA）），B 代表疏水基团（聚苯乙烯（PS）、聚丙烯氧化物（PPO）、聚异戊二烯（PI）或聚乙烯吡啶（PVP））[10,150]。

8.4.4 有序介孔硅材料的改性

有序介孔硅材料相对微孔沸石具有较大的孔径，为我们在其高度发达的孔隙内，有计划、有目的地引入各种有机客体物种提供了良好的机会[10,152-165]。有机基团可以很容易地实现功能化，在固体材料上形成活性位点，再利用介孔材料独有的结构特点，可以用于催化、离子交换和吸附等领域[165]。这种多孔复合材料为探索纳米级分子独特的物理及化学特性提供了可能，对于设计用于色谱、传感器、电子或光电设备的新材料，以及可循环使用、性能稳定的催化剂具有重要意义[165]。

迄今为止，介孔有机 - 二氧化硅复合材料的制备方法通常有两种：其一是在介孔材料合成反应中，通过有机硅的共沉淀法直接制备；其二是将有机硅接枝到预先制备的介孔二氧化硅表面[165]。这两种方法最大的优势在于有机基团具有较好的化学稳定性和热稳定性，这是由于二氧化硅壁面和有机物之间存在较强的共价键。MCM-41 类材料的高度有序性使其成为很好的载体材料，这源于其有序的结构和热稳定性及机械稳定性[10]。

后合成法如多孔材料孔壁的功能化，可以改变介孔分子筛的孔径和表面化学特性。例如，MCM-41 包含高浓度的硅烷醇，通过简单的消除反应实现其功能化，这种后合成技术可用于改变孔径尺寸并影响孔壁的亲水性[24]。另外，其他分子可以在多孔材料内部固定某些具有催化或吸附特性的基团。也就是说，嵌入材料中的有机基团可以精细地控制材料界面和整体特性，如亲水性、孔隙度、通过性以及光学、电学、电磁等性质[10]。

有机官能团可以修饰到氧化物壁面上，生成表面性能可调的复合介孔材料，该技术在特异性材料（催化剂、薄膜、传感器和纳米反应器）的设计方面具有广阔前景[10,153]。结合介孔无机材料的结构与有机基团特性，将有机基团修饰到介孔二氧化硅的壁面[154]，目前已经提出了很多方法，并且在不断改进[10]。

原则上，有机物官能团的引入有两种模式：第一，与无机材料壁面形成共价键；第二，在合成过程中直接引入有机官能团[10]。在第一个方法中，有机氯代硅烷或有机烷氧基硅烷已经广泛应用于连接特定的有机基团，通过缩合反应，与二氧化硅骨架的硅烷醇或 Si-O-Si 进行连接[155,156]。在加入有机硅烷醇前驱体之前，介孔材料必须充分烘干，避免遇水自动缩合[10]。有机官能团的浓度和传递控制受限于表面硅烷醇及其通过性。接枝率取决于前驱物的反应活性，也受到扩散和位阻效应的限制[10]。对孔进行功能化的另一个方法是直接合成法，该方法基于硅氧烷和有机硅氧烷前驱体的原位共缩聚法，一步直接制备出改性的 MCM-41[157]。硅氧烷前驱体用于无机骨架的合成，而有机硅氧烷具有两种作用，也就是说，它既构成无机结构，又可以提供有机基团[10]。这种一步原位合成法具有很多优点，例如较高的改性率、均匀的嵌入以及较短的制备时间[158]。

另一方面，结构周期性排布的纳米 MCM-41 及其他介孔分子筛材料可以作为纳米加工的场所[159]。大量研究均致力于开发新的方法：使用有序纳米多孔氧化物作为一种纳米级反应器，来制备或复制一些重要的纳米材料[150-153]。

目前，通过传递前驱体分子或离子，在 MCM-41 及相关介孔氧化物孔道内制备纳米颗粒或纳米棒的方法主要有两种：第一种方法是将前驱体分子或离子直接浸渍到介孔材料上[160-162]；第二种方法是使用功能性配体，同时实现介孔氧化物内表面和外表面的功能化，随后通过功能性配体和金属离子之间的亲和作用，直接引入前驱体化合物[163]。

在 SBA-15 中制备银纳米棒，可以把材料直接浸渍在含有银离子源的溶液中，也可以用银离子源蒸气的方法[161]。另外，最新报道了一种气相传质法，能够在 MCM-41 上负载簇状化合物[162]。该方法最大的难点是控制纳米颗粒的生长位点，从而避免其在 MCM-41 外表面团聚[159]。利用离子交换反应控制金属离子传递，可以在外表面功能化的 MCM-41 材料的介孔内制备纳米颗粒[159]。这种新方法利用单一介孔排列的 MCM-41 材料，在其外表面，通过有机基团选择性钝化来去除外表面的活性位点，同时依旧保留孔道内表面的离子交换能力[159]。

铜碲复合物团簇（$(Cu_6(TePh)_6(PPh_2Et)_5)$）已经通过固态浸渍的方法负载到了 MCM-41 孔道中[164]。

在介孔二氧化硅材料孔道内修饰有机聚合物方面，目前已经开展了大量研究[165-171]。例如，Moller 和 Bein 报道了聚苯胺和其他单体在 MCM-41 介孔体系内的聚合反应[166]。带有共轭聚合物的聚苯胺体系，在纳米尺度通道内拥有移动电荷载体，被公认为是纳米电子元器件设计领域非常有价值的成果[166]。随后，Moller 等人研究了甲基丙烯酸甲酯在微孔或介孔二氧化硅中的聚合反应，得到的聚合物与块体材料相比，具有不同的物理性质[166,167]。Tolbert 及其同事认为，介孔中排列的半导体聚合物表现出了独特的能量传递和光物理性质，在电子或光电子元器件方面具有极大的应用潜力[169,170]。

在所有这些研究成果中，大多数情况下，聚合物会填满整个硅材料的介孔，从而形成无孔材料。被限制在介孔材料孔道内的聚合物所呈现出的某些独特的纳米化学及物理性质,已经被揭示。最近,Shantz 及其同事在介孔二氧化硅中合成出了树状聚合物分子[171]。

8.5 晶体及有序纳米多孔材料在气体分离和吸附中的应用

8.5.1 气体净化

8.5.1.1 沸石

气体或蒸气分子在脱气处理后,能够通过一系列孔道而进入晶状及有序纳米多孔材料的孔隙内部。每一层的孔道和/或空穴被致密的气体无法透过的结构单元分开,进而构成吸附空间,在这种吸附空间内,分子会受到吸附势场的作用。该作用是这些材料在吸附过程应用的基础。

沸石(A、X、ZSM-5)、菱沸石、斜发沸石、丝光沸石及其他纳米多孔材料常用于去除 H_2O、NH_3、NO、NO_2、SO_2、H_2S、CO_2 和其他气体杂质[31,122,171-178]。例如,在空气净化中,沸石通常被用于从酸性天然气中去除 H_2O、H_2S 和 CO_2[31,122,172-177],也可用于冷动手术中 CO_2 的干燥,煤气化过程中选择性消除 NH_3,去除空气中的 NH_3、SO_2、NO_x、CO_2,选择性吸附甲烷中的 H_2S[31,122,172,173]。

天然沸石中,斜发沸石在地壳中分布最广,因此它在吸附领域中应用最多[31]。斜发沸石属于片沸石类,Si/Al>4;晶胞内包含 22 个 H_2O 分子,Na、K、Ca 和 Mg 是最常见的电荷平衡离子[31]。

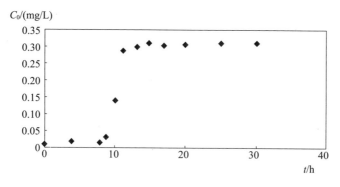

图 8.7 CO_2-H_2O 混合气体中 H_2O 在 Mg-CMT 天然沸石中的穿透曲线

图 8.7 是 Mg-CMT 天然沸石对 CO_2-H_2O 混合物中 H_2O 的动态吸附曲线[175]。穿透前水的浓度 $C_0 = 0.32\,mg/L$，气体流经吸附反应器后，浓度降低至 $0.01 \sim 0.03\,mg/L$[175,176]。反应器截面积 $S = 10.2\,cm^2$，圆柱高 $D = 6.9\,cm$，床层吸附剂质量 $M = 30\,g$。床层总体积为 $70\,cm^3$，床层内除吸附剂外的空余空间为 $35\,cm^3$，容积流量速率 $F = 7.7\,cm^3/s$[175,176]。Mg-CMT 天然沸石是一种单元离子镁天然沸石，以 CMT 为后缀来命名，由斜发沸石（42%）和丝光沸石（39%）以及其他相（15%）的混合物组成，其他相包括蒙脱石 2%~10%、石英 1%~5%、方解石 1%~6%、长石 0%~1%、火山玻璃等[37,176]。

表 8.1[176] 给出了不同床层（天然斜发沸石（HC），丝光沸石（MP），离子交换斜发或丝光沸石：钠离子斜发沸石（Na-HC），钠离子丝光沸石（Na-MP），钙离子斜发沸石（Ca-HC），钙离子丝光沸石（Ca-MP））气体干燥的穿透质量（B.M.）。B.M. 的单位是 mg_{H_2O}/cm^3（吸附的水的质量/吸附床层体积），其床层容积为 $70\,cm^3$，吸附剂空余体积为 $35\,cm^3$[176]。

表 8.1　吸附床（天然沸石及钠离子、钙离子交换沸石）气体干燥穿透质量[176]

样品	穿透质量 mg_{H_2O}/cm^3	样品	穿透质量 mg_{H_2O}/cm^3
HC	39	MP	32
Na-HC	44	Na-MP	42
Ca-HC	67	Ca-MP	49
Na-X	96	Alumina	28

HC 类天然沸石是相对较纯的斜发沸石，含有 85% 斜发沸石和 15% 其他相，其中其他相包括蒙脱石（2%~10%）、石英（1%~5%）、方解石（1%~6%）、长石（0%~1%）以及火山玻璃[31,176]。MP 类天然沸石是较纯的丝光沸石，含有 80% 丝光沸石和 20% 其他相，其中其他相包括蒙脱石（2%~10%）、斜发沸石（1%~5%）、石英（1%~5%）、方解石（1%~6%）、长石（0%~1%）以及火山玻璃[31,176]。现阶段实验用作对比的两种吸附剂为 Laporte 提供的人工合成的 Na-X 沸石和 Neobor 提供的 Al_2O_3[176]。测试气体的含水量在穿透前为 $1.2mg/L$，流经吸附反应器后，浓度降为 $0.01\sim0.03\,mg/L$[176]。

斜发沸石的 HEU 骨架是两维微孔孔道结构，10 元环（10-MR）孔道 A 和 8 元环（8-MR）孔道 B 相互平行，并与晶胞 c 轴平行，孔道 C（8-MR）与 a 轴方向一致，与 A、B 孔道相互交错（见图 8.3）[37]。构成孔道系统的椭圆形 8-MR 和 10-MR 不是平面结构，因此不能简单地测量尺寸。发光沸石（MOR 框架类型[37]）的结构属于二维微孔孔道结构。由于其中一条孔道通常是阻塞的，而另一条就成为整个系统中主要通道，该通道是沿 [001] 轴方向的 12 元环孔道，可进出分子的窗口为 $6.5Å \times 7Å$；次要通道为沿 [001] 方向，与 12 元环孔道相连的 8 元环横袋孔道，可进出分子的窗口为 $2.6Å \times 5.7Å$[12,38]。

天然斜发、丝光沸石或其他沸石对气体的选择性和吸附容量，受 A~C 孔道中电荷平衡阳离子的种类、数量和位置的影响[12,31,38,173−181]。因此，可交换阳离子和吸附分子的位置是相互独立的，由表 8.1 所列，阳离子组成的变化可以导致吸附分子数量上的变化[176]。

人工合成的沸石 Na-A 中，Na 离子可以和 K 离子或 Ca 离子交换，从而分别得到 3A 或 5A 分子筛。不同研究[173,174,178,182,183] 均表明，沸石及其他分子筛开放孔的孔径可以人为控制以适应不同需求，主要通过分子筛合成后的再次改性，如通过化学反应对内外表面改性、极性分子的预吸附[173]、化学气体沉积[181] 或类似的涂膜技术以及热处理工艺进行[182]。

有报道显示，Na-A 分子筛在吸附水蒸气后，于 953~1033 K 下焙烧，其对氧气的吸附能力相对氮气明显增强，这是由于孔径缩小引起的[178]。研究表明[174]，孔径和沸石吸附能力可以通过化学处理分子筛结构的方式加以改变，硅烷、硼烷或乙硅烷分子通过与沸石的硅醇基反应，化学吸附到沸石表面[178]。预吸附的极性分子如水和氨，可以用于改善分子筛的吸附行为和对吸附分子的相互作用[178]。

8.5.1.2 介孔分子筛

介孔分子筛有别于其他家族分子筛，具有独特的介孔结构，得到了研究者的关注[184−186]。因此，介孔有序二氧化硅被用作研究中孔吸附过程的参照物[187−190]。另一方面，对于孔结构而言，该类材料最突出的特性在于具有高的 BET-比表面积和大孔容积[191,192]。MMS 的表面特性对于制备高活性、高稳定性催化剂[156] 以及改善吸附性能等方面，都十分重要。

介孔分子筛表面与待测分子的相互作用可以提供一些有用的信息来确定表面基团的性质和排列方式，上述基团可能引起表面疏水性或亲水性，其判断方法为测定吸附热大于或小于水的气化热[184]。因此，可以用微量热法和红外光谱来测定 M41 吸附水的情况。423K 热处理后，样品会表现出两种表面区域：一种是疏水区域（脱离了硅醇基团，从而不与水发生作用）；另一种是高度亲水区域[184]。通常观点认为，尽管存在硅醇基团,介孔材料的内表面仍是疏水的[193-196]。继而,疏水特性使材料具有选择吸附的能力,可用于挥发性有机物和其他高湿度气体或废水中的有机物的吸附[193]。因此,MCM-41 有可能代替性炭成为处理 VOCs 的高效吸附剂[185,193,195]。然而,由于其介孔结构,VOCs 低浓度下吸附平衡测试表明,MCM-41 通常表现出较低的吸附能力。这一事实说明:MCM-4 不适宜作为低浓度 VOCs 的吸附净化材料[193]。

在合成过程中,通过选择碳链长度不同的表面活性剂,可以调控 MCM-41 材料的孔径,得到的最小孔径大约为 2 nm[21-24]。当孔径变小时,孔容积也会变小。通过先合成、后修饰的方法来调控材料孔径,已经成为一种很受关注的方法,该方法在择形吸附方面具有很重要的意义[185]。因此,利用化学气相沉积技术进行选择性修饰,可以将 MCM-41 的开放孔尺寸减小到微孔级别,从而提高 MCM-41 的吸附性能,使其对低浓度 VOCs 的吸附性能大幅增强[193]。

MCM-41 对极性分子的吸附能力极大地依赖于其表面硅醇(SiOH)的浓度[184,193-196]。经证实,MCM-41 表面存在多种硅醇基团,可以通过多种技术定性或定量地进行表征[184,193-196]。通过这些硅醇基团,可以对 MCM-41 进行各种改性修饰,使其应用于多种领域:催化、吸附和复合物合成 [196]。例如,吸附分离应用中,已经将改性的 MCM-41 用于水的净化[197]。

MCM-41 具有大的孔容积、孔径可调、结构多样性等特点,可以广泛用于多种气体、液体的选择性吸附[185,186,193-196]。例如该材料对苯表现出了极高的吸附能力[186,193,195]。针对 MCM-41 对各种物质的吸附特性已经开展了广泛的研究工作,例如氮气、氩气、氧气、水、苯、环戊烷、甲苯、四氯化碳以及小分子碳氢化合物和乙醇等[194]。

介孔材料的吸附能力相比传统的多孔吸附剂要高一个数量级。因此,在分离技术领域,MCM-41 作为选择性吸附材料,具有广阔应用潜力,例如高效液相色谱和超临界流体色谱[194]。

另外,用三甲基氯硅烷基团取代孔壁表面的羟基基团,形成了一种疏水环境,极大地降低了对极性分子的吸附能力[196]。MCM-41 及其他有序介孔分子筛可以通过化学方法加入有机物种,使其表面更加疏水,该过程称为硅烷化。有序介孔分子筛的表面改性方法有很多,如酯化作用和化学沉积[196]。MCM-41 表面硅醇的存在方式有若干种,其中自由及偶联形式(见第 7 章,7.2 节)的硅醇是发生活性硅烷化反应的主要基团。因此,MCM-41 表面上的自由基及偶联硅醇基团是进行改性的重要前提[196]。

硅酸 MCM-41 样品可以利用三甲基氯硅烷（TMCS）的硅烷化处理进行改性，硅烷化程度随预脱气温度的升高而线性增加[196]。MCM-41 的表面烷基化改性是选择性吸附去除蒸气或废水中有机物的有效技术[196]。

总而言之，大部分有序介孔材料的显著特点有规则的孔，均一的孔径，有意义的孔道结构或孔阻塞效应，尤其是微米级范围内高度有序的孔排列，孔尺寸可调控，大的孔容积，高孔容带来的高吸附容量，高比表面积（700~1500 m²/g），大量内部羟基（硅醇）基团（40%~60%），高表面活性，易于表面改性，在某些反应中具有较强的催化选择性，良好的温度、水热、机械稳定性[194]。

8.5.2 变压吸附

在本书中，没有讨论多组分气体的吸附过程。本书主要从材料科学的角度来研究吸附问题，因此更多地关注于：通过单组分气体的吸附来表征材料的比表面和孔体积，以及研究单组分在多孔材料体系传递过程中的参数，较少的篇幅讨论了吸附能和床层动力学吸附过程。然而，从吸附材料应用的角度，有必要讨论一下混合气体的分离，这就是本节的重点。

变压吸附（PSA）是一个循环过程，可以对气体混合物进行选择性吸附和分离，从而得到部分纯化的气体。从第一个变压吸附专利的出现开始[198]，各种复杂的变压吸附工艺被逐步开发出来并得到商业化的应用，变压吸附低能耗、低成本的优势被充分发挥出来[199]。变压吸附是一种多用途的技术，可用于气体混合物的分离和净化，与其他标准的分离技术（如过滤、萃取、吸收）相比，变压吸附过程多了一个热力学自由度[200]。

变压吸附的一些主要工业化应用如下[200-212]：

（1）气体干燥；

（2）溶剂蒸气回收；

（3）空气分离；

（4）从甲烷重整气或石油精炼废气中生产氢气；

（5）从填埋场废气中分离二氧化碳和甲烷；

（6）一氧化碳 – 氢气分离；

（7）异构烷烃的分离；

（8）乙醇脱水。

变压吸附气体分离的原理其实非常简单。在填充吸附剂的吸附塔内，气体混合物中的某些组分在高压下选择性吸附在微孔 – 介孔固体吸附剂上，从吸附塔出口得到的气体中，原料气中弱吸附组分的浓度得到提高[200]。随后，通过降低塔内气相分压，使被吸附的组分从吸附剂上脱附下来，因此吸附剂可以重复利用[200]，同时，脱附气体中强吸附组分的浓度得到提高[200-208]。这一脱附过程无须外部热源[200]。另外，真空变压吸附（VSA）的吸附过程是在接近常压的压力水平下完成的，而脱附需要在真空条件下进行[200]。

现有的变压吸附工艺中，只有一种组分是选定的产物，通常是吸附最弱的那个。然而从经济角度上讲，应尽可能地将原料中的各组分回收[200]。

大量微孔–介孔型吸附剂，无论直接合成或改性得到，均可应用在变压吸附或真空变压吸附工艺中[200-212]（例如活性炭、沸石、氧化铝、硅胶或聚合物等吸附剂，用于气体混合物的分离时呈现出不同的吸附特性，如吸附平衡、吸附动力学和吸附热）。

例如，不同沸石具有各种热力学选择性和吸附能力，可应用在变压吸附气体分离工艺中[200,212]。具体来说，沸石 A 和 X、菱沸石、斜发沸石、丝光沸石等，均可应用于变压吸附分离过程。例如，H_2-N_2、N_2-CH_4 和其他双组分气体可以应用沸石进行分离[31]。沸石类工艺对 N_2-O_2 的分离，主要是基于氮气选择性吸附材料[200,201]，如天然菱沸石、斜发沸石和丝光沸石，其性能等于甚至优于已报道的合成丝光沸石或沸石 A[198,199]。基于天然沸石的变压吸附法也被用于甲烷的纯化[200]。

变压吸附设备（真空脱附，更确切地说是沸石利用 VSA 对 N_2-O_2 分离）的工作原理如下[209]（见图 8.8）。预处理部分填充硅胶干燥剂和粒状沸石；主体部分填充沸石。主体部分（3a 和 3b）和预处理部分（4a 和 4b）均在 500°C 下活化。过滤的空气被送入预处理塔（以 4a 为例），其 H_2O、CO_2 和 SO_2 被除去，净化气体被送入吸附塔（3a）；在吸附塔中，主要被吸附的是氮气，氧气和一小部分氮气和氩气进入气罐（1）。在其吸附饱和前，气体被接入到预处理塔（4b）及主塔（3b），其他部分（3a 和 4a）则自动与真空泵连接起来，真空脱附 N_2[209]。

8.5.3　其他分离应用

基于沸石的气体分离也被应用在分析检测，即在气相色谱中利用沸石作为吸附剂用于分析[213-215]。

另外，前文讨论过变压吸附用于气体分离，它可以实现混合物中某一组分相对于其他组分的循环吸附和连续脱附[200]。用稳态膜分离技术代替

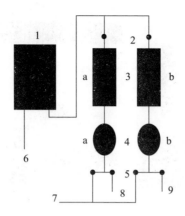

图 8.8　用于从空气中制氧的真空变压吸附设备

1 — 氧气罐；2,5 — 电动阀；3a,3b — 分子筛吸附塔；4a,4b — 预处理塔；7 — 真空泵；
8,9 — 空气源

变压吸附，可降低成本和能量损耗。由此，微孔无机薄膜在气体分离方面
会有很大的应用空间[216]。用沸石制备的膜，在气体分离净化及催化反应
器等方面具有很好的应用前景[217]。沸石以薄片的形式形成膜负载在大孔
载体上[216,218]。

在第 5 章，讨论了气体通过微孔无机膜的传输机制。研究表明：分子
在沸石孔道及孔穴中的传递特性决定了这些材料的分子筛分性能。沸石基
无机膜具有分子筛的特性，能够用于气体分离。这些材料的孔径分布可以
在合成过程中加以调控，因此其分子筛分特性也能够调控，从而选择性地
分离、纯化气体[216]。

8.5.4　空调

基于天然沸石的太阳能储存[31,219] 和太阳能制冷[31,220–222] 与这些沸
石的吸附特性密切相关。在太阳能制冷设备（图 8.9）中，太阳能加热引起
水的脱附，太阳能板（1）上的沸石开始脱水。脱附的水随后经过冷凝（2），
被转移到水箱（5）。水经过热交换器（7）进入蒸气系统（8），随后水经过
扩散，重新回到被太阳能干燥过的沸石（1）内。过程的制冷量是在水蒸发
到沸石的过程中释放的。上述过程循环进行；白天进行沸石脱附，晚上进
行水在沸石上的吸附[53]。

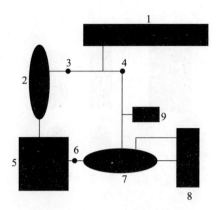

图 8.9 太阳能制冷设备

1 — 填装沸石的太阳能板；2 — 水冷凝器；3,4,6 — 阀门；5 — 水箱；7 — 热交换器；

8 — 蒸发器；9 — 缓冲存储器。

参考文献

[1] Nalwa, H.S., Ed., *Encyclopedia of Nanoscience and Nanotechnology,* Vol. 1–10, American Scientific Publishers, Stevenson Ranch, California, 2004.

[2] Borisenko, V.E. and Ossicini, S., *What Is What in the Nanoworld: A Handbook on Nanoscience and Nanotechnology,* J. Wiley & Sons, New York, 2004

[3] Wolf, E.L., *Nanophysics and Nanotechnology: An Introduction to Modern Concepts in Nanoscience,* J. Wiley & Sons, New York, 2004.

[4] Delerue, C. and Lannoo, M., *Nanostructures,* Springer-Verlag, New York, 2004.

[5] Cushing, B.L., Kolesnichenko, V.L., and O'Connor, C.J., *Chem. Rev.,* 104,3893,2004.

[6] Rouvray, D., *Chem. Br.,* 36, 46, 2000.

[7] Lawton, G., *Chem. Ind. (London),* 174, 2001.

[8] Havancsak, K., *Mater. Sci. Forum,* 414, 85, 2003.

[9] Siegel, R.W., Hu, E., and Roco, M.C, Eds., *WTEC Panel Report on Nanostructure Science and Technology: R&D Status and Trends in Nanoparticles, Nanostructured Materials, and Nanodevices,* Kluwer, Dordrecht, The Netherlands, 1999.

[10] Soler-Illia, G.J.A.A., Sanchez, C, Lebeau, B., and Patarin, J., *Chem. Rev.,* 102, 4093, 2002.

[11] Sing, K.S.W., Everett, D.H., Haul, R.A.W, Moscou, L., Pirotti, R.A., Rouquerol, J., and Siemieniewska, T, *Pure App. Chem.*, 57, 603, 1985.

[12] Breck, D.W., *Zeolite Molecular Sieves*, Wiley, New York, 1974.

[13] Barrer, R.M., *Hydrothermal Chemistry of Zeolites*, Academic Press, London, 1982.

[14] Szostak, R., *Handbook of Molecular Sieves*, Van Nostrand Reinhold, New York, 1992.

[15] Flanigen, E.M., Patton, R.L., and Wilson, S.T., *Stud. Surf. Sci. Catai*, 37, 13, 1988.

[16] Cundy, CS. and Cox, P.A., *Chem. Rev.*, 103, 663, 2003.

[17] Kessler, H., in *Comprehensive Supramoleular Chemistry, Vol. 7, Solid-State Supra-molecular Chemistry: Two- and Three-Dimensional Inorganic Networks,* Atwood, J.L., Davis, J.E., MacNicol, D.D., and Vogtle, F., eds., Pergamon, London, United Kingdom 1996 p.425.

[18] Davies, M.E., *Nature,* 417, 813, 2002.

[19] Garces, J.M., Kuperman, A., Millar, D.M., Olken, M,, Pyzik, A., and Rafaniello, W., *Adv. Mat.,* 12, 1725, 2000.

[20] Occelli, M.L. and Kessler, H., Eds., *Synthesis of Porous Materials,* Marcel Dekker, New York, 1997.

[21] Kresge, C.T., Leonowicz, M.E., Roth, W.J., Vartuli, J.C., and Beck, J.S., *Nature,* 359, 710, 1992.

[22] Beck, J.S., Vartuli, J.C., Roth, W.J., Leonowicz, M.E., Kresge, C.T., Schmitt, K.D., Chu, C.T.-W., Olson, D.H., Sheppard, E.W., McCullen, S.B., Higgins, J.B., and Schlenker, J.L., *J. Am. Chem. Soc,* 114, 10834, 1992.

[23] Zhao, X.S., Lu, G.Q., and Millar, G.J., *Ind. Eng. Chem. Res.,* 35, 2075, 1996.

[24] Barton, T.J., Bull, L.M., Klemperer, G., Loy, D.A., McEnaney, B., Misono, M.. Monson, P.A., Pez, G., Scherer, G.W., Vartulli, J.C., and Yaghi, O.M., *Chem. Mater.,* 11, 2633, 1999.

[25] Her, R.K., *The Chemistry of Silica,* Wiley, New York, 1979.

[26] Stober, W., Fink, A., and Bohn, E., J., *Colloids Interface Sci.,* 26, 62, 1968.

[27] Brinker, C.J. and Scherer, G.W., *Sol-Gel Science,* Academic Press, New York, 1990.

[28] Unger, K,, and Kumar, D., in *Adsorption on Silica Surfaces,* Papirer, E.,

Ed., Marcel Dekker Inc., New York, 2000, p.1.

[29] Burda, C, Chen, X., Narayanan, R., and El-Sayed, M.A., *Chem. Rev.,* 105, 1025, 2005.

[30] Corma, A., *Chem. Rev.,*95, 559, 1995.

[31] Roque-Malherbe, R., in *Handbook of Surfaces and Interfaces of Materials,* Volume 5, Nalwa, H.S., Ed., Academic Press, New York, 2001, p. 495.

[32] Martin, J.E., Anderson, M.T., Odinek, J., and Newcomer, P., *Langmuir,* 13, 4133, 1997.

[33] Tolbert, S.H., Schaffer, T.E., Feng, J., Hansma, P.K., Stucky, G.D., *Chem. Mater.,* 9, 1962, 1997.

[34] Bruinsma, P.J., Kim, A.Y, Liu, J., and Baskaran, S., *Chem. Mater., 9,* 2507, 1997.

[35] Kerr, G.T., *American Chemical Society, Symposium Series,* 368, xiii, 1988.

[36] Marquez-Linares, F. and Roque-Malherbe, R,, *Facets IUMRS J., 2,* 14, 2003.

[37] Baerlocher, C, Meier, W.M., and Olson, D.M., *Atlas of Zeolite Framework Types,* 5th ed., Elsevier, Amsterdam, 2001.

[38] Smith, J., *Chem. Rev.,* 88, 149, 1988.

[39] Flanigen, E.M., Bennett, J.M., Grose, R.W., Cohen, J.R, Patton, R.L., Kirchner, R.M., Smith, J.V., *Nature,* 271, 512, 1978.

[40] Bibby, D.M., Milestone, N.B., and Aldridge, L.P., *Nature,* 280, 664, 1979.

[41] Fyfe, C.A., Gies, H., Kokotailo, G.T., Marler, B., and Cox, D.E., *J. Phys. Chem.,* 94, 3718, 1990.

[42] Bialek, R., Meier, W.M., Davis, M., and Annen, M.J., *Zeolites,* 11, 438, 1991.

[43] Camblor, M.A., Corma, A., and Valencia, S., *J. Chem. Soc. Chem. Commun.,* 2365, 1996.

[44] Barrett, P.A., Camblor, M.A., Corma, A., Jones, R.H., and Villaescusa, L.A., *Chem. Mater.,* 9, 1713, 1997.

[45] Camblor, M.A., Corma, A., Lightfoot, P., Villaescusa, L.A., and Wright, P.A., *Angew-Chem., Int. Ed. Engl,* 36, 2659, 1997.

[46] Villaescusa, L.A., Barrett, P.A., and Camblor, M.A., *Chem. Mater.,* 10, 3966, 1998.

[47] Barrett, P.A., Diaz-Cabanas, M.J., Camblor, M.A., and Jones, R.H., *J. Chem. Soc Faraday Trans.,* 94, 2475, 1998.

[48] Diaz-Cabanas, M.J., Barrett, P.A., and Camblor, M.A., *Chem. Commun. Cambridge,* 1881,1998

[49] Camblor, M.A., Corma, A., Diaz-Cabanas, M.J., and Baerlocher, C, *J. Phys. Chem. B,* 102, 44, 1998.

[50] Villaescusa, L.A., Barrett, P.A., and Camblor, M.A., *Chem. Commun. Cambridge,* 2329, 1998.

[51] Camblor, M.A., Diaz-Cabanas, M.J., Perez-Pariente, J., Teat, S.J., Clegg, W., Shannon, I.J., Lightfoot, P., Wright, P.A., and Morris, R.E., *Angew. Chem., Int. Ed.,* 37, 2122, 1998.

[52] Villaescusa, L.A., Barrett, P.A., and Camblor, M.A., *Angew. Chem. Int. Ed.,* 38, 1997, 1999.

[53] Jones, C, Hwang, S., Okubo, T, and Davis, M., *Chem. Mater.,* 13, 1041, 2001.

[54] Piccione, P.M., Woodfield, B.F., Boerio-Goates, J., Navrotsky, A., and Davis, M., *J. Phys. Chem. B,* 105, 6025, 2001.

[55] Marler, B., Werthmann, U., and Gies, H., *Mic. Mes. Mat,* 43, 329, 2001.

[56] Barrett, P.A., Boix, T., Puche, M., Olson, D.H., Jordan, E., Roller, H., and Camblor, M.A., *Chem. Commun. Cambridge,* 2114, 2003.

[57] Corma, A., Rey, F, Rius, Sabater, M.J., and Valencia, S., *Nature,* 431, 287, 2004.

[58] Li, Z., Lew, CM., Li, S., Medina, D.I., and Yan, Y, *J. Phys. Chem. B,* 109, 8652, 2005.

[59] Kiihl, G.H., in *Catalysis and Zeolites: Fundamentals and Applications,* Weitkamp, J. and Puppe, L., Eds., Springer-Verlag, Berlin, 1999, p. 81.

[60] Roque-Malherbe, R., Diaz, C, Reguera, E., Fundora, J., L6pez-Colado, L., and Hernandez-Ve'lez, M., *Zeolites,* 10, 685, 1990.

[61] Blawhoff, P.M.M., Gosselink, J.W., Kieffer, E.P., Sie, ST., and Stork, W.H.J., in *Catalysis and Zeolites: Fundamentals and Applications,* Weitkamp, J. and Puppe, L., Eds., Springer-Verlag, Berlin, 1999, p. 437.

[62] Blanco, C. and Auerbach, S.M., *J. Phys. Chem. B,* 107, 2490, 2003.

[63] Samanta, S., Giri, S., Sastry, P.U., Mai, N.K., Manna, A., and Bhaumik, A., *Ind. Eng. Chem. Res.,* 42, 3012, 2001.

[64] Cai, Q., Luo, Z.-S., Pang, W.-Q., Fan, Y.-W., Chen, X.-H., and Cui, F.-Z., *Chem. Mater.,* 13, 258, 2001.

[65] Widenmeyer, M. and Anwander, R., *Chem. Mater.,* 14, 1827, 2002.

[66] Han, S., Hou, W., Yan, X., Li, Z., Peng Zhang, and Li, D., *Langmuir,* 19, 4269, 2003.

[67] Fan, J., Yu, C, Wang, L., Tu, B., Zhao, D., Sakamoto, Y, and Terasaki, O., *J. Am. Chem. Soc,* 123, 12113, 2001.

[68] Pantazis, C.C. and Pomonis, P.J., *Chem. Mater,* 15, 2299, 2001.

[69] Monnier, A., Schiith, F, Huo, Q., Kumar, D., Margolese, D., Maxwell, R.S., Stucky, G.D., Krishnamurthy, M., Petroff, P., Firouzi, A., Janicke, M., and Chmelka, B.F., *Science,* 261, 1299, 1993.

[70] Huo, Q., Margolese, D., Ciesia, U., Feng, P., Gier, T.E., Sieger, P., Leon, R., Petroff, P.M., Schuth, F, and Stucky, G.D., *Nature,* 368, 317, 1994.

[71] Tanev, P.T. and Pinnavaia, T.J., *Science,* 267, 865, 1995.

[72] Bagshaw, S., Prouzet, E., and Pinnavaia, T.J., *Science,* 269, 1242, 1995.

[73] Karra, V.R., Moudrakovski, I.L., and Sayari, A., J. *Porous Mater.,* 3, 77, 1996.

[74] Huo, Q., Margolese, D.I., Ciesia, U., Demuth, D.K., Feng, P., Gier, T.E., Sieger, P., Firouzi, A., Shmelka, B.F., Schuth, F, and Stucky, G.D., *Chem. Mater.,* 6,1176, 1994,

[75] Beck, J.S., Vartuli, J.C., Kennedy, G.J., Kresge, C.T., Roth, W.J., and Schramm, S.E., *Chem. Mater., 6,* 1816, 1994.

[76] Stucky, G.D., Monnier, A., Schuth, F, Huo, Q,, Margolese, D., Kumar, D.; Krishnamurthy, M., Petroff, P.M., Firouzi, A., Janicke, M., and Chmelka, B.F., *Mol. Cryst. Liq. Cryst.,* 240,187,1994

[77] Firouzi, A., Kumar, D., Bull, L.M., Besler, T., Sieger, P., Huo, Q., Walker, S.A., Zasadzinski, J.A., Glinka, C., Nicol, J., Margolese, D., Stucky, G.D., and Chmelka. B.F, *Science,* 267, 1138, 1995.

[78] Roque-Malherbe, R. and Marquez-Linares, F,, *Mat. Sci. Semicond. Proc, 1,* 467, 2004.

[79] Roque-Malherbe, R. and Marquez-Linares, F, *Surf. Interf. Anal.,* 37, 393, 2005.

[80] Husson, F, Mustacchi, H., and Luzzatti, V., *Acta Crystallogr.,* 13, 668, 1960.

[81] Huo, Q., Leon, R., Petroff, P., and Stucky, G.D., *Science,* 268, 1324, 1995.

[82] Zhao, D., Feng, J., Huo, Q., Melosh, N., Fredrickson, G.H., Chmelka, B.F., and Stucky, G.D., *Science,* 279, 548, 1998.

[83] Nossov, A., Haddad, E,, Guenneau, F, Galarneau, A., Di Renzo, F, Fajula, F, and Gedeon. A., *J. Phys. Chem. B,* 107, 12456, 2003.

[84] Fan, J., Chengzhong, Y, Wang, Y.L., Tu, B., Zhao, D., Sakamoto, Y, and Terasaki, O., *J. Am. Chem. Soc,* 123, 12113, 2001.

[85] Lukens, W.W., Jr., Schmidt-Winkel, P., Zhao, D., Feng, J., and Stucky, G.D., *Langmuir,* 15, 5403, 2001.

[86] Ryoo, R., Ko, C.H., Kruk, M., Antochshuk, V., and Jaroniec, M., J. *Phys. Chem. B,* 104, 11465, 2000.

[87] Galarneau, A., Cambon, H., Di Renzo, F, and Fajula, F, *Langmuir,* 17, 8328, 2001.

[88] Galarneau, A., Cambon, H., Di Renzo, F, Ryoo, R., Choi, M., and Fajula, F, *New J. Chem.,* 27, 73, 2001.

[89] Sayari, A., Han, B.-H., and Yang, Y, *J. Am. Chem. Soc,* 126, 14384, 2001.

[90] Zhao, D., Sun, J., Li, Q., and Stucky, G.D., *Chem. Mater.,* 12, 275, 2000.

[91] Zhao, D., Yang, P., Chmelka, B.F, and Stucky, G.D., *Chem. Mater,* 11, 1174, 1999.

[92] Huo, Q., Feng, J., Schuth, F, and Stucky, G.D., *Chem. Mater,* 9, 14, 1997.

[93] Robson, H., *Verified Synthesis of Zeolitic Materials,* 2nd ed., Elsevier, Amsterdam. 2001.

[94] Wadlinger, R.L., Kerr, G.T., and Rosinski, E.J., U.S. Patent 3,308,069, 1967.

[95] Argauer, R.J. and Landolt, G.R., U.S. Patent 3,702,886, 1972.

[96] Lok, B.M., Messina, C.A., Patton, R.L., Gajek, R.T., Cannan, T.R., and Flanigen, E.M., *J. Am. Chem. Soc,* 106, 6092, 1984.

[97] Parise, J.B., *Chem. Commun.,* 606, 1985.

[98] Merrouche, A., Patarin, J., Kessler, H., Soulard, M., Delmotte, L., Guth, J.L., and Joly, J.F, *Zeolites,* 12, 22, 1992.

[99] Ferey, G., *J. Fluorine Chem.,* 72, 187, 1995.

[100] Harrison, W.T.A., Martin, T.E., Gier, T.E., and Stucky, J.D., *J. Mater. Chem.,* 2, 2175, 1992.

[101] Wallau, M., Patarin, J., Widmer, I., Caullet, P., Guth, J.L., and Huve, L., *Zeolites,* 14. 402, 1994.

[102] Harvey, G. and Meier, W.M., *Stud. Surf. Sci. Catai.,* 49A 411, 1989.

[103] Soghomoniam, V., Chen, Q., Haushalter, R.C., and Zubieta, J., *Angew. Chem. /'" Ed. Engl.,* 32, 610, 1993.

[104] Debord, J.R.D., Reiff, W.M., Warren, C.J., Haushalter. R.C., and Zubieta, J., *Chem. Mater,* 9, 1994, 1997.

[105] Kessler, H., Patarin, J., and Schott-Darie, C, *Stud. Swf. Sci. Catai,* 85, 75, 1994.

[106] Bibby, D.M. and Dale, M.P., *Nature,* 317. 157, 1985.

[107] Huo, Q., Xu, R., Li, S., Ma, Z., Thomas, J.M., Jones, R.H., and Chippindale, A.M., *Chem. Commun.,* 875, 1992.

[108] Althoff, R., Unger, K., and Schuth, F., Microporous Mater., 2, 557,1994.

[109] Lobo, R.F, Zones, S.I., and Davis, M.E., *J. Inclusion Phenom. Mol. Recogn. Chem.,* 21, 47, 1995.

[110] Camblor, M.A., Villaescusa, L.A., and Diaz-Cabanas, M.J., *Top. Catai,* 9, 59, 1999.

[111] Flanigen, E.M. and Patton, R.L., U.S. Pat. 4,073,865, 1978.

[112] Guth, J.L., Kessler, H., and Wey, R., in *New Developments in Zeolite Science and Technology,* Murakami, Y, Iijima, A., and Ward, J.W, Eds., Elsevier, Amsterdam, 1986, p. 121.

[113] Gilson, J.R, in *Zeolite Microporous Solids: Synthesis, Structure and Reactivity,* Der-ouane, E.G., Lemos, F, Naccache, C, and Ribeiro, F.R., Eds., NATO ASI Series, No. C352, Kluwer, Dordrecht, 1992, p. 19.

[114] Szostak, R., *Molecular Sieves. Principles of Synthesis, and Identification,* 2nd ed., Blackie, London, 1998.

[115] Camblor, M.A., Barrett, P.A., Diaz-Cabanas, M.J.,Villaescusa, L.A., Puche, M., Boix, T, Perez, E., and Koller, H,, *Mic. Mes. Mat.,* 48, 11, 2001.

[116] Barrett, P.A., Boix, E.T., Camblor, M.A., Corma, A., Diaz-Cabanas, M.J., Valencia, S., and Villaescusa, L.A., in *Proceedings of the 12th International Zeolite Conference, Baltimore, 1998,* Treacy, M.M.J., Marcus, B.K., Bisher, M.E., and Higgins, J.B., Materials Research Society, Warrendale, PA, 1999, p. 1495.

[117] Villaescusa, L.A. and Camblor, M.A., *Recent. Res. Devel. Chem.,* 1, 93, 2001.

[118] Zones, S.I., Darton, R.J., Morris, R., and Hwang, S.-J., *J. Phys. Chem. B,* 109,652, 2005.

[119] Kubota, Y, Helmkamp, M.M., Zones, S.I., and Davis, M.E., *Mic. Mater.,* 6, 213, 1996.

[120] Auerbach, S.M., Bull, L.M., Henson, N.J., Metiu, H.I., and Cheetham, A.K., *J. Phys. Chem.,* 100, 5923, 1996.

[121] Ryu, Y.-K., Chang, J.W., Jung, S.-Y, and Lee, C.-H., *Chem. Eng. Data,*

47, 363, 2002.

[122] Roque-Malherbe, R., and Marquez-Linares, F, *Facets IUMRS J.*, 3, 8, 2004.

[123] Kim, M.-B., Ryu, Y.-K., and Lee, C.-H., *J. Chem. Eng. Data,* 50, 951, 2005.

[124] Kawi, S. and Gates, B.C., *J. Chem. Soc. Chem. Commun.*, 994, 1991.

[125] Kawi, S. and Gates, B.C., *Catai. Lett.,* 10, 263, 1991.

[126] Kawi, S., Chanf, J.-R., and Gates, B.C., *J. Amer. Chem. Soc,* 115, 4830, 1993.

[127] Cariati, E., Roberto, D,, and Ugo, R., *Chem. Rev.,* 103, 3707, 2003.

[128] Schulz-Ekloff, G. and Ernst, S., in *Preparation of Solid Catalysts,* Ertl, G., Knozinger, H., and Weitkamp, J., Ed., Wiley-VCH, New York, 1997, p. 405.

[129] Ichikawa, M., Kimura, T, and Fukoaka, A., *Stud. Surf. Sci. Catai,* 60, 335, 1991.

[130] Gabrielov, A.G., Balkus, K.J., Jr., Bell, S.L., Bedioui, F, and Devynck, J., *Mic. Mat,* 2, 119, 1994.

[131] Bedioui, F, Roue, L., Gaillon, L., Devynck, J., Bell, S.L., and Balkus, K.J., Jr., *Preprints Division of Petroleum Chemistry, Amer. Chem. Soc,* 38, 529, 1993.

[132] Balkus, K.J., Jr., Gabrielov, A.G., Bell, S.L., Bedioui, F, Roue, L., and Devynck, J., *Inorg. Chem.,* 33, 67, 1993.

[133] Parton, R.F, Bezoukhanova, CP, Grobet, J., Grobet, P.J., and Jacobs, P.A., *Stud. Surf. Sci. Catai,* 83, 371, 1994.

[134] Chan, Y.-W. and Wilson, R.B., *Preprints Division of Petroleum Chemistry, Amer. Chem. Soc.* 33, 453, 1988.

[135] Rankel, L.A. and Valyocsik, E.W., U.S. Patent 4,500,503, 1985.

[136] Balkus, K.J., Jr., Kowalak, S., Ly, K.T., and Hargis, D.C., *Stud. Surf. Sci. Catai,* 69, 93, 1991.

[137] Balkus, K.J., Jr., Hargis, CD., and Kowalak, S., in *Supramolecular Architecture, Bein, T.,Ed, Acs,Symposium,Series, 499,347,1992.*

[138] *Myers, D.,* Surfactant Science, and Technology, *3rd ed., J. Wiley & Sons, New York, 2005.*

[139] *Chen, C.Y, Li, H.Y, and Davis, M.E.,* Mic. Mat, *2, 27, 1993.*

[140] *Steel, A., Carr, S.W., and Anderson, M.W.,/* Chem. Soc. Chem. Commun., *1571, 1994.*

[141] *Mann, S., Burkett, S.L., Davis, S.A., Fowler, C.E., Mendelson, N.H., Sims, S.D., Walsh, D. and Whilton, N.T.,* Chem. Mater, 9, *2300, 1997.*

[142] *Corma, A.*, Chem. Rev., 91, 2312, 1997.

[143] *Imhof, A. and Pine, D.J.*, Nature. *389, 948, 1997.*

[144] *Wijnhoven, J.E.G. and Vos, W.L.*, Science, *281, 802, 1998.*

[145] *Martin, T., Galarneau, A., Di Renzo, F, Fajula, F, and Plee, D.*, Angew. Chem. Int. Ed., *41, 2590, 2002.*

[146] *Tanev, P.T., Chibwe, M., and Pinnavaia, T.*, Nature. *368, 321, 1994.*

[147] *Tanev, P.T. and Pinnavaia, T*, Science, *267, 865, 1995.*

[148] *Ulagappan, N. and Rao, C.N.R.*, Chem. Commun., *2759, 1996.*

[149] *Khushalani, D., Kuperman, A., Ozin, G.A., Tanaka, K., Garces, J., Olken, M.M., and Coombs, N.*, Adv. Mater., 1, *842, 1995.*

[150] *Forster, S. and Plantenberg, T*, Angew. Chem. Int. Ed., *41, 688, 2002.*

[151] *Forster, S. and Antonietti, M.*, Adv. Mater., *10, 195, 1998.*

[152] *Huber, C, Moller, K., and Bein, T.J.*, Chem. Soc. Chem. Commun., *2619, 1994.*

[153] *Clark, J.H. and MacQuarrie, D.*, Chem. Commun., *853, 1998.*

[154] *Stein, A., Melde, B.J., and Schroden, R.C.*, Adv. Mater., *12, 1403, 2000.*

[155] *Maschmeyer, T, Rey, F, Sankar, G., and Thomas, J.M.*, Nature, *378, 159, 1995.*

[156] *Brunei, D., Cauvel, A., Fajula, F, and Di Renzo, F*, Stud. Surf. Sci. Catai, 91, *173, 1995.*

[157] *Burkett, S., Sims, S.D., and Mann, S.*, Chem. Commun., *1367, 1996.*

[158] *Lim, M.H. and Stein, A.*, Chem. Mater., *11, 3285, 1999.*

[159] *Zhang, Z,, Dai, S., Fan, X., Blom, D.A., Pennycook, S J., and Wei, Y*, J. Phys. Chem. B, *105, 6755, 2001.*

[160] *Ying, J.Y, Mehnert, CP., and Wong, M.S.*, Angew. Chem. Int. Ed., *38, 56, 1999.*

[161] *Han, Y.J., Kim, J.M., and Stucky, G.D.*, Chem. Mater, *12, 2068, 2000.*

[162] *Huang, M.H., Choudrey, A., and Yang, P.D.*, Chem. Commun., *1063, 2000.*

[163] *Zhang, W.H., Shi, J.L., Wang, L.Z., and Yan, D.S.*, Chem. Mater, *12, 1408, 2000.*

[164] *Kowalchuk, CM., Schmid, G., Meyer-Zaika, W., Huang, Y, and Corrigan, J.F*, Inorg. Chem., *43, 173, 2004.*

[165] *Choi, M., Kleitz, F, Liu, D., Lee, H.Y, Ahn, W.-S., and Ryoo, R,, /*. Am. Chem. Soc. *127, 1924, 2005.*

[166] *Moller, K. and Bein, T*, Chem. Mater., *10, 2950, 1998.*

[167] *Wu, C.-G. and Bein, T,* Science, *264, 175, 1994.*

[168] *Moller, K., Bein, T, and Fischer, R.X.,* Chem. Mater., *10, 1841, 1998.*

[169] *Nguyen, T.Q., Wu, J.J., Doan, V., Schwartz, B.T., and Tolbert, S.H.,* Science, *288. 652, 2000.*

[170] *Molenkamp, W.C., Watanabe, M,, Miyata, H., and Tolbert, S.H.,* J. Am. Chem. Soc. *126, 4476, 2004.*

[171] *Acosta, E.J., Carr, C.S., Simanek, E.E., and Shantz, D.F.,*Adv. Mater, *16, 985, 2004.*

[172] *Barrer, R.M.,* Zeolites and Clay Minerals as Sorbents and Molecular Sieves, *Academic Press, London, 1978.*

[173] *Vansant, E.F,* Stud., Surf. Sci. Catai, *37, 143, 1988.*

[174] *Vansant, E.F,* Pore Size Engineering in Zeolites, *J. Wiley & Sons, New York, 1990.*

[175] *Roque-Malherbe, R., Lemes, L., Autie, M., and Herrera, O., in* Zeolite of the Nineties, Recent Research Reports, *8th International Zeolite Conference, Amsterdam, July 1989, Hansen, J.C., Moscou, L., and Post, M.F.M., Eds., IZA, 1989, p. 137.*

[176] *Roque-Malherbe, R., Lemes, L., Lopez-Colado, L,, and Montes, A., in* Zeolites '93 Full Papers Volume, *Ming, D. and Mumpton, F.A., Eds., International Committee on Natural Zeolites, Brockport, New York, 1995, p. 299.*

[177] *Hernandez, M.A., Corona, L., Gonzalez, A.I., Rojas, F, Lara, V.H., and Silva, F,* Ind. Eng. Chem. Res., *44, 2908, 2005.*

[178] *Chudasama, D., Sebastian, J., and Jasra, R.V,* Ind. Eng. Chem. Res., *44, 1780, 2005.*

[179] *de las Pozas, C, Lopez-Cordero, R., Diaz-Aguilas, C, Cora, M., and Roque-Malherbe, R.,* J. Solid State Chem., *114, 108, 1995.*

[180] *Niwa, M., Yamazaki, K., and Murakami, Y,* Ind. Eng. Chem. Res., *30, 38, 1991.*

[181] *Kuznicki, S.M., Bell, V.A., Nair, S., Hillhouse, H.G., Jacubinas, R.M., Carola, M.B., Toby, B.H.,* Nature, *412, 720, 2001.*

[182] *Giannetto, G.,* Zeolitas, *Editorial Caracas, Caracas, Venezuela, 1990.*

[183] *Mortier, W.J.,* Compilation of Extraframework Sites in Zeolites, *Butterworth, London, 1982*

[184] *Cauvel, A., Brunei, D., Di Renzo, F, Garrone, E., and Fubini, B.,* Langmuir, *13, 2773, 1997.*

[185] Nguyen, C, Sonwane, C.G., Bhatia, S.K., and Do, D.D., Langmuir, *14*, *4950, 1998.*

[186] Zhao, X.S., Ma, Q., and Lu, G.Q., Energy Fuels, *12, 1051, 1998.*

[187] Neimark, A.V, Ravikovitch, P.I., and Vishnyakov, A., / Phys. Condens. Matter, *15, 347, 2003.*

[188] Neimark, A.V. and Ravikovitch, P.I., Mic. Mes. Mat, *44, 697, 2001.*

[189] Ravikovitch, P.I. and Neimark, A.V, Colloids Surf. A, *187, 11, 2001.*

[190] Thommes, M,, Kohn, R., and Froba, M., J. Phys. Chem. B, *104, 7932, 2000.*

[191] Maddox, M.W., Olivier, J.R, and Gubbins, K.E., Langmuir, *13, 1737, 1997.*

[192] Llewellyn, P.L., Sauerland, C, Martin, C, Grillet, Y, Coulomb, Y.J.P., Rouquerol, F, and Rouquerol, J., *in* Characterization of Porous Solids IV, McEnaney, B., Yans, T.J., Rouquerol, J., Rodriguez-Reinoso, F, Sing, K.S.W., Unger, K.K., Eds., The Royal Society of Chemistry, Cambridge, England, *1997.*

[193] Hu, X., Qiao, S., Zhao, X.S., and Lu, G.Q., Ind. Eng. Chem. Res., *40, 862, 2001.*

[194] Selvam, P., Bhatia, S.K., and Sonwane, C.G., Ind. Eng. Chem. Res., *40, 3237, 2001.*

[195] Zhao, X.S., Lu, G.Q., and Hu, X., Colloids Surf. A Physicochem. Eng. Aspects, *179, 261, 2001.*

[196] Zhao, X.S. and Lu, G.Q., /. Phys. Chem. B, *102, 1556, 1998.*

[197] Beck, J.S., Calabro, D.C., McCullen, S.B., Pelrine, B.P., Schmitt, K.D., and Vartuli, J.C, U.S. Patent 5,220,101, *1993.*

[198] Skarstrom, C.W., U.S. Patent, 2,944,627, *1960.*

[199] Dong, F, Lou, H., Kodama, A., Goto, M., and Hirose, T, Ind. Eng. Chem. Res., *38, 233, 1999.*

[200] Sircar, S., Ind. Eng. Chem. Res., *41, 1389, 2002.*

[201] Ruthven, D.M., Principles of Adsorption and Adsorption, *Processes, John Wiley, New York, 1984.*

[202] Yang, R.T., Gas Separation by Adsorption Processes, *Butterworth, London, 1987.*

[203] Suzuki, M., Adsorption Engineering, *Kodansha, Tokyo, 1990.*

[204] Ruthven, D.M., Farooq, S., and Knaebel, K.S., Pressure Swing Adsorption, *VCH, Publishers, New York, 1994.*

[205] *Crittenden, B. and Thomas, W.J.,* Adsorption Technology and Design, *Butterworth-Heinemann, Oxford, U.K., 1998.*

[206] *Keller, G.E., Anderson, R.A., and Yon, CM., in* Handbook of Separation Process Technology, *Rousseau, R.W., Ed., J. Wiley & Sons, New York, 1987, chap. 12.*

[207] *Humphrey, J.L. and Keller, G.E.,* Adsorption. Separation Process Technology, *McGraw-Hill, New York, 1997, chap. 4.*

[208] *Sircar, S,, in* The Engineering Handbook, *Dorf, R.C, Ed., CRC Press, Boca Raton, FL, 1996, chap. 59.*

[209] *Minato, H. and Tamura, T, in* Natural Zeolites, Occurrence, Properties, Use, *Sand. L.B. and Mumpton, F.A., Eds., Pergamon Press, New York, 1978, p. 509.*

[210] *Galabova, I.M., Haralampiev, G.A., and Alexiev, B., in* Natural Zeolites, Occurrence, Properties, Use, *Sand, L.B. and Mumpton, FA., Eds., Pergamon Press, New York, 1978, p. 431; and in* Natural Zeolites: Occurence, Properties, Uses of Natural Zeolites, *Kallo, D. and Sherry, H.S., Eds., Akademiai Kiado, Budapest, 1988, p. 577.*

[211] *Flanigen, E.M., in* Zeo-Agriculture: Use of Natural Zeolites in Agriculture andAquac-ulture, *Pond, W.G. and Mumpton, FA., Eds., Westview, Boulder, CO, 1984, p. 55.*

[212] *Sircar, S. and Hanley, F,* Separation Sci. Tech., *28, 2553, 1993.*

[213] *Tsisihsvili, G.V., Andronikashvili, T.G., Kirov, G.N., and Filizova, L.D.,* Natural Zeolites, *Ellis Horwood, New York, 1992.*

[214] *Kopecni, M.M., Tododrovic, M., Comor, J.J., and Laub, R.J.,* Cromatographia, *26, 408, 1988.*

[215] *Kopecni, M.M. and Tododrovic, M.,* Chromatographia, *30, 287, 1990.*

[216] *Sankar, N. and Tsapatsis, M., in* Handbook of Zeolite Science and Technology, *Auerbach, S., Carrado, K.A., and Dutta, P.K., Eds., Marcell Dekker, New York, 2003, p. 867.*

[217] *Morooka, S. and Kusakabe, K.,* MRS Bulletin, *March, 1999, p. 25.*

[218] *Roque-Malherbe, R., del Valle, W., Marquez, F, Duconge, J., and Goosen, M.F.A.,* Sep. Sci. Tech., *41, 73, 2006.*

[219] *Aiello, A., Nastro, G., Giordano, G., and Colella, C, in* Natural Zeolites: Occurence, Properties, Uses of Natural Zeolites, *Kallo, D. and Sherry, H.S., Eds., Akademiai Kiado, Budapest, 1988, p. 763.*

[220] *Tchernev, D.I., in* Natural Zeolites, Occurrence, Properties, Use, *Sand, L.B. and Mumpton, FA., Eds., Pergamon Press, New York, 1978, p. 79.*

[221] *Tchernev, D.I., in* Zeo-Agriculture: Use of Natural Zeolites in Agriculture Aquacul-ture. *Pond, W.G. and Mumpton, FA., Eds., Westview. Boulder, CO, 1984, p. 273.*

[222] *Tchernev, D.I.,* Natural Zeolites 93 Conference Volume, *Ming, D.W and Mumpton. FA., Eds., International Committee on Natural Zeolites, Brockport, New York, 1995, p. 613.*

第 9 章

溶液中的吸附

9.1 概述

在空气/水、油/水、气/固、液/固界面上的多组分吸附，是泡沫、乳化、除垢、催化、污染防治、分离等技术中非常重要的实际问题[1-35]。一般情况下，往往先确定单组分的吸附平衡，然后再对混合物的吸附进行描述[1,2,7-16]。

对于单组分的液相吸附平衡而言，一些气相吸附的等温线方程原则上可以拓展到液相吸附，而只需要将吸附质压力替换为浓度[29]。这些等温线方程包括 Langmuir、Freundlich、Sips、Toth 以及 Dubinin-Radushkevich等[27-29]。其中，Langmuir 和 Freundlich 方程在液相吸附的数据拟合中应用最广[21,31-35]。

由于基础理论和方法存在很大不同，溶液中的吸附和气相吸附实际上差别非常大[11,12]。举个最简单的例子，一个双组分溶液中，吸附相中的组成通常是未知的。液相吸附受到很多因素影响，如 pH 值、吸附剂类型、吸附质在溶液中的溶解性、温度以及溶液浓度[10,11,13,14]。因此，尽管液相吸附在工业应用中十分重要，但是对它的研究还是少于气相吸附。然而，设计基于液相吸附的分离工艺，需要吸附平衡数据；这些数据必须通过实验得到，或者利用各种假设模型或经验公式计算。

液相吸附[10-23] 通常使用活性炭[10,13,14,22]、氧化硅[20,21]、分子筛[15,17,18]和树脂[16] 等吸附剂，是一种切实可行的技术路线，是工业废水去除有机物领域中应用最广的技术之一[10,13-23]。对于活性炭上的吸附，活性炭的类型是一个很重要的因素，这是由于碳材料具有复杂的多孔结构，以及能量和化学性质的不均匀性[10](见第 7 章的 7.5 节和 7.6 节)。引起这种不均匀性的原因主要有各种表面官能团、表面形状不规则、结合较强的杂质以及整体结构多变,上述不均匀性极大地影响了物理吸附过程[10]。

另一方面,有关吸附方面的文献报道了大量纯气体在各种多孔吸附剂(如活性炭、硅铝溶胶、沸石以及聚合吸附材料)上的吸附平衡数据[24-26]。相比之下,针对双组分气体吸附平衡的文献较少,大于三组分气体混合物的数据就更加稀少了[25]。设计并优化吸附分离工艺(如变压和变热吸附)的数学模型,如前所述,需要准确的吸附平衡数据(见第 8 章,8.5.2 节)[26]。这些数据必须在吸附分离过程的全部压力、温度以及气体组成范围内实验测得,亦或,利用纯气体的数据,通过各种多组分吸附模型或经验方程计算得到[26]。

在本书中,不讨论多组分气体的吸附过程,因为前面提到了,本书主要是从材料科学的角度来研究吸附问题(例如,本书重点关注:使用单组分吸附来表征吸附剂的比表面和孔容积,通过单组分气体在多孔材料中的扩散传递过程来研究吸附剂的结构参数,顺便提及了吸附能和吸附床层动力学)。尽管液相吸附属于多组分吸附,考虑到它在基础研究和实际应用中的重要性,本章将会着重探讨。

9.2　液固吸附系统的表面过剩量及吸附量

界面层是位于两个体相之间,并与之紧密相连的非均匀空间,该区域的特性虽然与体相有关联,但是与体相存在显著的差别。这些特性包括物质组成、分子密度、空间取向、整体构造、电荷密度、压力张量、电子密度等。界面性质沿着表面法线方向改变。多组分系统中,与体相共存的界面中同时存在分子间的吸引及排斥作用,从而引起不同组分的吸附及贫化,界面层的性能分布十分复杂。

在理想参考体系,从体相到吉布斯分离面各组分的浓度保持不变;在真实的吸附体系,如图 9.1 所示从 α 相到 β 相,沿界面层厚度 $\gamma = z_\beta - z_\alpha$,浓度由 c_α 变为 c_β。

对组分 i,表面过剩吸附 n_i^σ(或称为 Gibbs 吸附,见第 2 章 2.2 节)定义为,第 i 种组分在吸附体系中总量减去该物质在理想参考体系中的量,其中理想参考体系的体积与真实体系相同,第 i 种物质的浓度从体相

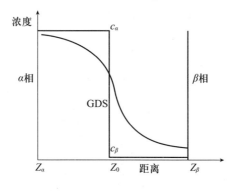

图 9.1　吉布斯分离面

到 GDS 保持不变。对于液相吸附，表面过剩吸附可表示为

$$n_i^\sigma = n_i - V_o^l c_i^l \tag{9.1}$$

式中：n_i 是组分 i 在液相中的总量；c_i^l 是吸附之后组分 i 的浓度；V_o^l 是液相体积。这一定义式可以直接拓展为

$$n_i^\sigma = n_i - V_o^\alpha c_\alpha^i - V_o^\beta c_\beta^i$$

n_i^σ 的值取决于 GDS 的位置，即 V_o^l 的值（见第 2 章 2.2 节）[11]。这导致了很多学者采用其他途径来计算表面过剩吸附。对于液相吸附平衡，最有意义的表达方式为简化表面过剩，该函数值与 GDS 位置（见第 2 章 2.2 节）无关[4,18,27]，可以按照下列关系式进行定义[11]。首先，式（9.1）可以写作

$$n_2^\sigma = n_2 - V_o^l c_2^l \tag{9.2a}$$

和

$$n^\sigma = n_0 - V_o^l c^l \tag{9.2b}$$

式中：$n^\sigma = n_1^\sigma + n_2^\sigma$，$n^0 = n^1 + n^2$，$c^l = c_1^l + c_2^l$；$n_i^\sigma (i = 1, 2)$ 是组分 i 的表面过剩吸附量；组分 i 在液相 c_i^l 中的总量由吸附后液相中 i 的浓度决定。从式（9.2a）、式（9.2b）两式中消除 V_o^l，组分 1 的简化过剩吸附量定义为[4,11,18,27]

$$n_1^e = n^0(x_1^0 - x_1^e) \tag{9.3a}$$

或者考虑吸附剂的量，即

$$\Gamma_1^e = \frac{n^0}{m_a}(x_1^0 - x_1^e) \tag{9.3b}$$

其中

$$x_1^0 = \frac{n_1^0}{n_1^0 + n_2^0} = \frac{n_1^0}{n^0}$$

$$x_1^e = \frac{n^0 - n_1^s}{n_1^0 - n_1^s + n_2^0 - n_2^s}$$

其中，n^0（与吸附剂接触的吸附质的总摩尔数），描述了液相混合物中物质的总量；m_a 是吸附剂质量；x_1^0 和 x_1^e 是组分 1 在溶液初始和平衡时的摩尔分数；n_1^s 和 n_2^s 是吸附在 Gibbs 相上的摩尔数（从体相溶液中进入到吸附相的量）[4]。因此，对于组分 $i(i = 1, 2)$，$\Delta x_i^l = x_i^0 - x_i^e$ 是质量为 m_a 的吸附剂与溶质总含量 n^0 的溶液充分接触并发生吸附后，溶液中组分 i 摩尔分数的变化量[1,2]。

　　IUPAC 推荐使用简化表面过剩量作为一种简便的方式来报告实验结果[2]。多年以来，这种对实验数据的描述方法成为人们的一种直觉，在绘制实验数据图时从未参考 Gibbs 方法。上述方法得到的等温线称为"复合等温线"[11]。因此，吸附等温线通常以简化表面过剩量的形式描绘，即 Γ_l^e 对 x_1^l（溶液中组分的摩尔分数）的标绘[1,2,4,9,11]。图 9.2 是根据 Schay 和 Nagy 分类的 5 种复合吸附等温线[9]。负的 Γ_l^e 意味着溶剂被优先吸附。

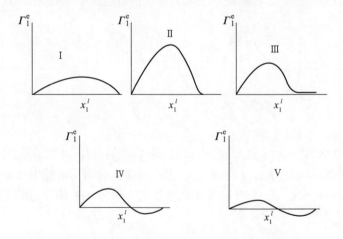

图 9.2　根据 Schay 和 Nagy 分类的 5 种复合吸附等温线

事实上,从液相中吸附溶质的量可以利用吸附前后溶液中溶质的浓度差来计算[10]。首先,确定吸附剂的粒径、吸附温度、溶液 pH 值、达到吸附平衡所需的时间[10,13,28]。然后,不同质量的固体吸附剂(通常 1 ~ 10 mg)加入到等体积的溶液(通常 25 ~ 50 ml)中进行吸附,溶液的浓度事先确定[10,15,28]。随后,所有溶液在搅拌条件下达到平衡,通常需要 0.5 ~ 5 h。到接触时间后,吸附剂需要离心、过滤。得到的溶液装入小瓶,小瓶基本上完全充满,顶部剩余尽量少的空间。瓶盖用密封带密封,随后利用分光光度计等手段进行样品分析[28]。用溶液初始浓度减去吸附平衡后分析得到的浓度就能得到被吸附的溶质量[10,28]。吸附剂中的吸附量需要通过初始浓度和平衡浓度来确定,即[28]

$$q_1^e = \frac{V}{m_a}(C_1^0 - C_1^e) \tag{9.4}$$

式中:C_1^0 和 C_1^e 分别是初始和平衡浓度;V 代表溶液体积;m_a 表示吸附剂质量。

9.3 在单溶解组分中液固吸附平衡的经验吸附等温线

对于单组分液 - 固吸附平衡的描述,很多气相吸附的等温线方程原则上可以拓展到液相吸附,需要做的就是将吸附压力简单地替换为浓度[29]。这些方程有 Langmuir、Freundlich、Sips、Toth 以及 Dubinin-Radushkevich 方程[27–29]。Langmuir 方程为

$$q_1^e = \frac{q_m b_0 c_1^e}{1 + b_0 c_1^e} \tag{9.5}$$

和 Freundlich 方程为

$$q_1^e = k(C_1^e)^{1/n} \tag{9.6}$$

在处理液 - 固吸附数据时应用最为广泛[21,31–35]。实验平衡数据 q_1^e 是指单位吸附剂所吸附的溶液组分 1 的量。这一参数的单位为 (mg/g) 或 (mmol/g)。另外,q_m 和 b_0 是 Langmuir 方程参数,k 和 n 是 Fteundlich 方程常数[28]。

Sips 方程为[28,36]

$$q_1^e = \frac{q_0(dC_1^e)^{1/S}}{1 + (dC_1^e)^{1/S}} \tag{9.7}$$

式中: q_0、d 和 S 是 Sips 方程的参数。另外一个 3 参数方程是 Toth 方程,即[4,28]

$$q_1^e = \frac{q_0 b C_1^e}{1 + (b C_1^e)^{1/t}} \tag{9.8}$$

式中: q_0、b 和 t 是 Toth 方程的参数。计算 Langmuir 方程的参数, 通常对各组实验数据进行线性拟合, 采用的拟合方程为

$$y = C_1^e = q_m \left(\frac{C_1^e}{q_e} \right) + \frac{1}{b_0} = mx + b \tag{9.9}$$

这是 Langmuir 方程的线性形式。

一个标准的拟合分析, 需要使用拟合回归软件, 通过每一组实验数据, 计算回归结果的相关系数、预测值的标准差以及方程参数的标准差[37,38]。也可以直接使用式 (9.5) 对每组数据进行非线性回归拟合[37,38]。

计算 Freundlich 方程的参数需要利用下列方程对每组数据进行线性回归分析[21]:

$$y = \lg(q_e) = \lg(k) + \left(\frac{1}{n} \right) \lg(C_1^e) = mx + b \tag{9.10}$$

线性回归分析同样需要用到分析软件, 该软件也可以用于式 (9.6) 对数据进行非线性回归分析[37,38]。

研究发现, 活性炭对溶液中各种有机物的优先吸附服从 Dubinin-Radushkevihs-Kaganer 方程[39,40]:

$$q_1^e = q_m^{\text{DRK}} \exp \left\{ -\left[\frac{RT}{E_s} \ln \left(\frac{C_1^0}{C_1^e} \right) \right]^2 \right\} \tag{9.11}$$

在这一表达式中, 气 – 固吸附势能 $RT \ln \left(\frac{P_0}{P} \right)$ (见第 3 章 3.2 节), 被替换为一个新的热力学势能 $RT \ln \left(\frac{C_1^0}{C_1^e} \right)$, 其中 C_1^0 是吸附质的饱和浓度, C_1^e 是平衡时的浓度与吸附量 q_e 相关, E_s 与特征吸附能相似[40]。式 (9.11) 的一般形式为[40-42]

$$q_1^e = q_m^{\text{DRK}} \exp \left\{ -\left[\frac{RT}{E_s} \ln \left(\frac{C_1^0}{C_1^e} \right) \right]^n \right\} \tag{9.12}$$

式中: n 是一个常数。式 (9.11) 与之前的 Dubinin 公式相似 (见第 3 章 3.2 节), E_s 与特征吸附能相关, 与温度无关[40]。

现在,大多数学者在他们的工作中使用 Langmuir 方程,即式 (9.5),一般不采用式 (9.12)。另一方面,Freundlich 方程的缺点在于,其主要参数随温度的变化规律很难用简便的方法预测,这一点与 Dubinin 方程相反[40]。

最后,有必要指出,在本节列出的用于关联吸附量 q_1^e 与溶液平衡浓度 C_1^e 的各种方程式,分别对应于特定的溶液吸附模型,它们都属于经验吸附等温线方程。

9.4　液固吸附模型

双组分液相混合物的吸附可以表示为相间交换反应,即[3]

$$N_2^l(\text{溶液中的溶质}) + N_1^s(\text{被吸附的溶剂})$$
$$\Leftrightarrow N_2^s(\text{被吸附的溶质}) + N_1^l(\text{溶液中的溶剂})$$

对于均匀的表面,可以用唯一的吸附能进行表征,吸附平衡常量由下式定义[2,20,43]:

$$K_{12} = K_0 \exp\left(\frac{\varepsilon_1 - \varepsilon_2}{RT}\right) = \frac{x_1^s x_2^l \gamma_1^l \gamma_2^l}{x_2^s x_1^l \gamma_2^l \gamma_1^l} = \alpha\beta_{12} \tag{9.13}$$

式中:x_i^l 和 x_i^s 是第 i 个组分在体相 l 及界面 s 中的摩尔分数;γ_i^l 和 γ_i^s 分别为体相和界面相的活度系数;α 是分离因子;ε_i 是 i 组分的吸附能;K_0 是指前因子。

另外,模型中认为吸附过程为单层吸附[43],溶液中各组分的分子尺寸形同,以及界面相分子总数保持恒定。由于 $x_1^s + x_2^s = 1$,因此[3]

$$x_1^s = \frac{K_{12} x_{12}^l \gamma_{12}(x_1^s, x_1^l)}{1 + K_{12} x_{12}^l \gamma_{12}(x_1^s, x_1^l)}$$

其中

$$x_{12}^l = \frac{x_1^l}{x_2^l}, \quad \gamma_{12}^l = \frac{\gamma_1^l}{\gamma_2^l}, \quad \gamma_{21}^s = \frac{\gamma_2^s}{\gamma_1^s}$$

由于大多数吸附剂的表面都是非均匀的,因此吸附热与吸附量密切关系。更准确地说,非均匀表面可以分为很多表面单元,各个单元有各自的吸附能。因此,非均匀表面存在吸附能的分布,每个表面单元都有一个独立的吸附相[36,44]。

　　假设在非均匀固体表面吸附位随机分布。因此,计算吸附相中第 1 种组分摩尔分率的积分形式如下[20,43]:

$$x_{1,t}^s = \int_{\Delta} \frac{K_{12}x_{12}^l\gamma_{12}(x_{1t}^s, x_1^l)}{1 + K_{12}x_{12}^l\gamma_{12}(x_{1t}^s, x_1^l)} F(\varepsilon_{12}) \mathrm{d}\varepsilon_{12} \tag{9.14}$$

其中

$$x_{12}^l = \frac{x_1^l}{x_2^l}, \quad \gamma_{12}^l = \frac{\gamma_1^l}{\gamma_2^l}, \quad \gamma_{21}^s = \frac{\gamma_2^s}{\gamma_1^s},$$

$F(\varepsilon_{12})$ 是吸附能 $\varepsilon_1 - \varepsilon_2$ 范围内的分布函数,Δ 是积分区域。

　　积分式 (9.14) 可衍生出各种等温线方程。其中一个普遍化方程式由 Jaroniec 和 Marczewski[20,45] 提出,即

$$x_{1t}^s = \left(\frac{[\overline{K}_{12}x_{12}^l\gamma_{12}(x_1^s, x_1^l)]^n}{1 + [\overline{K}_{12}x_{12}^l\gamma_{12}(x_1^s, x_1^l)]^n} \right)^{m/n} \tag{9.15}$$

　　参数 $\overline{K}_{12}$、m、n 用于描绘分布函数 $F(\varepsilon_{12})$;$\overline{K}_{12}$ 是特征平衡常量,用于描述 $F(\varepsilon_{12})$ 在能量差坐标轴上位置;$\varepsilon_{12} = \varepsilon_1 - \varepsilon_2$, $0 < m < 1$, $0 < n < 1$ 是非均匀参数,用于描述分布函数。

　　式 (9.15) 被称为通用的 Langmuir 方程[20],非均匀参数 m、n 取某些特定值,该方程可以简化为各种熟知的吸附等温线方程,例如:当 $0 < m = n < 1$ 时为 Langmuir-Freundlich 方程;当 $n = 1$ 而 $0 < m < 1$ 时为通用 Freundlich 方程;当 $m = 1$, $0 < n < 1$ 时为 Toth 等温线方程[20]。

　　之前讨论描述液固吸附模型时,验证了几个经验方程,如 Langmuir、Freundlich、Sips 和 Toth 方程的实效性[27-29]。Dubinin 类方程也经过实验数据的验证[40]。影响吸附平衡因素中的吸附相表面非均匀性、体相以及吸附相的非理想性在本节的模型中已经讨论。但是,液相吸附系统非常复杂,以至于难以将溶液的非理想和表面非均匀性等影响因素完全分开[43]。再者,由于吸附剂和吸附质的非理想性使得实验系统也处于非理想状态[20]。固体表面非均匀性以及溶液非理想对吸附平衡的影响可以用一些理论模型加以讨论,表面活度系数也可以通过实验测量。尽管如此,表面活度系数和表面非均匀性只有在某些假定吸附模型中才有意义[20]。

　　为了克服上述理论上的困难,在实际工作中,科研人员首先利用 9.2 节介绍的方法,通过实验确定吸附等温线,随后用 Langmuir、Freundlich 或 Dubinin 等方程对实验数据进行拟合[27-29,40]。9.5 节将会介绍这种方法的一些实例。

9.5 液固吸附的应用

有机污水一般采用吸附法处理,通常使用活性炭或其他材料作为吸附剂[10,13-23]。为全面掌握吸附过程的机理,科研人员做了大量工作[10,13-23,25-35,39-43,46-64]。得到的研究成果对完善吸附过程的设计、提高吸附材料的性能起到了重要作用。

9.5.1 活性炭

活性炭是应用最为广泛的工业吸附剂,应用于气、液及无水蒸气中杂质和污染物的消除。上述应用主要得益于活性炭强大的吸附能力以及其表面容易进行化学改性[48,65]。在液固吸附系统中,炭是主要的吸附剂。如前所述,活性炭的吸附能力取决于吸附剂、吸附质的性质以及溶液的条件,如 pH、温度、离子强度[10,13]。活性炭表面的主要组成包括碳基平面、边缘、晶体缺陷和灰分杂质(如金属氧化物和表面含氧官能)[10,13]。金属氧化物和表面含氧官能主要位于碳基平面的边缘(见第 7 章 7.5 节和 7.6 节)[10,13]。表面官能团可以分为酸性(如羧基、羰基、酚、内酯、酐)或碱性(苯并吡喃和吡喃酮类结构)[63]。尽管含氧基团只占碳表面的很小一部分,但是其活性很高,对活性炭的吸附能力有重大影响[64]。

苯酚是活性炭从液相中吸附的最重要化合物之一。苯酚是合成各种有机物的基础结构单元。因此很多化工厂、杀虫剂和印染工业的废水中含大量的苯酚[46]。另外,其他工业,如造纸及纸浆、树脂、气体、焦炭、制革、纺织、塑料、橡胶、制药以及石化等,产生的废水中都含有各种苯酚类物质[22,46]。除了工业外,植物腐败也会产生苯酚[46]。鉴于苯酚在不同废水中大量存在,且在极低的浓度下对人和动物均有毒害,因此含苯酚的废水在排放前必需净化处理[22,46]。用于净化苯酚的技术有很多,如臭氧/过氧化氢氧化、生物法、膜过滤、离子交换、电化学氧化、反渗透、光催化降解和吸附技术[46]。然而,考虑到上述方法的可行性,吸附依然是现阶段最好的方法,由于设计、操作十分简便[46],吸附技术可以方便地处理各种酚类物质。

利用活性炭从水溶液中吸附苯酚和苯酚取代物,是活性炭液相吸附中研究最广的领域之一[22,40,47]。如今,我们知道碳材料的吸附过程主要取决于若干变量,如溶液 pH 值、酚类化合物的给电子或得电子特性、吸附剂的比表面积及表面化学特性(主要由表面含氧官能团的特性和表面电荷决

定[10]）。在不带电荷情况下，水溶液中的苯酚和苯酚取代物，依靠苯环的
π 电子与石墨层 π 电子之间的色散力，吸附在碳表面；然而，溶液 pH 值
会影响酚类化合物的电荷，进而影响吸附剂和吸附质间的静电作用[13]。

由于缺乏充分的实验数据，针对某一个吸附过程，必须通过实验的方
法测量吸附平衡数据，进而为工程设计提供基础[23]。很多学者使用 Lang-
muir 或 Freundlich 等温线方程来分析酚类化合物的吸附平衡[24,28]。事实
上，也可以使用基于 Dubnin 理论的吸附等温线方程[40-42] 来研究酚类化
合物在溶液中的吸附。利用上述方程对吸附平衡实验数据进行拟合，为液
相吸附分离的设计提供了计算基础。

活性炭应用于炼油、石化、金属提炼、洗涤剂、人造黄油和软脂肪生产、
矿物提取，以及其他工业领域的废水中油料及有机物的去除[10,28,49-53]。在
食品和饮料工业，活性炭用于产品脱色和异味消除；化学和制药工业中，
使用活性炭去除杂质以提高产品质量[10]。如前所述，各种有机物在碳及其
他吸附材料上的液相吸附等温线数据，是分析、设计吸附分离过程的重要
信息，近年来这些数据已经测试，并公开发表[10,13-23,25-35,39-43,47-62]。

苯和甲苯是生产许多化工产品的原料，并且作为溶剂在各种化工过程
中频繁使用，因此它们是化学工业的重要原料[28,52,53]。上述苯系物已被列
入易燃和有毒物质，它们在环境中，特别是在水中出现，即使只有很低的
浓度，也会受到重视。因此，从水中去除苯系物是十分必要的[28]。活性炭
吸附为工业废水消除苯系污染物提供了一条可行的途径[28]。

9.5.2　沉淀二氧化硅

另一种重要的吸附剂是二氧化硅[66-87]（见第 7 章 7.1 节至 7.4 节）。
二氧化硅吸附在许多工业技术[72-76] 以及液固色谱[77] 领域起着重要作用。
对于二氧化硅吸附，解释实验结果时的困难在于，能量非均匀分布的固体
表面与液相各组分分子之间的作用力，种类多、情况复杂[20,78-80]。表面
不规则的形态分布和各种硅烷醇基团，决定了硅胶的表面非均匀性[78-80]。
另外，硅胶的开孔尺寸以及毛细管结构决定了其分子吸附能力，吸附质主
要以分子簇或者复合物的形式通过固体的孔隙系统。由于空间原因，分子
簇或者复合物的吸附被限制在窄孔内。上述过程中，复合物中的弱键分子
可能被坏掉，相比大孔，吸附要困难一些。由此可见，空间结构对吸附选
择性及表面非均匀性具有很大的影响[72,73]。

Goworek 曾报道了二氧化硅吸附的一个实例，在苯甲醇和 2-丙醇-*n*-

庚烷的二元液相混合物中，二者在二氧化硅表面表现为竞争吸附[20]。使用 Merck 的商业硅胶 Si-40 和 Si-100（见表 9.1[20]），测试二元液相混合物 – 硅胶系统的吸附等温线。基于比表面过剩吸附等温线，可以计算表面容量。$\Delta x_i^l = x_i^0 - x_i^e$ 是组分 i 的摩尔分数变化量，是质量 m_a 的吸附剂与溶质量 n_0 的溶液相接触，并发生吸附过程得到的结果[1,2]。采用简化过剩吸附量来表示实验结果[11]：

$$\Gamma_1^e = \frac{n^0}{A}(x_1^0 - x_1^e)$$

式中：A 是吸附剂与液相接触的表面积。甲醇（组分 1）+苯（组分 2）和 2-丙醇（组分 1）+ n-庚烷（组分 2）在硅胶 Si-40 和 Si-100 的吸附等温线如图 9.2 所示，根据 Schay-Nagy 分类，实验得到的吸附等温线属于 II 型[9]。

表 9.1　硅胶的结构特征

吸附剂	BET 比表面，$S/(m^2/g)$	孔体积/(m^3/g)	平均孔径/nm
Si-40	814	0.6	3
Si-100	348	1.15	10

9.5.3　沸石

沸石是晶体材料，含有分子尺寸（3~15Å）的孔道和空穴，其纳米骨架可以填入水或其他客体分子（见第 8 章 8.2 节、8.3.1 节、8.4.1 节、8.4.2 节）[17,88-93]。沸石的分子筛选能力为新型选择性分离过程的创立奠定了基础。疏水型沸石，如全硅沸石或低铝沸石，对水中的有机物表现出了较高的吸附性能。近期的研究表明，疏水型脱铝沸石对有机物的吸附能力与活性炭相当[15,18,94,95]。沸石的疏水性可以在合成过程中通过改变 Si/Al 比实现，或在后处理过程中加以调控[93,94,96]。

对于吸附水溶液中有机物的疏水沸石，研究最多的是硅质岩 -1[18]。硅质岩-1 是具有 MFI 结构的纯硅分子筛。MFI 结构具有 10-MR 孔道系统，其椭圆形孔的孔径为 5.2×5.7Å[89]，以及其他沸石如全硅 Beta 沸石[97] 具有三维结构、12 元环及内部连通孔道系统，孔径为 7.1Å$\times 7.3$Å[89]，已经被用于去除水溶液中的叔丁醚（MTBE）[15]。这些沸石的直径与脱铝丝光沸石相近（具有 6.5Å$\times 7.0$Å孔道的 12 元环沸石[89]）。近期研究[95] 表明，疏水脱铝丝光沸石对 MTBE 的吸附能力要优于活性炭。在这项研究中，5 mg

沸石粉末与 25 mL 浓度为 100 μg/L 的 MTBE 溶液吸附 15 min，脱铝丝光沸石能够去除 96% 的 MTBE[15,95]。

同样地，脱铝 Y 沸石（DAY，铝含量很低）对水溶液中有机物也具有很高的吸附能力。例如，水溶液中的间硝基苯酚（200 mg/L）通过 DAY 吸附被高效去除，其吸附能力与活性炭相当[94]。

参考文献

[1] Everett, D.H., Ed., IUPAC, Manual on Definitions, Terminology and Symbols in Colloid and Surface Chemistry; and Pure Appl. Chem., 58, 967, 1986.

[2] Berti, C., Ulbig, P., Burdorf, A., Seippel, J., and Schulz, S., Langmuir, 15,6035, 1999.

[3] Adamson, A.W., and Gast, A.P., Physical Chemistry of Surfaces, 6th ed., J. Wiley & Sons, New York, 1997.

[4] Toth, J., in Adsorption. Theory, Modeling and Analysis, Toth, J., Ed., Marcel Dekker, New York, 2002, p. 1.

[5] Myers, A.L. and Monson, P.A., Langmuir, 18, 10261, 2002.

[6] Frances, E.I., Siddiqui, F.A., Ahn, D.J., Chang, C.-H., and Wang, N.-H.L., Langmuir, 11, 3177, 1995.

[7] Myers, A.L. and Prausnitz. J.M.. AlChE J.,11,121,1965

[8] Myers, A.L. and Moser, F., Chem. Eng.Sci., 32,529,1977.

[9] Schay, G. and Nagy, L.G., J. Chim. Phys., 58, 149, 1961.

[10] Rodriguez-Reinoso, F. and Sepulveda-Escribano, A., in Handbook of Surfaces and Interfaces of Materials, Vol. 5, Nalwa, H.S., Ed., Academic Press, New York, 2001. p. 309.

[11] Rouquerol, F, Rouquerol, J., and Sing, K., Adsorption by Powders and Porous Solids. Academic Press, New York, 1999.

[12] Gregg, S.J. and Sing, K.S.W., Adsorption Surface Area and Porosity, Academic Press. London, 1982.

[13] Nevskaia, D., Castillejos-Lopez, E., Mufioz, V.N., and Guerrero-Yuiz, A., Environ. Sci. Technol, 38, 5786, 2004.

[14] Radovic, L.R., Moreno-Castilla, C., and Rivera-Utrilla, J., in Chemistry and Physics of Carbon, Vol. 27, Radovic, L.R., Ed., Marcell Dekker, New York, 2001, p. 227.

[15] Li, S., Tuan, V.A., Noble, R., and Falcone, J., Environ. Sci. Technol., 37, 4007, 2003.

[16] Wagner, K. and Schul, S., J. Chem. Eng. Data. 46, 322, 2001.

[17] Ruthven, D.W., Principles of Adsorption and Adsorption Processes, Wiley, New York. 1984.

[18] Chempath, S., Denayer, J.F.M., De Meyer, K.M.A., Baron, G.V, and Snurr, R.Q., Langmuir, 20, 150, 2004.

[19] Olafadehan, O.A. and Susu, A.A., Ind. Eng. Chem. Res., 43, 8107, 2004.

[20] Goworek, J., Derylo-Marczewska, A., and Borowka, A., Langmuir, 15, 6103, 1999.

[21] Andrieux, D., Jestin, J., Kervarec, N., Pichon, R., Privat, M., and Olier, R., Langmuir. 20, 10591, 2004.

[22] Colella, L.S., Armenante, P.M., Kafkewitz, D., Allen. S.J., and Balasundaram. V., J. Chem. Eng. Data, 43, 573, 1998.

[23] Seippel, J., Ulbig, P., and Schulz, S., J. Chem. Eng. Data, 45, 780, 2000.

[24] Sircar, S., Novosad, J., and Myers, A.L., Ind. Eng. Chem. Fundam., 11, 249, 1972.

[25] Valenzuela, D.P. and Myers, A.L., Adsorption Equilibrium Data Book, Prentice Hall: Englewood Cliffs, New Jersey, 1989.

[26] Rao, M.B. and Sircar, S., Langmuir, 15. 7258, 1999.

[27] Oscik, J,, Adsorption, Ellis Horwood, Chichester, U.K, 1982.

[28] Hindarso, H., Ismadji, S., Wicaksana, F, Mudjijati, and Indraswati, N., J. Chem. Eng. Data, 46, 788, 2001.

[29] Tien, C, Adsorption Calculations and Modeling, Butterworth, Boston, 1994.

[30] Do, D.D., Adsorption Analysis: Equilibria and Kinetics, Imperial College Press. London, 1998.

[31] Abe, I., Hayashi, K., and Hirashima, T, J. Colloid Interface Sci., 94, 577, 1983.

[32] Avom, J., Mbadcam, J.K., Noubactep, C, and Germain, P., Carbon, 35, 365, 1997.

[33] Khan, M.A. and Khattak, Y.I., Carbon, 30, 957, 1992.

[34] Teng, H. and Hsieh, C.T., Ind. Eng. Chem. Res., 37, 3618, 1998.

[35] Juang, R.-S., Wu, F.-C, and Tseng, R.-L., J. Chem. Eng. Data, 41, 487, 1996.

[36] Rudzinski, W. and Everett, D.H., Adsorption of Gases in Heterogeneous

Surfaces. Academic Press, London, 1992.

[37] Peak Fit, Peak separation and analysis software, Sea Solve Software Inc., 235 Walnut Street, Framingham, MA 01702.

[38] Draper, N.R. and Smith, H., Applied Regression Analysis (third edition), J. Wiley & Sons, New York, 1998.

[39] Jaroniec, M. and Derylo, A., / Colloid Interface Sci, 84, 191, 1981.

[40] Stoeckli, F, Lopez-Ramon, M.V.. and Moreno-Castilla, C, Langmuir. 17, 3301, 2001

[41] Dubinin. M.M.. Carbon. 27,457,1989

[42] Stoeckli,F., in Porosity in Carbons, Patrick, J., Ed., Arnold, London, 1995.

[43] Jaroniec, M. and Madey, R., Physical Adsorption on Heterogeneous Surfaces, Aca¬demic Press, London, 1988.

[44] Ross, S. and Olivier, J.P., On Physical Adsorption, J. Wiley & Sons, New York, 1964.

[45] Jaroniec, M. and Marczewski, A.W., Monatsh. Chem., 15, 997, 1984.

[46] Jain, A., Gupta, V.K., Jain, S., and Suhas, Environ. Sci. Technol, 38, 1195, 2004.

[47] Radovic, L.R., Moreno-Castilla, C, and Rivera-Utrilla, J., J. Chem. Phys. Carbon, 27, 227, 2000.

[48] Singh, B., Madhusudhanan, S., Dubey, V, Nath, R., and Rao, N.B.S.N., Carbon, 34, 327, 1996.

[49] Lin, S.H. and Hsu, F.M., Ind. Eng. Chem. Res., 34, 2110, 1995.

[50] Avom, J., Mbadcam, J.K., Noubactep, C., and Germain, P., Carbon, 35, 365, 1997.

[51] McKay, G. and Duri, B.A., Chem. Eng. Process., 24, 1, 1988.

[52] Chatzopoulos, D., Varma, A., Irvine, R.L., AIChE J., 39, 392027, 1993.

[53] Choma, J., Burakiewitz-Mortka, W., Jaroniec, M., and Gilpin, R.K., Langmuir, 9, 2555, 1993.

[54] Abe, I., Hayashi, K., and Hirashima, T., J. Colloid Interface Sci, 94, 577, 1983.

[55] Cookson, J.T., Cheremishinoff, P.N., and Eclerbusch, F, Eds., Carbon Adsorption Handbook, Ann Arbor Science, Ann Arbor, MI, 1978.

[56] Suffet, I.H. and McGuire, M.J., Eds., Activated Carbon Adsorption of Organic s from the Aqueous Phase, Vols. 1 and 2, Ann Arbor Science, Ann Arbor, MI, 1980.

[57] Slejko, F.L., Adsorption Technology. A Step-by-Step Approach to Process Valuation, and Application, Marcel Dekker, New York, 1985.

[58] Faust, S.D. and Aly, O.M., Adsorption Processes for Water Treatment, Butterworth Publishers, London, 1987.

[59] Perrich, J.R., Carbon Adsorption for Wastewater Treatment, CRC Press, Boca Raton, FL, 1981.

[60] Cheremishinoff, N.R, Carbon Adsorption for Pollution Control, Prentice Hall, Upper Saddle River, NJ, 1993.

[61] Nevskaia, D.M., Santianes, A., Munoz, V, and Guerrero-Ruiz, A., Carbon, 37, 1065, 1999.

[62] Nevskaia, D.M. and Guerrero-Ruiz, A., J, Colloid Interface Sci, 234, 316, 2001.

[63] Boehm, H.P., Carbon, 32, 759, 1994.

[64] Leon-Leon, C. and Radovic, L., in Chemistry and Physics of Carbon, Vol. 24, Thrower, P., Ed., Marcel Dekker, New York, 1994.

[65] Brennan, J.K., Bandosz, T.J., Thomson, K.T., and Gubbins, K.E., Colloids and Sur¬faces A, 187-188, 539, 2001.

[66] Persello, J., in Adsorption on Silica Surfaces, Papirer, E., Ed., Marcel Dekker Inc., New York, 2000, p. 297.

[67] Hernandez, M.A., Velazquez, J.A., Asomoza, M., Solis, S., Rojas, F, Lara, V.H., Portillo, R., and Salgado, M.A., Energy Fuels, 17, 262, 2003.

[68] El Shaffey, G.M.S., in Adsorption on Silica Surfaces, Papirer, E., Ed., Marcel Dekker Inc., New York, 2000, p. 35.

[69] Yang, S.M., Miguez, H., and Ozin, G.F., Adv. Fund. Mater, 11, 425, 2002.

[70] Porterfield, W.W., Inorganic Chemistry. A Unified Approach, Academic Press, New York, 1993.

[71] van Damme, H., in Adsorption on Silica Surfaces, Papirer, E., Ed., Marcel Dekker Inc., New York, 2000, p. 119.

[72] Borowko, M. and Rzuysko, W., Ber. Bunsen Ges. Phys. Chem., 101, 1050, 1997

[73] Goworek,J.,Nieradka,A.,and Dabrowski,A., Fluid Phase Equilibn., 136, 333, 1997.

[74] Hamraoui, A. and Privat, M.,J. Chem. Phys.,107,6936,1997.

[75] Sellami, H., Hamraoui, A., Privat, M., and Olier, R., Langmuir, 14, 2402, 1998.

[76] Hamraoui, A. and Privat, M.,J. Colloid Interface Sci., 207, 46, 1998.

[77] Unger, K., Kumar, D., Ehwald, V., and Grossmann, F., in Adsorption on Silica, Papirer, E., Ed., Marcel Dekker Inc., New York, 2000, p. 565.

[78] Morrow, B. A. and Gay, I.D., in Adsorption on Silica Surfaces, Papirer, E., Ed., Marcel Dekker Inc., New York, 2000, p. 9.

[79] Duchateau, R,, Chem. Rev., 102, 3525, 2002.

[80] Vansant, E.F, van der Voort, P., and Vranken, K.C., Stud. Surf. Sci. Catai, 93, 59, 1995.

[81] Dijkstra, T.W., Duchateau, R., van Santen, R.A., Meetsma, A., and Yap, G.P.A., J. Am. Chem. Soc, 124, 9856, 2002.

[82] Shimada, T., Aoki, K., Shinoda, Y, Nakamura, T., Tokunaga, N,, Inagaki, S., and Hayashi, T., J. Amer. Chem. Soc, 125, 4688, 2003.

[83] Anedda, A., Garbonaro, C.M., Clemente, F, Corpino, R., and Ricci, PC, J. Phys. Chem. B, 107, 13661, 2003.

[84] Brinker, C.J. and Scherer, G.W., Sol-Gel Science, Academic Press, New York, 1990.

[85] Roque-Malherbe, R. and Marquez, F, Mat. Sci. Semicond. Proc, 1, 467, 2004.

[86] Roque-Malherbe, R. and Marquez, F, Surf. Interf. Anal., 37, 393, 2005.

[87] Marquez-Linares, F. and Roque-Malherbe, R., J. Nanosci. Nanotech., 6, 1114, 2006, in press.

[88] Cundy, C.S. and Cox, P.A., Chem. Rev, 103, 663, 2003.

[89] Baerlocher, C, Meier, W.M., and Olson, D.H., Atlas of Zeolite Framework Types, Elsevier, Amsterdam, 2001.

[90] Davies, M.E., Nature, All, 813, 2002.

[91] Corma, A., Chem. Rev, 95, 559, 1995.

[92] Marquez-Linares, F. and Roque-Malherbe, R., Facets IUMRS J., 2, 14, 2003.

[93] Roque-Malherbe, R., in Handbook of Surfaces and Interfaces of Materials, Vol. 5, Nalwa, H.S., Ed., Academic Press, New York, 2001, p. 495.

[94] Roque-Malherbe, R. and Marquez-Linares, F, Facets IUMRS J., 3, 8, 2004.

[95] Anderson, M.A., Environ. Sci. Technol, 34, 725, 2000.

[96] Occelli, M.L. and Kessler, K., Eds., Synthesis of Porous Materials, Marcel Dekker. New York, 1997.

[97] Camblor, M.A., Corma, A., and Valencia, S., J. Chem. Soc. Chem. Commun., 2365. 1996.